全国水利水电类高职高专统编教材

城市给排水工程

主　编　黄敬文　马建锋
副主编　刘俊红
主　审　崔智武

黄 河 水 利 出 版 社

内 容 提 要

本书是全国水利水电类高职高专统编教材，是根据全国水利水电高职教研会制定的《城市给排水工程》课程教学大纲编写完成的。本书主要内容包括城市给水工程概述，设计用水量，水源及取水构筑物，城市给水管网设计计算，给水管材、附件及附属构筑物，城市给水工程实例，城市排水工程概述，城市污水管渠系统设计计算，城市雨水管渠系统设计计算，合流制管渠系统，排水管渠材料及附属构筑物，城市排水工程实例，给水排水管网技术管理等。

本书可作为高职高专城市水利专业、给水排水工程专业、市政工程专业等的教材，也可作为从事城市给水排水工程技术人员的参考用书。

图书在版编目(CIP)数据

城市给排水工程/黄敬文，马建锋主编. —郑州：黄河水利出版社，2008.8
全国水利水电类高职高专统编教材
ISBN 978-7-80734-369-1

Ⅰ.城… Ⅱ.①黄…②马… Ⅲ.给排水系统-高等学校：技术学校-教材 Ⅳ.TU991

中国版本图书馆 CIP 数据核字(2008)第114031号

组稿编辑：王路平 电话：0371-66022212 E-mail：hhslwlp@126.com

出 版 社：黄河水利出版社
地址：河南省郑州市金水路11号 邮政编码：450003
发行单位：黄河水利出版社
发行部电话：0371-66026940、66020550、66028024、66022620(传真)
E-mail：hhslcbs@126.com
承印单位：黄委会设计院印刷厂
开本：787 mm×1 092 mm 1/16
印张：16.5
字数：380千字 印数：1—4 100
版次：2008年8月第1版 印次：2008年8月第1次印刷

定价：29.00元

前 言

本书是根据教育部《关于加强高职高专教育人才培养工作意见》和《面向21世纪教育振兴行动计划》等文件精神，以及由全国水利水电高职教研会拟定的教材编写规划，报水利部批准，由全国水利水电高职教研会组织编写的水利水电类全国统编教材。

本书是全国水利水电类高职高专城市水利专业主干教材之一，是根据城市水利专业教学基本要求编写的，其主要依据是《室外给水设计规范》(GB 50013—2006)、《室外排水设计规范》(GB 50014—2006)等。在编写过程中，编者结合长期的教学和实践经验，以培养技术应用能力为主线，理论以实用、够用为度，以培养生产第一线岗位型人才为着眼点，在内容上力求做到简明扼要、深入浅出、突出重点，力求反映高等职业教育特点。

本书共分城市给水工程和城市排水工程两篇，共13章。主要内容包括城市给水工程概述，设计用水量，水源及取水构筑物，城市给水管网设计计算，给水管材、附件及附属构筑物，城市给水工程实例，城市排水工程概述，城市污水管渠系统设计计算，城市雨水管渠系统设计计算，合流制管渠系统，排水管渠材料及附属构筑物，城市排水工程实例，给水排水管网技术管理等。

本书由山东水利职业学院黄敬文、杨凌职业技术学院马建锋任主编，广西水利电力职业技术学院刘俊红任副主编，杨凌职业技术学院崔智武任主审。绪论、第一章、第六章由黄敬文编写；第二章、第三章由山西水利职业技术学院张伟丽编写；第四章、第五章由刘俊红编写；第八章、第九章由杨凌职业技术学院苏莹编写；第十章、第十一章由山东水利职业学院刘利编写；第七章、第十二章、第十三章由马建锋编写。最后由黄敬文对全书进行了统稿。

由于编者的水平有限，书中难免有不妥与错误之处，恳请广大读者批评指正。

编 者

2008 年 5 月

目　录

第二篇　城市排水工程

绪 论

一、给水排水工程的意义、作用和任务

水在人们的生活、生产活动中占有重要的地位，是不可缺少和无可替代的；同时，水环境也是我们赖以生存的物质基础。给水排水工程的任务就是保证人民生活、工业企业、公共设施、保安消防等的用水供给和废水排除，并安全可靠、经济便利地满足各用户对水的要求，及时收集、输送和处理、利用各用户的污水、废水，为人们的生活、生产活动提供安全便利的用水条件，提高人们的生活健康水平，保护人们的生活、生存环境免受污染，以促进国民经济的发展、保障人们的健康和生活的舒适。因此，给水排水工程是现代城市和工业企业建设与发展中重要的、不可缺少的基础设施，在人们的日常生活和国民经济各部门中有着十分重要的意义。

人们在日常生活和生产活动中，都要使用大量的各种用途的水，种类很多。并且，各用水户对给水的水质、水量和水压要求也不尽相同。根据用水的目的，概括起来可分为四种类型的用水：生活用水、生产用水、消防用水和市政用水。天然水源的水与各用户用水要求之间往往存在着这样或那样的矛盾，为了保证供水的安全可靠、经济便利，提高人们的生活与健康水平、扑灭火灾，而修建的一整套保证水质、水量和水压满足用户要求的给水系统工程设施即给水工程。另一方面，水在使用后会受到不同程度的污染成为废水、污水，大量的废水、污水如果直接排入自然水体或土壤，将破坏原有的自然环境，使我们的生存环境恶化；还有城市的雨水雪水也需及时地排除，以免积水为害。因此，为了保护环境、保证国民经济的可持续发展，现代城市还必须修建一整套的收集、输送、处理和利用污水的排水系统工程设施——排水工程。

二、我国给水排水工程发展概况

我国现代化的给水工程已有100多年的历史，最早的给水设施是旅顺口的地下水给水系统，建于1879年，随后1883年在上海建成了第一座取用地表水的水厂——上海杨树浦水厂。到1949年我国只有沿海、长江沿岸及东北的72座城市有自来水厂，日总供水量240万 m^3，供水管总长6 500 km。随着国民经济的发展，到2006年我国县级以上669座城市都有了完善的给水设施，日给水能力26 962万 m^3，供水管总长430 397 km。乡镇、农村供水也有了很大的发展，就拿山东省来说，几乎所有的乡镇与80%以上的农村都建立了基本的给水工程设施。

我国排水工程的建设也具有悠久的历史。早在战国时期就有了用陶土管修建的排水管道，到了秦朝就已经有了比较完善的排水系统。比较完善的现代化排水工程，直到20世纪初才在个别城市开始建设，而且规模较小。新中国成立后，城市排水工程的建设随着城市和工业建设的发展而发展，新中国成立初期曾先后修建了北京的龙须沟、上海的肇嘉

滨、南京的秦淮河等十几处大型管渠工程，全国的其他城市也有计划地新建和扩建了一些排水工程，同时也开展了城市污水的处理和综合利用研究，修建了一些城市污水处理厂，到2006年已建成县级以上城市排水管道总长3 625 281 km，城市污水处理厂808座，年处理污水202.62亿m^3。

我国是缺水国家之一，669座城市中有400余座供水不足，其中缺水比较严重的有110座。在32座百万人口以上的特大城市中，有30座长期受缺水问题困扰。水已严重制约了这些城市的经济发展，也给人们的生活带来了不便。为了改变这一现状，需开源与节流并重，可根据具体条件，修建蓄水及引水工程、水的重复利用、污（废）水的处理回用，防止水源污染，加强给水工程的维护管理，减少漏损。目前我国的经济发展迅速，尤其是广大的乡镇、农村也富裕起来，他们迫切需要符合我国国情的给水排水设施，因此将给水排水工程建设的重点向广大的乡镇、农村转移，努力提高人民的生活与健康水平应是当前的重要任务。为此，我们应不断总结经验，积极开展科学试验与研究，加强国际间的合作与交流，学习国外先进的管理技术与科学技术，科学合理地利用新技术、新工艺、新材料和新设备，进一步提高我国给水排水工程技术水平，为我国的物质文明和精神文明建设做出应有的贡献。

三、本课程特点和学习要求

《城市给排水工程》是城市水利专业一门重要的专业主干课程。分两篇，第一篇为城市给水工程，主要讲解城市给水工程的组成、城市用水量计算、水源及取水构筑物选择、给水管网的设计计算、给水管材及附属构筑物、城市给水工程设计计算实例等。第二篇是城市排水工程，内容包括城市排水系统分类与组成、城市污水管道系统设计计算、城市雨水管道（渠）设计计算、合流制管渠系统、排水管材及附属构筑物、城市排水工程设计计算实例和城市给水排水管网的技术管理等。

本课程是一门理论性和实践性均较强的课程，由于各地的自然条件、经济条件和人文条件等的不同以及对给水排水要求的不同，给水排水工程的管材、附件及其附属构筑物以及管网的形式、组成往往也是不同的。因此，在学习本课程时应特别注重理论联系实际，把书本知识与实际工程结合起来，理解、掌握各问题的本质，学会从实际出发分析问题和解决问题。

城市给水排水工程是一门实用科学，应搞清概念，抓住重点，理解原理，掌握基本知识，理论联系实际，通过学习本课程应达到以下基本要求：理解、掌握城市给水排水系统中各构筑物的作用、构造以及设计和运行管理的基本知识，能合理选用附属构筑物标准图，具有城市给水排水管线施工图设计的能力。

第一篇　城市给水工程

第一章　城市给水工程概述

学习目标：了解给水系统的组成与给水系统的分类，掌握给水系统的布置形式，理解工业给水系统的类型。

第一节　城市给水系统

一、城市给水系统的组成

为了满足用户对水质、水量和水压的要求，给水系统一般由以下几部分组成。

（一）取水构筑物

取水构筑物是从取水水源取集原水而设置的各种构筑物的总称。分地下水取水构筑物和地表水取水构筑物。

（二）水质处理构筑物

水质处理构筑物是对不满足用户水质要求的水，进行净化处理而设置的各种构筑物的总称。这些构筑物及其后面的二级泵站和清水池通常布置在水厂内。

（三）泵站

泵站是为提升和输送水而设置的构筑物及其配套设施的总称，主要由水泵机组、管道和闸阀等组成，这些设备一般均可设置在泵房内。分一级（取水）泵站、二级（供水）泵站、增压（中途）泵站和循环泵站等。

（四）输水管（渠）和配水管网

输水管（渠）通常是指将原水输送到水厂或将清水送到用水区的管（渠）设施，一般沿线不向两侧供水。配水管网是指在用水区将水配送到各用水户的管道设施，城市配水管网大多呈网络状布置。

（五）调节构筑物

调节构筑物是为了调节水量和水压而设置的构筑物，分清水池和高地水池（或水塔）等。清水池一般设置在水厂内，位于二级泵站之前，用于贮存和调节水量；高地水池（或水塔）属于管网调节构筑物，用于贮存和调节水量，保证水压，通常设在管网内或附近的地形最高处，以降低工程造价或动力费用。

二、城市给水系统分类

给水系统是保障城市、工业企业等用水的各项构筑物和输配水管网组成的系统。根据系统性质,可分类如下:

(1)按水源种类,分为地表水(江河、湖泊、水库、海洋等)给水系统和地下水(井水、泉水等)给水系统;

(2)按供水方式,分为自流(重力)给水系统、水泵(压力)给水系统和混合给水系统;

(3)按使用目的,分为生活给水系统、生产给水系统和消防给水系统等;

(4)按服务对象,分为城市给水系统和工业给水系统。

三、城市给水系统的布置形式

(一)统一给水系统

统一给水系统就是在整个用水区域内用同一系统供应生活、生产、消防以及市政等各项用水,现在绝大多数城市均采用这一形式。一般来说,统一给水系统适用于地形起伏不大、用户较为集中,且各用户对水质、水压要求相差不大的城镇和工业企业。个别用户对水质或水压的要求不能满足时,可从统一给水系统取水进行局部处理或加压后再供给使用。

根据管网取水水源的数量,统一给水系统可分为单水源和多水源给水系统两种形式。

1.单水源给水系统

单水源给水系统是指给水系统的取水水源只有一个。这种系统简单、管理方便,适用于水源水量相对丰富或用水量相对较小的中、小城镇与工业企业的给水系统。

2.多水源给水系统

多水源给水系统是指整个给水区域的统一给水系统同时自两个或两个以上的水源取水。多水源给水系统调度灵活,供水安全可靠,动力消耗少,管网内压力较均匀,便于分期发展,但随着水源的增多,水厂的占地面积、机电设备和管理工作也相应增加。适用于大、中城市和对供水安全要求较高的大型工业企业。我国大多数的大、中城市都采用多水源给水系统。

(二)分系统给水系统

当给水区域内各用户对水质、水压的要求相差较大,或地形高差较大,或功能分区比较明显且用水量较大时,可根据需要采用几个互相独立工作的给水系统分别供水,这种给水系统称为分系统给水系统。分系统给水和统一给水一样,也应根据实际情况采用单水源或多水源给水系统。分系统给水系统根据实际需要可有以下几种选择。

1.分质给水系统

当用户对水质的要求相差较大时,可采用两个或两个以上的独立系统,把不同水质的水分别供给各用户。采用分质供水可减少供水成本,充分利用水资源。像对水质要求相对较低的某些工业用水、市政用水就没必要供用城市自来水,而采用简单处理的原水或采用城市污水处理厂的回用水等就可以。特别是污水处理回用,对于解决我国的水资源短缺,节约、保护水资源是非常有意义的,现在很多城市都已修建了污水回用供水(中水)系统，进行分质供水。

2. 分压供水系统

由于用户对水压要求相差较大而采用不同的系统给水，就称为分压给水系统。采用分压给水系统可避免低压用户水压过大，保护用水器具、设备的安全，减少水量漏损和能量浪费等，但整个系统的管道、设备及其管理工作会有所增加。

3. 分区给水系统

由于供水区域的功能分区、自然分割或区域过大人为分区，将整个供水区域分成几个区而分别采用自己的管网供水，这种系统称为分区给水系统。分区给水系统一般有两种情况：一是供水区域内由于功能分区明确或自然分割而分区，例如城市被河流分隔，两岸用水分别供给，各自成独立的给水系统，随着城市的发展，可再考虑将管网连通，成为统一的给水系统，以增加供水的安全可靠性。再者是因为地形高差较大或管网分布范围较远而分区，根据布置形式又分为并联分区和串联分区两种，这种给水系统也可看成是分压给水系统。

城市给水系统布置形式的选择，应按照城市规划，考虑水源、地形等自然条件，根据用户对水量、水质和水压等方面的要求，全面系统地建设规划，既要保证用水的安全可靠，又要做到供水的技术可行、经济合理，同时又要保护环境、能适应发展的需要，保证经济的可持续发展。

第二节　工业给水系统

前面介绍、论述的城市给水系统的布置原则同样适用于工业企业给水系统的布置。一般情况下，多数的工业企业用水都是由城市给水系统供给，但是工业企业的给水是一个比较复杂的问题，一是工业企业门类众多、系统庞大；二是不仅各企业对水的要求大不相同，而且有些工业企业内部不同的车间、工艺对水的要求也各不相同。像用水量大、对水质要求不高的工业企业，用城市自来水很不经济，或者远离城市管网的工业企业，或者限于城市给水系统的规模无法满足其用水需求的大型工业企业，就需要修建自己的给水系统；还有一些工业企业对水质的要求远高于城市自来水的水质标准，需要自备给水处理系统，或者工业企业内部对水进行循环或重复利用，而形成自己的给水系统。概括起来工业给水系统有以下几种类型。

一、直流给水系统

直流给水系统是指水经过一次使用后就排放或处理后排放的给水系统。该系统适用于水源充足且用水成本较低的情况。从节约资源、保护环境的角度来看，不宜采用这种给水系统。

二、循环给水系统

循环给水系统就是指水在使用过后经过处理重新回用的给水系统。水在循环使用过程中会有损耗，须从水源取水加以补充。如工业冷却水进行循环使用。随着国家政策的引导，环保意识的增强，循环给水系统的应用已越来越普遍。这种系统能最大限度地节约水资源，减少水污染，在提高企业的经济效益、促进企业的发展和保护环境方面有着重要的意义。

三、复用给水系统

复用给水系统就是按各车间、工厂对水质高低不同的要求，将水顺序重复使用。水经过水质要求高的车间、工厂使用后，直接或经过适当的处理再供给对水质要求低的车间、工厂，这样顺序重复用水。

工业给水系统水的重复利用、循环使用，可做到一水多用，充分利用水资源，节约用水，减少污水排放，具有较好的经济效益和环境效益。工业用水的重复利用率（重复用水量占总用水量的百分数）反映工业用水的重复利用程度，是工业节约城市用水的重要指标。我国工业企业用水重复利用率普遍较低，平均还不到50%，与一些发达的国家相比，还有很大的差距，因此改进生产工艺和设备以减少用水排水、寻找经济合理的污水处理技术，对提高工业用水重复利用率和工业企业经济效益、环境效益具有重要的意义。

小　结

1. 给水系统的组成

给水系统一般由下列几部分组成：取水构筑物、水质处理构筑物、泵站、输水管（渠）和配水管网、调节构筑物等。

2. 给水系统分类

(1) 按水源分为地表水给水系统和地下水给水系统；

(2) 按供水方式分为自流（重力）给水系统、水泵（压力）给水系统和混合给水系统；

(3) 按使用目的分为生活给水系统、生产给水系统和消防给水系统等；

(4) 按服务对象分为城市给水系统和工业给水系统。

3. 给水系统的布置形式

(1) 统一给水系统：统一给水系统就是在整个用水区域内用同一系统供应生活、生产、消防以及市政等各项用水。

(2) 分系统给水系统：根据用户对水质、水压等的不同需要采用几个互相独立工作的给水系统分别供水的系统。

4. 工业给水系统的类型

工业给水系统有以下几种类型：直流给水系统、循环给水系统和复用给水系统。

思考题

1. 给水系统的布置形式及其适应条件有哪些？

2. 工业给水系统的类型及其应用条件有哪些？

第二章　设计用水量

学习目标：了解给水系统设计中用水量的组成及用水量的变化、用水定额的使用方法；重点掌握设计用水量的计算方法。

给水系统设计时，首先需确定该系统在设计年限内需要保障的设计用水量，因为系统中取水、水处理、泵站和管网等设施的规模都须参照设计用水量确定，设计用水量的多少会直接影响建设投资和运行费用。城市给水系统的设计年限，应符合城市总体规则，近远期结合，以近期为主，一般近期宜采用5～10年，远期规划的年限宜采用10～20年。

设计用水量由下列各项组成：

(1)综合生活用水：包括居民生活用水和公共建筑及设施用水。但不包括城市浇洒道路、绿化等市政用水；

(2)工业企业生产用水和工作人员生活用水；

(3)消防用水；

(4)浇洒道路、绿地用水；

(5)未预见水量及管网漏失水量。

在确定设计用水量时，应根据各种供水对象的使用要求及近期发展规划和现行用水定额，计算出相应的用水量最后加以综合，作为设计给水工程的依据。

第一节　用水量定额

用水量定额是指不同的用水对象在设计年限内达到的用水水平。它是确定设计用水量的主要依据，它直接影响给水系统相应设施的规模、工程投资、工程扩建的期限、今后水量的保证等各方面，所以必须慎重考虑确定。虽然设计规范规定了各种用水的用水定额，但随着水资源紧缺问题的加剧和国民水资源意识的提高，城市用水量在不断变化，在设计和使用时，如何合理地选定用水定额，是一项十分复杂而细致的工作。因为用水定额的选定涉及面广，政策性强，所以在选定用水定额时，必须以国家的现行政策、法规为依据，全面考虑其影响因素，通过实地考察，并结合现有资料和类似地区工业企业的经验，确定适宜的用水定额。

一、生活用水定额

生活用水定额与室内卫生设备完善程度及形式、水资源和气候条件、生活习惯、生活水平、收费标准及办法、管理水平、水质和水压等因素有关。设计选用时，上述因素必须给予全面考虑。现将居民生活用水定额、公共建筑生活用水定额、工业企业职工生活及淋浴用水定额、消防及市政用水定额分述如下。

（一）居民生活用水定额和综合用水定额

居民生活用水指城市居民日常生活用水。综合生活用水指城市居民日常生活用水和公共建筑用水，但不包括浇洒道路、绿地和其他市政用水。上述定额应根据各地国民经济和社会发展规划、城市总体规划和水资源充沛程度及给水工程发展的条件等因素，在现有用水定额的基础上，经综合分析后确定；在缺乏实际用水资料的情况下，居民生活用水定额和综合生活用水定额可参照现行《室外给水设计规范》（GB 50013—2006）的规定（见表 2-1、表 2-2）选用。当涉及现行规范中没有规定具体数字或其实际生活用水定额与现行规范规定有较大出入时，其用水定额应参照类似生活用水定额，经上级主管部门同意，可作适当增减。

表 2-1　居民生活用水定额　（单位：L/（cap·d））

城市规模	特大城市		大城市		中、小城市	
分区	用水情况					
	最高日	平均日	最高日	平均日	最高日	平均日
一	180～270	140～210	160～250	120～190	140～230	100～170
二	140～200	110～160	120～180	90～140	100～160	70～120
三	140～180	110～150	120～160	90～130	100～140	70～110

注：cap 表示“人”的计量单位。

表 2-2　综合生活用水定额　（单位：L/（cap·d））

城市规模	特大城市		大城市		中、小城市	
分区	用水情况					
	最高日	平均日	最高日	平均日	最高日	平均日
一	260～410	210～340	240～390	190～310	220～370	170～280
二	190～280	150～240	170～260	130～210	150～240	110～180
三	170～270	140～230	150～250	120～200	130～230	100～170

注：1. 居民生活用水指居民日常生活用水。
2. 综合生活用水指居民日常生活用水和公共建筑用水，但不包括浇洒道路、绿地和其他市政用水。
3. 特大城市指市区和近郊区非农业人口 100 万人及以上的城市；大城市指市区和近郊区非农业人口 50 万人及以上，不满 100 万人的城市；中、小城市指市区和近郊区非农业人口不满 50 万人的城市。
4. 一区包括贵州、四川、湖北、湖南、江西、浙江、福建、广东、广西、海南、上海、云南、江苏、安徽、重庆；二区包括黑龙江、吉林、辽宁、北京、天津、河北、山西、河南、山东、宁夏、陕西、内蒙古河套以东和甘肃黄河以东的地区；三区包括新疆、青海、西藏、内蒙古河套以西和甘肃黄河以西的地区。
5. 经济开发区和特区城市，根据用水实际情况，用水定额可酌情增加。

近年来，我国村镇给水工程发展迅速，但目前尚未规定统一的村镇居民用水量标准，鉴于这一情况，在设计村镇给水工程时，村镇生活用水定额可参照 GB 11730—89 规定的《农村生活饮用水定额》及相近地区的实际用水情况，并结合村镇的总体规划、经济发展水平、水资源充沛程度和用水特点，给予合理确定。

（二）公共建筑用水定额

全市性的公共建筑，如旅馆、医院、浴室、洗衣房、餐厅、剧院、游泳池、学校等的用水量，不包括在表 2-1 内。集体宿舍、旅馆等公共建筑生活用水定额及时变化系数按《建筑给水排水设计规范》（GB 50015—2003）的规定确定，见表 2-3。

表 2-3　集体宿舍、旅馆等公共建筑的生活用水定额及小时变化系数

序号	建筑物名称	单位	最高日生活用水定额（L）	使用时数（h）	时变化系数 K_h
1	单身职工宿舍、学生宿舍、招待所、培训中心、普通旅馆				
	设公用盥洗室	每人每日	50～100	24	3.0～2.5
	设公用盥洗室、淋浴室	每人每日	80～130	24	3.0～2.5
	设公用盥洗室、淋浴室、洗衣室	每人每日	100～150	24	3.0～2.5
	设单身卫生间、公用洗衣室	每人每日	120～200	24	3.0～2.5
2	宾馆客房				
	旅客	每床位每日	250～400	24	2.5～2.0
	员工	每人每日	80～100	24	2.5～2.0
3	医院住院部				
	设公用盥洗室	每床位每日	100～200	24	2.5～2.0
	设公用盥洗室、淋浴室	每床位每日	150～250	24	2.5～2.0
	设单独卫生间	每床位每日	250～400	24	2.5～2.0
	医务人员	每人每班	150～200	8	2.0～1.5
	门诊部、诊疗所	每病人每次	10～15	8～12	1.5～1.2
	疗养院、休养所住房部	每床位每日	200～300	24	2.0～1.5
4	养老院、托老院				
	全托	每人每日	100～150	24	2.5～2.0
	日托	每人每日	50～80	10	2.0
5	幼儿园、托儿所				
	有住宿	每儿童每次	50～100	24	3.0～2.5
	无住宿	每儿童每次	30～50	10	2.0
6	公共浴室				
	淋浴	每顾客每次	100	12	2.0～1.5
	浴盆、淋浴	每顾客每次	120～150	12	2.0～1.5
	桑拿浴（淋浴、按摩池）	每顾客每次	150～200	12	2.0～1.5
7	理发室、美容院	每顾客每次	40～100	12	2.0～1.5
8	洗衣房	每千克干衣	40～80	8	1.5～1.2
9	餐饮业				
	中餐酒楼	每顾客每次	40～60	10～12	1.5～1.2
	快餐店、职工及学生食堂	每顾客每次	20～25	12～16	1.5～1.2
	酒吧、咖啡馆、茶座、卡拉 OK 房	每顾客每次	5～15	8～18	1.5～1.2

续表 2-3

序号	建筑物名称	单位	最高日生活用水定额(L)	使用时数(h)	时变化系数 K_h
10	商场员工及顾客	每平方米营业厅面积每日	5~8	12	1.5~1.2
11	办公楼	每人每班	30~50	8~10	1.5~1.2
12	教学楼、实验楼				
	小学校	每学生每日	20~40	8~9	1.5~1.2
	高等院校	每学生每日	40~50	8~9	1.5~1.2
13	电影院、剧院	每观众每场	3~5	8~12	1.5~1.2
14	健身中心	每人每次	30~50	8~12	1.5~1.2
15	体育场(馆)				
	运动员淋浴	每人每次	30~40	—	3.0~2.0
	观众	每人每场	3	4	1.2
16	会议厅	每座位每次	6~8	4	1.5~1.2
17	客运站旅客、展览中心观众	每人次	3~6	8~16	1.5~1.2
18	菜市场地面冲洗及保鲜用水	每平方米每日	10~20	8~10	2.5~2.0
19	停车库地面冲洗水	每平方米每次	2~3	6~8	1.0

注:1. 除养老院、托儿所、幼儿园的用水定额中含食堂用水,其他均不含食堂用水。

2. 除注明外,均不含员工生活用水,员工用水定额为每人每班 40~60 L。

3. 医务建筑用水中已含医疗用水。

4. 空调用水应另计。

应当特别指出,由于表 2-2 为综合生活用水定额,包括公共建筑用水,若用表 2-2 计算城市综合生活用水量,则无需单独计算公共建筑用水量。

(三)工业企业职工生活及淋浴用水定额

工业企业建筑管理人员的生活用水定额可取 30~50 L/(人·班);车间工人的生活用水定额应根据车间性质确定,一般宜采用 30~50 L/(人·班);用水时间为 8 h,时变化系数为 1.5~2.5。工业企业职工淋浴用水定额应根据《工业企业设计卫生标准》中的车间的卫生特征分级确定,一般可采用 40~60 L/(人·次),延续供水时间为 1 h,见表 2-4。

二、工业企业生产用水定额

工业企业生产用水一般是指工业企业在生产过程中,用于冷却、空调、制造、加工、净化和洗涤方面的用水。在城市给水中,工业用水占很大比例。工业企业生产用水定额的计算方法有:一是按工业产品每万元产值耗水量计算。不同类型的工业,万元产值用水量不同。即使同类工业部门,由于管理水平提高,工艺条件改善和产品结构的变化,尤其是工业产值的增长,单耗指标会逐年降低。提高工业用水重复利用率,重视节约用水等可以降低工业用水单耗。工业用水的单耗指标由于水的重复利用率提高而有逐年下降的趋势，并且由于高产值低单耗的工业发展迅速，因此万元产值的用水量指标在很多城市有较大幅度的下降。二是按单位产品耗水量计算，这时工业企业生产用水定额，应根据生产工艺过程的要求确定单位产品设计用水量。三是按每台设备单位时间耗水量计算，可参照有关工业用水定额。生产用水量通常由企业的工艺部门提供，在缺乏资料时，可参考同类型企业用水指标。在估计工业生产用水量时，应按照当地水源条件、工业发展情况、工业生产水平，预估将来可能达到的重复利用率。

表 2-4　工业企业职工淋浴用水定额

分级	车间卫生特征			用水定额(L/(cap·班))
	有毒物质	生产性粉尘	其他	
一级	极易经皮肤吸收引起中毒的剧毒物质(如有机磷、三硝基甲苯、四乙基铅等)		处理传染性材料、动物原料(如皮、毛等)	60
二级	易经皮肤吸收或有恶臭的物质，或高毒物质(如丙烯腈、吡啶、苯酚等)	严重污染全身或对皮肤有刺激的粉尘(如碳黑、玻璃棉等)	高温作业、井下作业	60
三级	其他毒物	一般粉尘(如棉尘)	重作业	40
四级	不接触有毒物质及粉尘，不污染或轻度污染身体(如仪表、机械加工、金属冷加工等)			40

三、消防用水定额

消防用水只在发生火灾时使用，一般历时很短(2～3 h)，但从数量上说它在城市用水量中占有一定的比例，尤其是小城市所占比例更大。通常贮存在水厂的清水池中，发生火灾时由水厂的二级泵送至火灾现场。消防用水量、水压和火灾延续时间等，应按照现行的《建筑设计防火规范》及《高层民用建筑设计防火规范》等执行。

城镇或居住区的室外消防用水量，通常按同时发生的火灾次数和一次灭火的用水量确定，见表 2-5。

表 2-5　城镇、居住区室外消防用水量

人数(万人)	同一时间内的火灾次数(次)	一次灭火用水量(L/s)	人数(万人)	同一时间内的火灾次数(次)	一次灭火用水量(L/s)
≤1.0	1	10	≤40.0	2	65
≤2.5	1	15	≤50.0	3	75
≤5.0	2	25	≤60.0	3	85
≤10.0	2	35	≤70.0	3	90
≤20.0	2	45	≤80.0	3	95
≤30.0	2	55	≤100	3	100

注：城镇的室外消防用水量应包括居住区、工厂、仓库(含堆场、储罐)和民用建筑的室外消火栓用水量。当工厂、仓库和民用建筑的室外消火栓用水量按表 2-6 和表 2-7 计算的结果与按本表计算的结果不一致时，应取较大值。

工厂、仓库和民用建筑的室外消防用水量，按同时发生火灾次数和一次灭火用水量确定，见表2-6和表2-7，并应不小于按表2-5计算的结果。

表2-6　工厂、仓库和民用建筑同时发生火灾次数

名称	基地面积（万 m^2）	附近居住区人数（万人）	同次发生的火灾次数（次）	备注
工厂	≤100	≤1.5	1	按需水量最大的一座建筑物（或堆场）计算，工厂、居住区各考虑一次
工厂	≤100	>1.5	2	
工厂	>100	不限	2	按需水量最大的两座建筑物（或堆场）计算
仓库、民用建筑	不限	不限	1	按需水量最大的一座建筑物（或堆场）计算

表2-7　室外消防一次灭火用水量

耐火等级	建筑物名称和火灾危险性		建筑物体积（m^3）≤1 500	1 501 ~3 000	3 001 ~ 5 000	5 001 ~ 20 000	20 001 ~ 50 000	>50 000
			一次灭火用水量（L/s）					
一、二级	厂房	甲、乙、	10	15	20	25	30	35
		丙、丁、	10	15	20	25	30	40
		戊	10	10	10	15	15	20
	库房	甲、乙、	15	15	25	25	—	—
		丙、丁、	15	15	25	25	35	45
		戊	10	10	10	15	15	20
	民用建筑		10	15	15	20	25	30
三级	厂房或库房	乙、丙、	15	20	30	40	45	—
		丁、戊	10	10	15	20	25	35
	民用建筑		10	15	20	25	30	
四级	丁、戊类厂房或库房		10	15	20	25		
	民用建筑		10	15	20	25		

注：1. 室外消火栓用水量应按消防需水量最大的一座建筑物或一个防火分区计算。成组布置的建筑物应按消防需水量较大的相邻两座计算。

2. 火车站、码头和机场的中转库房，其室外消火栓用水量应按相应耐火等级的丙类物品库房确定。

3. 国家级文物保护单位的重点砖木结构和木结构建筑物的室外消防用水量，按三级耐火等级民用建筑物消防用水量确定。

四、市政及其他用水定额

浇洒道路和绿化用水量应根据路面种类、绿化面积、气候、土壤以及当地的具体条件确定，设计时，可结合上述因素在下列幅度范围内选用：浇洒道路可采用2.0～3.0

L/(m^2·d);大面积绿化用水量可采用1.0~3.0 L/(m^2·d)。

未预见水量是指给水系统设计中,对难以预测的各种因素而准备的水量。城镇的未预见水量和管网漏失水量可按最高日用水量的15%~25%合并计算。工业企业自备水厂的上述两项水量可根据工艺及设备情况确定。

第二节 用水量变化

无论是生活或生产用水,用水量随着生活习惯和气候的不同而变化,如假期比平日高,夏季比冬季用水量多。从我国大中城市的用水情况可以看出:在一天内又以早晨起床后和晚饭前后用水量最多。又如工业企业的冷却用水量,随气温和水温而变化,夏季多于冬季,即使不同年份的相同季节,用水量也有较大差异。某些季节性工业,用水量变化就更大。而前面述及的用水定额只是一个长期统计的平均值,因此在给水系统设计时,除了正确地选定用水定额外,还必须了解供水对象(如城镇)的逐日逐时用水量变化情况,以便合理地确定给水系统及各单项工程的设计流量,使给水系统能经济合理地适应供应对象在各种用水情况下对供水的要求。

一、基本概念

由于室外给水工程服务区域较大,卫生设备数量和用水人数较多,且一般是多目标供水(如城镇包括居民、工业、公用事业、商业等方面),各种用水参差使用,其用水高峰可以相互错开,使用水量在以小时为计量单位的区间内基本保持不变的可能性较大,因此为降低给水工程造价,室外给水工程系统设计只需考虑日与日,时与时之间的差异,即逐日逐时用水量变化情况。实践证明,这样考虑既可使室外给水工程设计安全可靠,又可使其经济合理。

为了反映用水量逐日逐时的变化幅度大小,在给水工程中,引入了两个重要的特征系数——时变化系数和日变化系数。

(一)时变化系数

时变化系数,常以K_h表示,其意义可按下式表达:

$$K_h = \frac{Q_h}{\overline{Q}_h} \tag{2-1}$$

式中 Q_h——最高时用水量,又称最大时用水量,m^3/h,即用水量最多的一年内,用水量最高日的24 h中,用水量最大的1 h的总用水量,该值一般作为给水管网工程规划与设计的依据;

$\overline{Q}_h$——平均时用水量,m^3/h,是指最高日内平均每小时的用水量。

(二)日变化系数

日变化系数常以K_d表示,其意义可按下式表达:

$$K_d = \frac{Q_d}{\overline{Q}_d} \tag{2-2}$$

式中 Q_d——最高日用水量，m^3/d，即用水量最多的一年内，用水量最多一天的总用水量，该值一般作为给水取水与水处理工程规划和设计的依据；

$\overline{Q}_d$——平均日用水量，m^3/d，即规划年限内，用水量最多一年的总用水量除以用水天数，该值一般作为水资源规划和确定城市污水量的依据。

从上两式我们可以看出：K_h 及 K_d 值实质上显示了一定时段内用水量变化幅度大小，反映了用水量的不均匀程度。K_h 及 K_d 值可根据多方面长时间的调查研究统计分析得出。在城市供水设计中，时变化系数、日变化系数应根据城市性质、城市规模、国民经济与社会发展水平和城市供水系统现状，并结合城市供水曲线分析确定；在缺乏实际用水资料情况下，最高日城市综合用水的时变化系数 k_h 宜采用 1.3～1.6，大中城市的用水比较均匀，K_h 值较小，可取下限，小城市可取上限或适当加大。日变化系数 K_d，根据给水区的地理位置、气候、生活习惯和室内给水排水设施完善程度，其值为 1.1～1.5，个别小城镇可适当加大。另外，工业企业内工作人员的生活用水时变化系数一般在 2.5～3.0。淋浴用水量按每班连续用水 1 h 确定变化系数，工业生产用水一般变化不大，可以在最高日内各小时均匀分配。

二、用水量时变化曲线

在设计给水系统时，除了求出设计年限内最高日用水量和最高日的最高一小时用水量外，还应知道最高日用水量那一天中 24 h 的用水量逐时变化情况，据以确定各种给水构筑物的大小，这种用水量变化规律，通常以用水量时变化曲线表示。

（一）城镇用水量时变化曲线

图 2-1 为某大城市最高日用水量时变化曲线。图中纵坐标表示逐时用水量，按最高日用水量的百分数计，横坐标表示用水的时程，即最高日用水的小时数；图中粗折线就是该城市最高日时变化曲线；图形面积等于 $\sum_{i=1}^{24} Q_i = 100\%$，$Q_i$ 是以最高日用水量百分数计的每小时用水量；4.17% 的水平线表示平均时用水量的百分数即 $\frac{1}{24} \times 100\% = 4.17\%$。从曲线上可以看出用水高峰集中在 8～10 时和 16～19 时，最高时（8～9 时）用水量为最高日用水量的 6.00%，$K_h = \frac{6.00}{4.17} = 1.44$。

图 2-2 为某市郊区最高日用水量时变化系数曲线，一日内出现几个高峰，且用水量变化幅度大，$K_h = \frac{14.60}{4.17} = 3.50$。而村镇、集体生活区的用水量变化幅度将会更大。

实际上，用水量的 24 h 变化情况天天不同。图 2-1 表明用水人数多，卫生设备完善程度高，多目标供水的大城市，因各用户的用水时间相互错开，使各小时的用水量比较均匀，变化系数较小。而用水人数较少，用水定额较低的小城镇及一些集体生活区，用水时间较集中，变化系数较大。

（二）工业企业用水量时变化曲线

图 2-3 为工业企业职工生活用水量时变化曲线。图中阴影部分面积为一个班次的用

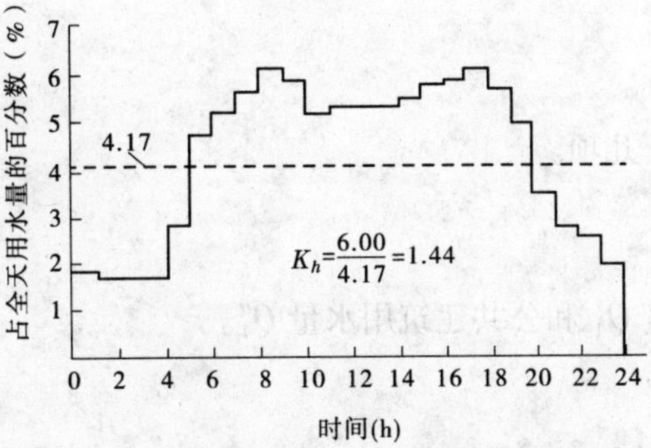

图 2-1　某大城市最高日用水量时变化曲线

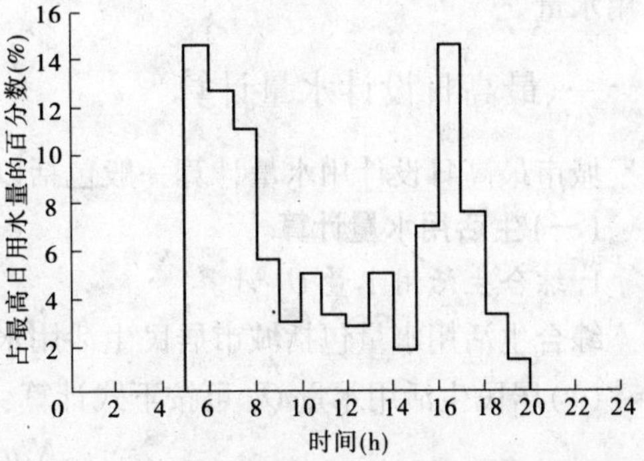

图 2-2　某市郊区最高日用水量时变化曲线

水量,用水时间延续至下班后半小时。从图中可知一般车间时变化系数 $K_h=\frac{37.50}{12.50}=3.00$,高温车间时变化系数 $K_h=\frac{31.30}{12.50}=2.5$。职工淋浴用水量,假定集中在每班下班后一小时内使用。

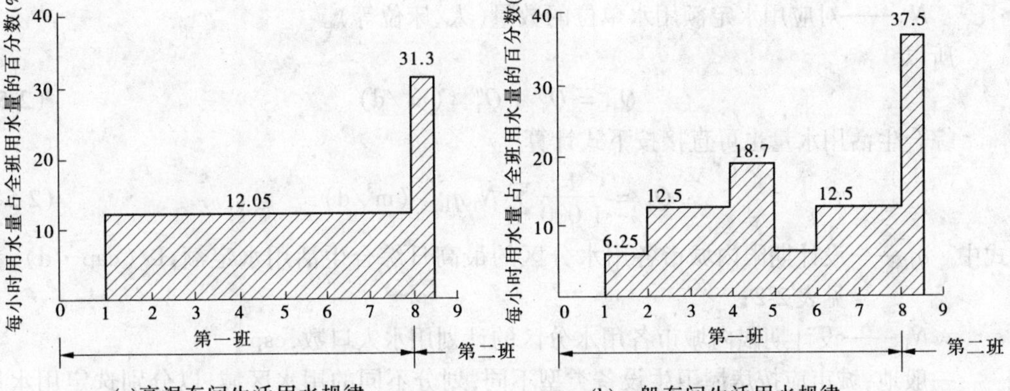

(a)高温车间生活用水规律　　(b)一般车间生活用水规律

图 2-3　工业企业职工生活用水量时变化曲线

工业企业生产用水量逐时变化情况,主要随生产性质和工艺过程而定,在实际设计中,应通过调查研究,合理确定。

用水量变化曲线是多年统计资料整理的结果,资料统计时间越长,数据越完整,用水量变化曲线与实际用水情况就越接近。对于新设计的给水工程,用水量变化规律只能按该工程所在地区的气候、人口、居住条件、工业生产工艺、设备生产能力、产值情况,参考附近城市的实际用水资料确定。对于扩建改建工程,可进行实地调查,获得用水量及其变化规律的资料。

第三节　用水量计算

在给水系统设计时,一般需计算最高日设计用水量、消防用水量、平均时及最高时设计用水量。

一、最高日设计水量计算

城市最高日设计用水量计算一般包括以下几项。

(一)生活用水量计算

1. 综合生活用水量 Q_1 计算

综合生活用水量包括城市居民生活用水量 Q_1' 和公共建筑用水量 Q_1''。

(1)居民生活用水量 Q_1' 可按下式计算:

$$Q_1' = \frac{N_1 q_1'}{1\,000} \quad (\mathrm{m^3/d}) \tag{2-3}$$

式中 q_1'——设计期限内采用的最高日居民生活用水定额,L/(cap·d),参见表 2-1;

N_1——设计期限内规划人口数,cap。

(2)公共建筑用水量 Q_1'',可按下式计算:

$$Q_1'' = \frac{1}{1\,000}\sum_{i=1}^{n} N_{1i} q_{1i}'' \quad (\mathrm{m^3/d}) \tag{2-4}$$

式中 q_{1i}''——某类公共建筑最高日用水定额,按表 2-3 采用;

N_{1i}——对应用水定额用水单位的数量(人、床位等)。

所以

$$Q_1 = Q_1' + Q_1'' \quad (\mathrm{m^3/d}) \tag{2-5}$$

综合生活用水量也可直接按下式计算

$$Q_1 = \frac{1}{1\,000}\sum_{i=1}^{n} N_{1i} q_{1i} \quad (\mathrm{m^3/d}) \tag{2-5'}$$

式中 q_{1i}——设计期限内城市各用水分区的最高日综合生活用水定额,L/(cap·d),参见表 2-2;

N_{1i}——设计期限内城市各用水分区的计划用水人口数,cap。

一般地,城市应按房屋卫生设备类型不同,划分不同的用水区域,以分别选定用水量定额,使计算更准确。城市计划人口数往往并不等于实际用水人数,所以应按实际情况考虑用水普及率,以便得出实际用水人数。

2. 工业企业职工生活用水量 Q_2 计算

工业企业职工生活用水量 Q_2 可按下式计算:

$$Q_2 = \frac{1}{1\,000}\sum_{i=1}^{n} n_{2i}(N_{2i}' q_{2i}' + N_{2i}'' q_{2i}'') \quad (\mathrm{m^3/d}) \tag{2-6}$$

式中 n_{2i}——某车间或工厂每日班别;

N_{2i}'、N_{2i}''——相应车间或工厂一般及高温岗位最大班的职工人数,cap;

q_{2i}'、q''_{2i}——相应岗位职工的生活用水定额,L/(cap·班)。

3. 工业企业职工淋浴用水量 Q_3 计算

工业企业职工淋浴用水量 Q_3 可按下式计算:

$$Q_3 = \frac{1}{1\,000}\sum_{i=1}^{n} n_{2i}(N'_{3i} q_{3i}' + N_{3i}'' q_{3i}'') \quad (\mathrm{m^3/d}) \tag{2-7}$$

式中 N'_{3i}、N''_{3i}——相应车间(或工厂)一般及热污染岗位每班职工淋浴人数,cap;

q'_{3i}、q''_{3i}——相应岗位职工的淋浴用水定额,L/(cap·班),可按表2-4采用。

(二)生产用水量计算

城镇管网同时供应工业企业生产用水时,应首先计算各类工业企业生产用水量 Q_{4i},然后加以综合即得该城镇生产用水量 Q_4,可按下式计算:

$$Q_4 = \sum_{i=1}^{n} Q_{4i} = \sum_{i=1}^{n} q_{4i}N_{4i}(1-\phi) \tag{2-8}$$

式中 Q_4——同时开工的某类工业企业生产用水量之和,m^3/d;

q_{4i}——某类工业企业生产用水定额,m^3/万元或 m^3/单位产品或 m^3/(台·d);

N_{4i}——相应工业企业每日总产值或总产量或同时使用设备台数;

ϕ——相应工业企业用水重复利用率,%。

(三)市政用水量计算

市政用水量 Q_5 可按下式计算:

$$Q_5 = \frac{1}{1\,000}(n_5A_5q_5 + A'_5q'_5)\ (m^3/d) \tag{2-9}$$

式中 q_5、q'_5——浇洒道路和绿化用水定额,L/(m^2·次)和 L/m^2;

A_5、A'_5——最高日内浇洒道路和绿化浇洒的面积,m^2;

n_5——最高日浇洒道路的次数。

在城镇最高日设计用水量计算中,除上述各种用水量外,还应计入未预见水量及管网漏失水量,此项水量一般按上述各项用水量之和的15%~25%计算。

因此,设计年限内城镇最高日设计用水量为:

$$Q_d = (1.15 \sim 1.25)(Q_1 + Q_2 + Q_3 + Q_4 + Q_5) \tag{2-10}$$

二、平均时和最高时设计用水量计算

(一)最高日平均时设计用水量计算

最高日平均时设计用水量可按下式计算:

$$\overline{Q}_h = \frac{Q_d}{T}\quad (m^3/h) \tag{2-11}$$

式中 Q_d——最高日设计总用水量,m^3;

T——每天给水工程系统的工作时间,h,一般为24 h。

(二)最高日最高时设计用水量

最高日最高时设计用水量可按下式计算:

$$Q_h = K_h\overline{Q}_h = \frac{K_hQ_d \times 1\,000}{24 \times 3\,600} = K_h\frac{Q_d}{86.4} \tag{2-12}$$

式中 K_h——时变化系数;

Q_h——最高日设计用水量,L/s。

公式(2-12)中,K_h 为整个给水区域用水量时变化系数。由于各种用水的最高时用水量并不一定同时发生,因此不能简单地将其叠加,一般是通过编制整个给水区域的逐时用水量计算表，从中求出各种用水按各自用水规律合并后的最高时用水量或时变化系数 K_h，作为设计依据。

三、消防用水量计算

消防用水量 Q_x 一般单独成项，由于消防用水量是偶然发生的，不累计到设计总用水量中，仅作为给水系统校核计算之用，Q_x 可按下式计算：

$$Q_x = N_x q_x \quad (L/s) \tag{2-13}$$

式中 N_x、q_x——同时发生火灾次数和一次灭火用水量，按国家现行《建筑设计防火规范》规定确定。

【例 2-1】 我国华北某地一工业区，规划居住人口 10 万人，用水普及率预计为 100%，其中老市区人口 8.2 万人，新市区人口 1.8 万人；老市区房屋卫生设备较差，最高日综合生活用水量定额采用 190 L/(cap·d)，新市区房屋卫生设备比较先进和齐全，最高日综合生活用水量定额采用 205 L/(cap·d)。该工业区内设有职工医院、饭店、招待所、学校、娱乐商业等公共建筑。居住区(包括公共建筑)生活用水量变化规律与现在某市实际统计资料相似，见表 2-8 第(2)项所列。工业区有两个企业：甲企业有职工 9 000 人，分三班工作(0 时、8 时和 16 时)，每班 3 000 人，无一般车间，每班下班后需淋浴；乙企业有 7 000 人，分两班制(8 时和 16 时)，每班 3 500 人，无高温车间，每班有 2 400 人淋浴，车间生产轻度污染身体。生产用水量：甲企业每日 24 000 m^3，均匀使用；乙企业每日 6 000 m^3，集中在上班后前 4 小时内均匀使用。城市浇洒道路面积为 4.5 hm^2，用水量定额采用 1.5 L/(m^2·次)，每天浇洒 1 次，大面积绿化面积 6.0 hm^2，用水量定额采用 2.0 L/(m^2·d)。试计算该工业区以下各项用水量：

(1)最高日设计用水量及逐时水量；

(2)最高日平均时和最高时设计用水量；

(3)消防区所需总用水量。

解：1. 工业区最高日设计用水量及逐时用水量计算。

1)生活用水量计算。

(1)居住区综合生活用水量按式(2-5)计算：

$$Q_1 = \sum_{i=1}^{2} \frac{N_i q_i}{1\,000} = \frac{82\,000 \times 190 + 18\,000 \times 205}{1\,000} = 19\,270(m^3/d)$$

根据表 2-8 第(2)项逐时变化系数计算居住区(包括公共建筑)的各小时用水量列于表 2-8 第(3)项内。

(2)工业企业职工生活用水量计算：职工生活用水量标准采用：高温车间为 35 L/(cap·班)；一般车间为 25 L/(cap·班)。则甲、乙企业职工生活用水量按式(2-6)计算：

$$Q_2 = \frac{1}{1\,000}\sum_{i=1}^{2} n_{2i}(N'_{2i}q'_{2i} + N''_{2i}q''_{2i}) = \frac{3 \times 3\,000 \times 35 + 2 \times 3\,500 \times 25}{1\,000}$$

$$= 315 + 175 = 490(m^3/d)$$

将图 2-3 中的变化系数，按班制分配于表 2-8 中的第(4)、(8)项，甲企业高温车间生活用水按第(4)项变化系数计算,各小时用水量列于表2-8第(5)项;乙企业一般车间生活用水量按第(8)项变化系数计算,各小时用水量列于表2-8第(9)项。

(3)工业企业职工淋浴用水量计算。

职工淋浴用水量标准按表2-4采用,高温污染车间为60 L/(cap・班),一般车间为40 L/(cap・班),则甲、乙企业职工淋浴用水量按式(2-7)计算:

$$Q_3 = \frac{1}{1\,000}\sum_{i=1}^{2} n_{3i}(N'_{3i}q'_{3i} + N''_{3i}q''_{3i}) = \frac{3 \times 3\,000 \times 60 + 2 \times 2\,400 \times 40}{1\,000}$$

$$= 540 + 192 = 732(\mathrm{m^3/d})$$

淋浴在下班后一小时内进行,甲、乙企业职工淋浴用水量分别列于表2-8中第(6)、(10)项。

2)工业企业生产用水量计算。

工业企业生产用水量按式(2-8)计算:

$$Q_4 = \sum_{i=1}^{2} Q_{4i} = 24\,000 + 6\,000 = 30\,000(\mathrm{m^3/d})$$

甲企业24 h均匀使用,则平均每小时用水量为1 000 $\mathrm{m^3/d}$;乙企业在上班后前4 h内使用,按两班制计算,平均每小时用水量为750 $\mathrm{m^3}$,分别列于表2-8中的第(7)、(11)项。

3)市政用水量计算。

$$Q_5 = \frac{1}{1\,000}(n_5A_5q_5 + A'_5q'_5) = \frac{1.5 \times 45\,000 \times 1 + 2.0 \times 60\,000}{1\,000}$$

$$= 67.5 + 120 = 187.5(\mathrm{m^3/d})$$

考虑到供水的安全可靠性,在设计时市政用水量一般放在用水高峰时段,市政用水量列于表2-8中第(12)项。

4)未预见水量及管网漏失水量计算。

未预见水量及管网漏失水量计算按上述各项用水量总和的20%计入,则:

$$Q_6 = 0.2 \times (Q_1 + Q_2 + Q_3 + Q_4 + Q_5)$$

$$= 0.2 \times (19\,270 + 490 + 732 + 30\,000 + 187.5)$$

$$= 10\,135.9(\mathrm{m^3/d})$$

取 $Q_6 = 10\,136\ \mathrm{m^3/d}$。

由于发生在每小时的未预见水量基本上随用水量的增加而增加。未预见及管网漏失水量24 h均匀分配,较为经济合理,见表2-8第(13)项。

因此,该工业区最高日设计用水量可计算如下:

$$Q_6 = 19\,270 + 490 + 732 + 30\,000 + 187.5 + 10\,136$$

$$= 60\,815.5\ (\mathrm{m^3/d})$$

取 $Q_d = 60\,816\ \mathrm{m^3/d}$。

该工业区的用水量变化如表2-8中第(14)、(15)项所列。

2. 最高日平均时和最高时设计用水量计算。

(1)最高日平均时设计用水量,按式(2-11)计算:

表 2-8　华北某工业区用水量计算

时间	居住区(包括公共建筑)用水量		甲企业				乙企业				市政用水(m^3)	未预见水量(m^3)	每小时用水量	
	占一天用水量(%)	(m^3)	高温车间生活用水		淋浴用水(m^3)	生产用水(m^3)	一般车间生活用水		淋浴用水(m^3)	生产用水(m^3)			(m^3)	占最高日用水量百分数(%)
			变化系数	(m^3)			变化系数	(m^3)						
1	2	3	4	5	6	7	8	9	10	11	12	13	14	15
0～1 时	1.10	211	(31.30)	16.4	180	1 000	(37.50)		96			423	1 942.8	3.19
1～2 时	0.70	135	12.05	12.6		1 000						422	1 569.6	2.58
2～3 时	0.90	174	12.05	12.7		1 000						423	1 609.7	2.65
3～4 时	1.10	211	12.05	12.7		1 000						422	2 188.7	3.60
4～5 时	1.30	251	12.05	12.6		1 000						423	1 686.6	2.77
5～6 时	3.91	754	12.05	12.7		1 000						422	2 188.7	3.60
6～7 时	6.61	1 274	12.05	12.7		1 000					67.5	422	2 776.2	4.61
7～8 时	5.84	1 125	12.05	12.6		1 000						423	2 560.6	4.21
8～9 时	7.04	1 357	(31.30)	16.4	180	1 000				750	120	422	3 845.4	6.32
9～10 时	6.69	1 289	12.05	12.6		1 000	6.25	5.47		750		423	3 480.07	5.72
10～11 时	7.17	1 382	12.05	12.7		1 000	12.50	10.94		750		422	3 577.64	5.88
11～12 时	7.31	1 409	12.05	12.7		1 000	12.50	10.94		750		422	3 604.64	5.93
12～13 时	6.62	1 276	12.05	12.6		1 000	18.70	16.4				423	2 728.00	4.49
13～14 时	5.23	1 008	12.05	12.7		1 000	6.25	5.47				422	2 448.17	4.03
14～15 时	3.59	692	12.05	12.7		1 000	12.50	10.94				423	2 138.64	3.57
15～16 时	4.76	917	12.05	12.6	180	1 000	12.50	10.94				422	2 362.54	3.88
16～17 时	4.24	817	(31.30)	16.4		1 000	(37.50)	16.4	96	750		422	3297.8	5.42
17～18 时	5.99	1 154	12.05	12.7		1 000	6.25	5.47		750		422	3 344.07	5.50
18～19 时	6.97	1 343	12.05	12.7		1 000	12.50	10.94		750		422	3 538.64	5.82
19～20 时	5.66	1 091	12.05	12.7		1 000	12.50	10.94		750		422	3 286.64	5.40
20～21 时	3.05	588	12.05	12.6		1 000	18.70	16.4				423	2 040.00	3.35
21～22 时	2.01	387	12.05	12.7		1 000	6.25	5.47				422	1 827.17	3.00
22～23 时	1.42	274	12.05	12.7		1 000	12.50	10.94				422	1 719.64	2.83
23～24 时	0.79	151	12.05	12.6		1 000	12.50	10.94				422	1596.54	2.63
累计	100	19 270		315	540	24 000		175.00	192	6 000	187.5	10 136	60 816.0	100

注:变化系数指该小时用水量占一班用水量的百分数;加括号的数值表示只在半小时内用水。

$$\overline{Q}_h = \frac{Q_d}{T} = \frac{60\ 816}{24} = 2\ 534(m^3/h)$$

(2)最高日最高时设计用水量计算:由表 2-8 第(14)项查出:最高用水时发生的 8～9 时,$Q_h = 3\ 845.4\ m^3/h$,占最高日设计用水量的百分数为 6.32%,则:

$$K_h = \frac{Q_h}{\overline{Q_h}} = \frac{3\ 845.4}{2\ 534} = 1.52$$

或

$$K_h = \frac{6.32}{4.17} = 1.52$$

3. 工业区所需消防用水量计算。

该工业区在规划年限内的人口为10万人，参照国家现行《建筑设计防火规范》，确定消防用水量为35 L/s，同时发生火灾次数为2次。则该工业区所需消防总用水量，按式(2-13)计算：

$$Q_x = N_x q_x = 2 \times 35 = 70(\text{L/s})$$

此值在设计该工业区给水系统时作为消防校核计算的依据。

小　结

1. 设计用水量的组成

(1)综合生活用水包括居民生活用水和公共建筑及设施用水，但不包括城市浇洒道路、绿化等市政用水。

(2)工业企业生产用水和工作人员生活用水。

(3)消防用水。

(4)浇洒道路绿地用水。

(5)未预见水量及管网漏失水量。

2. 用水定额

用水定额包括居民生活用水定额和综合生活用水定额、公共建筑用水定额、工业企业职工淋浴用水定额、工业企业生产用水定额等。

3. 用水量变化系数

时变化系数 K_h 是最高日最高时用水量与最高日平均时用水量之比；日变化系数 K_d 是最高日用水量与平均日用水量之比。

思考题

1. 什么是用水定额？设计时，用水定额选定的高低对给水工程有何影响？

2. 影响生活用水量的主要因素有哪些？

3. 时变化系数大小对设计流量有何影响？如何选定设计规范中的推荐值？

习　题

某城市最高日用水量为15万 m^3，每小时用水量变化如表2-9所示。求：(1)该城市最高日平均时和最高时的用水量；(2)绘制用水量变化曲线。

表 2-9　某城市每小时用水量变化情况

时间	0 ~ 1 时	1 ~ 2 时	2 ~ 3 时	3 ~ 4 时	4 ~ 5 时	5 ~ 6 时	6 ~ 7 时	7 ~ 8 时	8 ~ 9 时	9 ~ 10 时	10 ~ 11 时	11 ~ 12 时
用水量（%）	2. 53	2. 45	2. 50	2. 53	2. 57	3. 09	5. 31	4. 92	5. 17	5. 10	5. 21	5. 21
时间	12 ~ 13 时	13 ~ 14 时	14 ~ 15 时	15 ~ 16 时	16 ~ 17 时	17 ~ 18 时	18 ~ 19 时	19 ~ 20 时	20 ~ 21 时	21 ~ 22 时	22 ~ 23 时	23 ~ 24 时
用水量（%）	5. 09	4. 81	4. 99	4. 70	4. 62	4. 97	5. 18	4. 89	4. 39	4. 17	3. 12	2. 48

第三章　水源及取水构筑物

学习目标：了解给水水源的种类；掌握水源选择的基本原则，常用地下取水构筑物、地表取水构筑物的类型；了解管井出水量、格栅、格网过水量的计算方法。

第一节　水源的种类及选择

一、水源种类

给水水源可分为地下水源和地表水源。地下水源包括上层滞水、潜水、承压水、裂隙水、溶岩水和泉水等。地表水源包括江河水、湖泊水、水库水以及海水等。

（一）地表水源

1. 江河水

我国江河水资源丰富，但各地条件不一，水源状况也各不相同。

一般江河洪枯流量及水位变化比较大，常发生河床冲刷、淤积和河床演变。平原河道河床常为土质，较易变形。顺直河段容易形成边滩，可能造成取水口堵塞；弯曲河段凸岸淤积，凹岸冲刷，使河流弯曲程度不断加大，甚至可能发展成为河套，也可能裁弯取直，以弯曲—裁直—弯曲做周期演变，对设置取水口非常不利。

江河水的主要来源是降雨形成的地面径流，因此常含有大量的泥沙等污染物，细菌含量较高；江河水流经水溶性矿物成分含量高的岩石地区，水中含有的矿物成分会增高；江河水的主要补给源是降水，与地下水相比水质较软，由于长期暴露在空气中，水中溶解氧的含量较高，稀释和净化能力都较强。

2. 湖泊和水库水

湖泊和水库水一般情况下主要来源是江河水，但也有些湖泊和水库的水来源于泉水。由于湖泊和水库中的水基本处于静止状态，沉淀作用使得水中悬浮物大大减少，浑浊度降低。由于湖泊和水库的自然条件利于藻类、水生植物和鱼虾类的生长，使得水中有机物质含量升高，所以湖泊和水库水多呈绿色或黄绿色，应注意水质对给水水源的影响。

另外，一般在中小河流上，由于流量季节性变化较大，枯水季节往往水量不足，甚至断流，此时可根据气象、水文、地形、地质等条件修建年调节或多年调节水库作为给水水源。

3. 海水

随着现代工业的迅速发展，在整个世界范围内淡水水源严重不足。为满足大量工业用水需要，特别是冷却用水，许多国家包括我国在内，已经开始使用海水作为给水水源。

（二）地下水源

地下水按其在地层中的位置及其补给、径流、排泄条件的不同，水质水量也有差异。

1. 上层滞水

上层滞水(见图 3-1)是存在于包气带中局部隔离水层之上的具有自由水面的地下水。由于分布范围有限,水量随季节变化,旱季甚至干枯,因此只适宜作少数居民或临时供水水源。

2. 潜水

潜水(见图 3-2)是埋藏在地下第一个稳定隔水层上,具有自由表面的重力水。主要特征是有隔水底板而无隔水顶板,具有自由表面,是无压水。它的分布区和补给区往往一致,水位及水量变化较大。潜水由于经地层的渗滤,隔除了大部分悬浮物和微生物,水质物理性状较好,细菌含量较少,在我国经常作为给水水源。但由于容易被污染,须注意卫生防护。

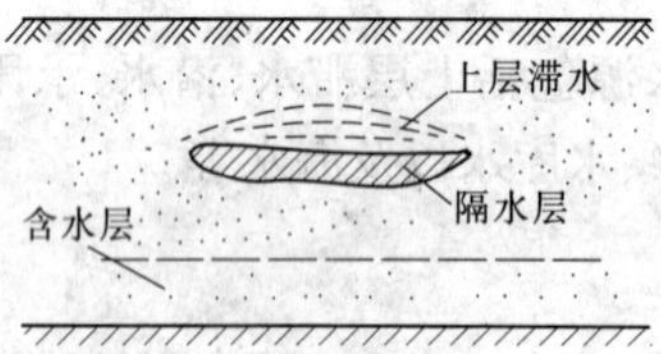

图 3-1　上层滞水

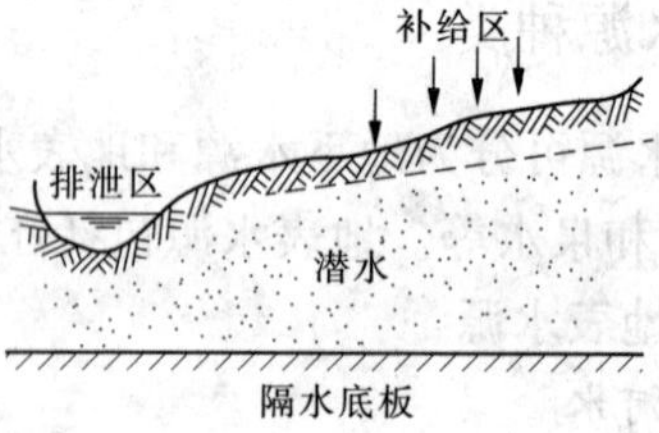

图 3-2　潜水

3. 承压水

承压水(见图 3-3)是充满于两隔水层之间的地下水。由于有不透水层阻挡,不易受其上部地面人为污染的影响,水质情况稳定,细菌含量少,温度低且稳定,但一般含盐量比地表水和潜水高。承压水的补给区往往离承压分布区较远,补给区含水层直接露出地表,所以该区的环境保护对保证水质有重要意义。

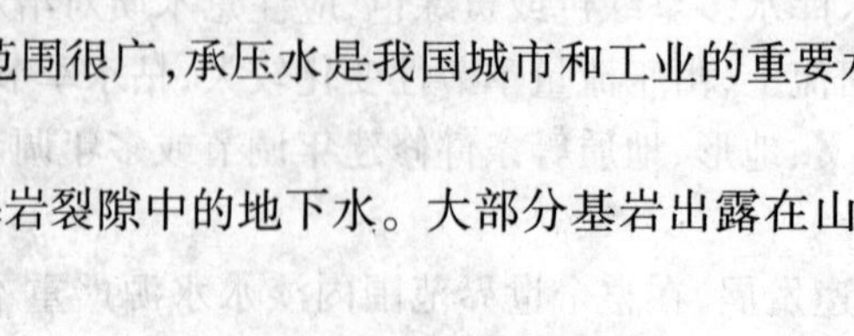

图 3-3　承压水

我国承压水分布范围很广,承压水是我国城市和工业的重要水源。

4. 裂隙水

裂隙水是埋藏在基岩裂隙中的地下水。大部分基岩出露在山区,因此裂隙水主要分布在山区。

5. 岩溶水

通常在石灰岩、泥灰岩、白云岩、石膏等可溶性岩石分布地区,由于水流作用形成溶洞、落水洞、地下暗河等岩溶现象,储存和运动于岩溶地层中的地下水称为岩溶水或喀斯特水。其特征是为低矿化度的重碳酸盐水,涌水量在一年中变化较大。

6. 泉水

涌出地表的地下水露头称为泉,有包气带泉、潜水泉和自流泉等。包气带泉涌水量变化很大,旱季甚至会干枯,水质和水温不稳定。潜水泉受降水影响,季节性变化显著,水流通常渗出地面。自流泉由承压水补给,水向上涌出地面,动态稳定,水量变化较小,是良好的供水水源。

二、水源选择

给水水源的选择应根据城乡近期总体规划、水体的水质情况、水文和水文地质资料、用户对水量和水质的要求等方面的因素综合进行考虑,选择水质良好、水量充沛、环境便于保护的水体作为给水水源。在对水源水质要求较高时,宜优先选用地下水。取水点的设置应位于城市和工业区的上游,地表水根据自然流向判别上下游,地下水应根据地下渗流的主要流向判别上下游。

(一)给水水源应有足够水量

城市给水水源应有足够水量,以满足城市用水要求。水源水量除保证当前生活、生产需水量外,还应有满足远期发展所需的水量。地下水源的取水量应不大于其开采储量;天然河流(无坝取水)的取水量应不大于该河枯水期的可取水量。

(二)给水水源的水质应良好

作为生活饮用水水源的水质,应符合下列要求:

(1)只经加氯消毒即供做生活饮用水的水源水,大肠菌群数平均每升不得超过 1 000 个;经过净化处理及加氯消毒后作为生活饮用水的水源水,由于净化处理工艺中的过滤工艺可将大部分细菌滤除,大肠菌群不得超过 10 000 个。

(2)水经过净化处理,可使浑浊度、色度、硬度等感观指标和化学指标降低。因此,水的感观性状和化学指标经净化处理后应达到《生活饮用水水质标准》的要求。

(3)给水水源的水质,其毒理学指标应符合现行《生活饮用水水质标准》的规定。

(4)在地方性甲状腺肿地区或高氟地区,应选用含碘、含氟适量的水源水。否则,应根据需要采取预防措施。水中碘含量在 10 μg/L 以下时易发生甲状腺肿,氟化物含量在 1.0 mg/L 以上时容易发生氟中毒。

(5)分散式给水水源的水质,应尽量符合《生活饮用水水质标准》(GB 5749—2006)的规定。

如果不得不选用超过上述某项指标要求的水体作为生活饮用水的水源,应征得主管部门同意,并根据其超过的程度与卫生部门共同研究处理方法,使其最终符合《生活饮用水水质标准》的规定。

(三)考虑合理开采和利用水源

选择水源时,必须配合经济计划部门制定水资源开发利用规划,全面考虑、统筹安排、正确处理与给水工程有关部门,如农业、水力发电、航运、木材流送、水产、旅游及排水等方面的关系,以求合理地综合利用和开发水资源。特别是对水资源比较贫乏的地区,综合开发利用水资源,对于所在地区的全面发展具有决定性意义。例如,利用经处理后的污水灌溉农田,在工业给水系统中采用循环和复用给水,提高水的重复利用率,减少水源取水量,以解决城市用水或工业大量用水与农业灌溉用水的矛盾；我国沿海某些淡水缺乏地区应尽可能利用海水作为工业企业给水水源；对沿海地区地下水的开采与可能产生的污染(与水质不良含水层发生水力关系)、地面沉降和塌陷及海水入浸等问题，应予以充分注意。此外，随着我国经济建设事业的发展，水资源将进一步被开发利用，将有越来越多的河流实现径流调节，因此水库水源的综合利用也是水源选择中的重要课题。在一个地区或城市，地表水源和地下水源的开采和利用有时是相辅相成的。地下水源与地表水源相结合、集中与分散相结合的多水源供水以及分质供水不仅能够发挥各类水源的优点，而且对于降低给水系统投资，提高给水系统工作可靠性有重大作用。人工回灌地下水是合理开采、利用和保护地下水资源的措施之一。为保持地下水开采量与补给量平衡，采取人工回灌措施，以地表水补充地下水，以丰水年补充缺水年，以用水少的冬季补充用水多的夏季。回灌水的水质以不污染地下水，不使井管发生腐蚀，不使地层发生堵塞为原则。"蓄淡避咸"是沿海城市合理利用潮汐河流的有效措施。当河水含盐量高时，取用水库水；含盐量低时，直接取用河水。蓄淡避咸水库库容应根据取水量和"连续不可取水天数"(即连续咸水期)决定。

(四)保证安全供水

为了保证安全供水，大、中城市应考虑多水源分区供水；小城市也应有远期备用水源。无多水源时，结合远期发展，应设两个以上取水口。

城市给水水源的选择，应首先考虑地下水源，特别是作为生活饮用水水源时。地下水源具有以下优点：①地下水源一般不需净化处理，仅消毒即可，故水厂的投资及经营费用较省；②便于靠近用户建立水源，从而降低了给水系统(特别是输水管和管网)的投资，节省了输水运行费用，同时也提高了给水系统的安全可靠性；③便于建立卫生防护区，易于采取人防措施；④取水条件和取水构筑物较为简单，便于施工和运行管理；⑤便于分期修建。但地下水也有缺点，如一般含矿物盐类较高，硬度较大，有时含过量铁、锰、氟等，需进行处理，同时地下水水量，往往不够稳定，地下水源勘测时间也较长。采用地下水时，必须做到有计划开采，不能超过开采储量，以防地下水位不断下降、地面下沉或水质恶化等严重情况发生。按照开采和卫生条件，选择地下水源时，通常按泉水、承压水(或层间水)、潜水的顺序进行选择。对于工业企业生产用水水源而言，如取水量不大或不影响当地饮用水需要，也可采用地下水源，否则应取用地表水。地表水源的选择，首先考虑采用天然江河水、水库水，其次考虑湖泊水，必要时考虑海水的利用。地表水源，由于含泥沙及细菌较多，水质浑浊，故通常需处理。

三、给水水源的保护

为保证给水水源长期稳定地供水，必须采取必要的措施对给水水源实施各种保护。水资源过分开采就会枯竭、因人为污染就会造成水质恶化。地表水、地下水、天然降水之间有着十分密切的联系；空气、土壤的污染对水源水质有着重要的影响。所以，给水水源保护是一个复杂的问题，应从多方面给予综合考虑。

给水水源的保护主要是水源水量的保证和水质的保证。

水量保证的措施有适度的开采、水量的季节性调蓄、区域性水土保持等；水质保证的措施有城镇整体布局的规划、加强环境保护，尤其是注意各种污废水向河流或向地下排放的管理，采取有效的措施预防给水水源的污染。

对于生活饮用水水源，应设置卫生防护带。集中式给水水源防护带的范围和防护措施应按有关规定执行。

（一）地面水水源的防护

（1）取水点周围半径不小于 100 m 的水域内，不得停靠船只、游泳、捕捞和从事一切可能污染水源的活动，并应设置明显的范围标志。

（2）河流取水点上游 1 000 m 至下游 100 m 的水域内，不得排入工业废水和生活污水；其沿岸防护范围内，不得堆放废渣，不得设置存放有害化学物品的仓库、堆栈或设立装卸垃圾、粪便和有毒物品的码头；沿岸农田不得使用工业废水或生活污水灌溉及施用持久性或剧毒性的农药，并不得放牧。

供生活饮用水的水库和湖泊，取水点周围部分水域或整个水域的防护，也按上述要求执行。

水厂生产区外围不小于 10 m 的范围内，不得设置生活居住区和修建禽畜饲养场、渗水厕所、渗水坑；不得堆放垃圾、粪便、废渣或铺设污水管道；应保持良好的卫生条件并应充分绿化。

（二）地下水水源的防护

（1）取水构筑物的防护范围，应根据水文地质条件、取水构筑物的形式和附近地区的卫生状况确定，其防护措施应与地面水水厂生产区要求相同。

（2）在单井或井群的影响半径范围内，不得使用工业废水或生活污水灌溉和施用有持久性或剧毒的农药，不得修建渗水厕所、渗水坑、堆放废渣或铺设污水渠道，并不得从事破坏深层土层的活动。

对于分散式给水水源的卫生防护地带，可参照上述规定。水井周围 30 m 的范围内，不得设置渗水厕所、粪坑等污染源。

第二节　地下水取水构筑物

一、位置选择

地下水取水构筑物的位置选择主要取决于水文地质条件和用水要求。在选择地点时，应考虑下列基本情况：

（1）取水地点应与城市或工业总体规划相适应。

（2）应位于出水丰富、水质良好的地段。

（3）应尽可能靠近主要用水地区。

（4）应有良好的卫生防护措施，以免遭污染。在易污染地区，城市生活饮用水的取水地点应尽可能设在居民区或工业区的上游。

（5）应考虑施工、运转、维护管理方便，不占农田，或少占农田。

（6）应注意地下水的综合开发利用。

二、地下水取水构筑物的基本形式

地下水取水构筑物，按其构造可分为管井、大口井、辐射井、渗渠和引泉构筑物等，其适用范围见表 3-1。

表 3-1　地下水源取水构筑物适用范围

形式	尺寸	深度	水文地质条件			出水量
			地下水埋深	含水层厚度	水文地质特征	
管井	井径为 50～1 000 mm，常见的井径为150～600 mm	井深为20～1 000 m，常见的井深为 300 m以内	在抽水设备能解决情况下不受限制	厚度一般在 5 m 以上或有几层含水层	适于任何砂卵石地层	单井出水量一般为 500～6 000 m^3/d，最大为 2 000～30 000 m^3/d
大口井	井径为 2～12 m，常见的井径为4～8 m	井深为 30 m 以内，常见的井深为 6～20 m	埋藏较浅，一般在 12 m 以内	厚度一般在 5～20 m	补给条件良好，渗透性较好，渗透系数最好在 20 m/d 以上，适于任何砂砾地区	单井出水量一般为 500～10 000 m^3/d，最大为 20 000～30 000 m^3/d
辐射井	井径为 2～12 m，常见的井径为4～8 m	井深为 30 m 以内，常见的井深为 6～20 m	埋藏较浅，一般在 12 m 以内	厚度一般在 5～20 m。能有效地开采水量丰富、含水层较薄的地下水和河床下渗透水	补给条件良好，含水层最好为中粗砂或砾石层，并不含漂石	单井出水量一般为5 000～50 000 m^3/d
渗渠	管径或短边长度不小于 0.6 m	埋深为 10 m 以内，常见的埋深为 4～7 m	埋藏较浅，一般在 2 m 以内	厚度较薄，一般为1～6 m	补给条件良好，渗透性较好，适用于中砂粗砂、砾石或卵石层	一般为 15～30 $m^3/(d \cdot m)$，最大为 50～100 $m^3/(d \cdot m)$

地下水取水构筑物形式的选择，应根据含水层埋藏深度、含水层厚度、水文地质特征以及施工条件等通过技术经济比较确定。管井的建设通常用专门的钻井机械开凿井机，开凿的方法又分为冲击钻进和回转钻进。冲击钻进所需设备简单、轻便，常用于开凿深度较小的管井。冲击钻进作业是不连续的，钻进和清屑需反复进行，因此效率较低、钻进速度慢。回转钻进所需设备相对较为复杂，但可连续进行作业，边钻进、边出屑，因而钻进速

度较快，效率较高。钻井技术的不断发展，对提高钻井速度、扩大井径、增加井深、保证管井质量、降低造价都将会有很大的影响。管井由井室、井壁管、过滤器、沉淀管组成，见图 3-4(a)，此种人工填砾单过滤器管井为我国应用最广泛的管井形式之一。凡是只开采一个含水层时，均可采用此种形式。当地层存在两个以上含水层，且各含水层水头相差不大时，则可采用图 3-4(b)所示的多过滤器管井，同时从各含水层取水。现将管井各主要构造部分分述如下。

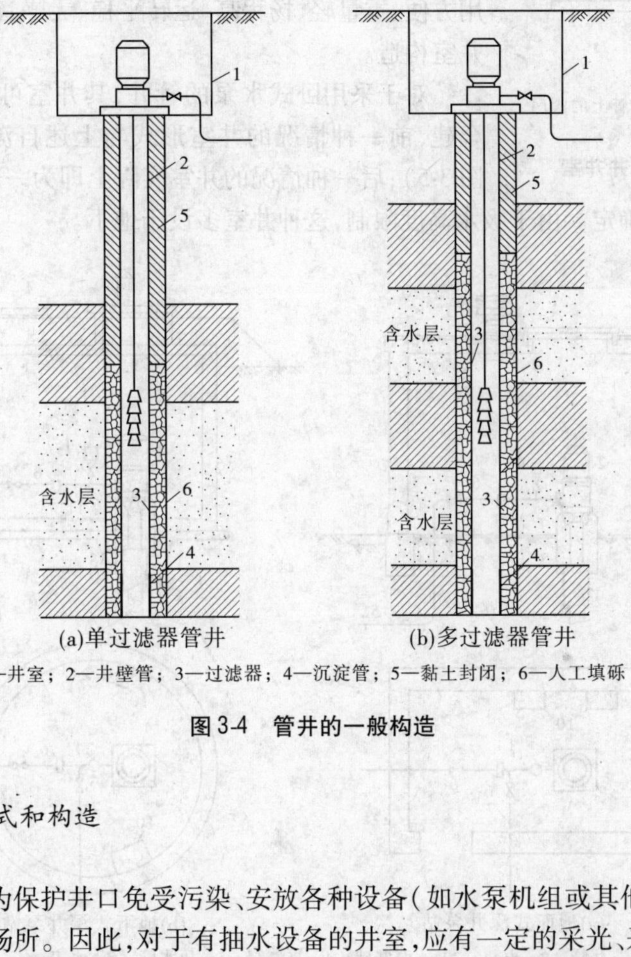

图 3-4　管井的一般构造

(一)管井

1. 管井的形式和构造

1)井室

井室通常是为保护井口免受污染、安放各种设备(如水泵机组或其他技术设备)以及进行维护管理的场所。因此，对于有抽水设备的井室，应有一定的采光、采暖、通风、防水、防潮设施。井室还要合乎卫生防护要求，为此对于地下式井室需用黏土填塞井室外壁和底部，以防地层被污染，井口部分的构造应严密，并应使其高出井室地面 0.3 ~ 0.5 m，以防积水流入井内。

抽水设备是影响井室形式的主要因素。抽水设备类型很多，应根据井的出水量、井的静水位和动水位、井的构造(井深、井径)、给水系统布置方式、水质等因素来确定。除抽水设备外，各种设备管理条件、气候、水文地质条件及水源地的卫生状况也在不同程度上影响井室的形式与构造。

对于静水位及动水位较高的自流井或用虹吸方式取水的管井，由于无需在井口设置抽水设备，且无需经常维护，因此井室多设于地面以下，其构造与一般给水阀门相似，自流井井室如图 3-5 所示。

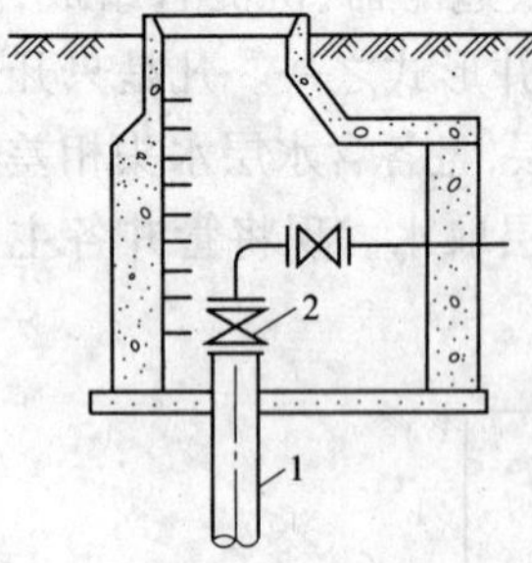

1—井管；2—套管上的阀门

图 3-5　自流井井室

采用深井水泵的井室即为一般的深井泵站。根据不同条件,深井泵站可以设于地面、地下或半地下。图 3-6 所示为地面式和地下式深井泵站布置图。

由于潜水泵生产技术的发展,取水工程已较多地采用深井潜水泵。深井潜水泵具有很多优点,诸如结构简单、使用方便、重量轻、扬程高、运转平稳、无噪音等。它还可简化井室构造。

对于采用卧式水泵的管井,其井室可以与泵房分建或合建,前一种情况的井室形式与上述自流井井室近似(见图 3-5);后一种情况的井室实际上即为一般的泵房,其构造按一般泵房要求确定。由于吸水高度限制,这种井室多设于地下。

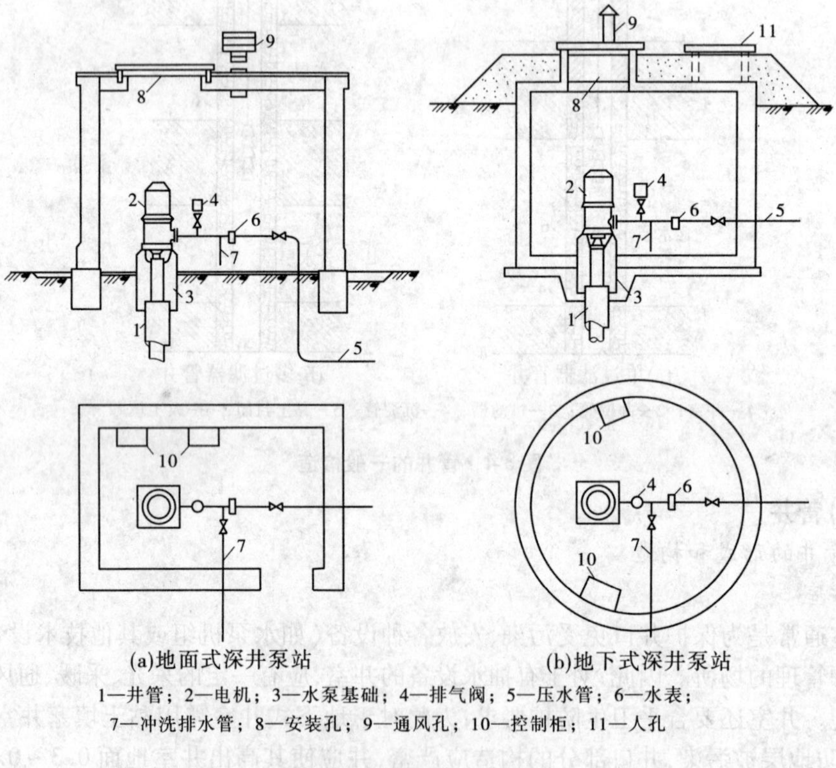

(a)地面式深井泵站　　(b)地下式深井泵站

1—井管；2—电机；3—水泵基础；4—排气阀；5—压水管；6—水表；
7—冲洗排水管；8—安装孔；9—通风孔；10—控制柜；11—人孔

图 3-6　深井泵站布置图

2)井壁管

设置井壁管的目的在于加固井壁,隔离水质不良的或水头较低的含水层。井壁管应具有足够的强度,使其能够经受地层和人工填充物的侧压力,并且应尽可能不弯曲,内壁应平滑、圆整,以利安装抽水设备和井的清洗、维修。井壁管可以是钢管、铸铁管、钢筋混凝土管、石棉水泥管、塑料管等。一般情况下,非金属管适用于井深不超过150 m的管井。

3)过滤器

过滤器又称滤水管,安装于含水层中,用以集水和保持填砾与含水层的稳定性。过滤器是管井的重要组成部分,它的形式和构造对管井的出水量和使用年限有很大影响,所以在工程实践中,过滤器形式的选择非常重要。对过滤器的基本要求是:应有足够的强度和抗蚀性;具有良好的透水性且能保持人工填砾和含水层的渗透稳定性。常用的过滤器有钢筋骨架过滤器、圆孔、条孔过滤器、钢筋骨架缠丝过滤器(见图 3-7)、包网过滤器、砾石水泥过滤器等。

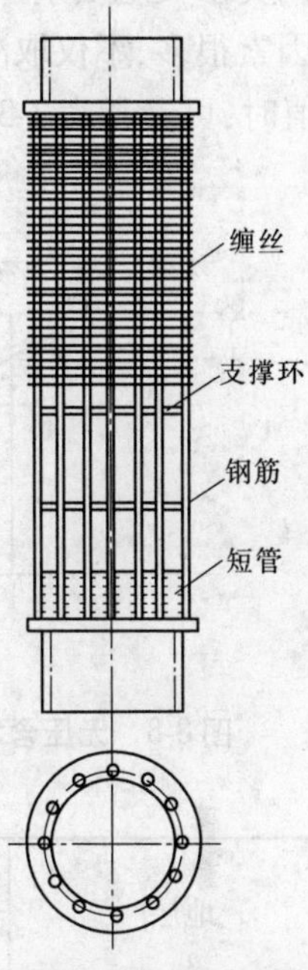

图 3-7　钢筋骨架缠丝过滤器构造

4)沉淀管

井的下部与过滤器相接的是沉淀管,用以沉淀进入井内的细小砂粒和自水中析出的沉淀物,其长度一般为 2 ~ 10 m。

2. 管井出水量公式

管井水力计算可采用理论公式或经验公式。

理论公式计算简便,但精度不高,适用于水源选择、供水方案确定和初步设计阶段;经验公式的计算,则需依据详细的水文地质资料进行,结果可靠,较能符合实际,适用于施工图设计阶段,以最后确定井的形式、构造、井数及井群的布置方式。

1)管井出水量的理论公式

a. 均质含水层中地下水向完整井稳定运动时的出水量公式

无压含水层完整井涌水量公式(见图 3-8)如下:

$$Q = \frac{\pi K(H^2 - h_0^2)}{\ln \frac{R}{r_0}} = \frac{1.37K(2HS_0 - S_0^2)}{\lg \frac{R}{r_0}} \tag{3-1}$$

式中　Q——管井稳定出水量,m^3/d;

K——渗透系数,m/d;

H——无压含水层厚度,m;

h_0——与 Q 相应的井外壁水位,m;

S_0——与 Q 相应的井外壁水位降落值,m;

R——影响半径,m;

r_0——过滤器的半径,m。

承压含水层完整井涌水量方程(见图 3-9)如下:

$$Q = \frac{2\pi Km(H - h_0)}{\ln \frac{R}{r_0}} = \frac{2.73KmS_0}{\lg \frac{R}{r_0}} \tag{3-2}$$

式中　m——承压含水层厚度,m;

其他符号意义同前。

公式中的 H,m,K,R 等值最好根据水文地质勘察资料确定。正确地确定 K 值和 R 值,可使计算结果接近实际情况。K 值可按抽水试验资料确定,无抽水试验资料时,可参考同类水文地质条件地区的 K 值确定，也可参考表 3-2 给出的经验数值确定。R 值的影响因素很多，不仅取决于含水层的透水性能，还取决于含水层的补给条件。当用经验确定 R 值时，可参考表 3-3。

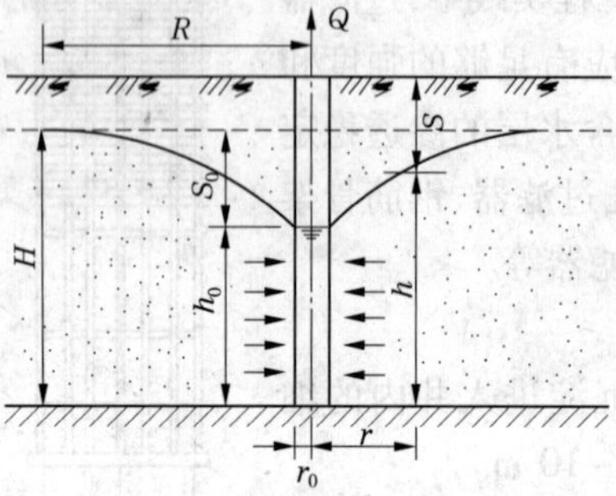

图 3-8 无压含水层完整井计算简图

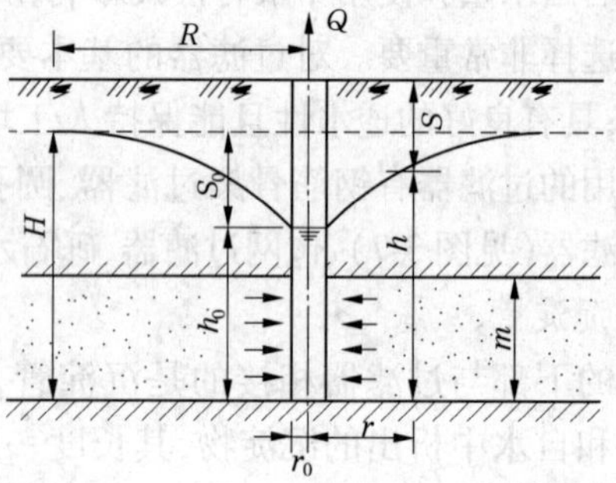

图 3-9 承压含水层完整井计算简图

表 3-2 地层渗透系数 K 值

地层	地层颗粒		渗透系数 K(m/d)
	粒径(mm)	所占重量(%)	
粉砂	0.05~0.1	70 以下	1~5
细砂	0.1~0.25	>70	5~10
中砂	0.25~0.5	>50	10~25
粗砂	0.5~1.0	>50	25~50
极粗砂	1~2	>50	50~100
砾石夹砂			75~150
带粗砂的砾石			100~200
漂砾石			200~500

表 3-3 各种地层的影响半径 R 值

地层	地层颗粒		影响半径 R(m/d)
	粒径(mm)	所占重量(%)	
粉砂	0.05~0.1	70 以下	25~50
细砂	0.1~0.25	>70	50~100
中砂	0.25~0.5	>50	100~300
粗砂	0.5~1.0	>50	300~400
极粗砂	1~2	>50	400~500
小砾石	2~3		500~600
中砾石	3~5		600~1 500
粗砾石	5~10		1 500~3 000

b. 均质含水层中地下水向非完整井稳定运动时的出水量公式

承压含水层非完整井出水量方程(见图 3-10)如下:

$$Q = \frac{2\pi KmS_0}{\frac{1}{2\bar{h}}\left(2\ln\frac{4m}{r_0} - A\right) - \ln\frac{4m}{R}} \tag{3-3}$$

式中 $\bar{h} = l/m$——过滤器插入含水层的相对深度;

A——由图 3-11 确定;

l——过滤器的长度,m;

其他符号意义同前。

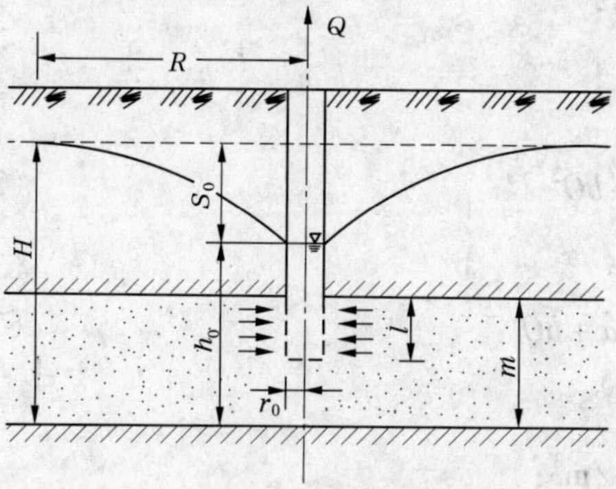

图 3-10　承压含水层非完整井计算简图

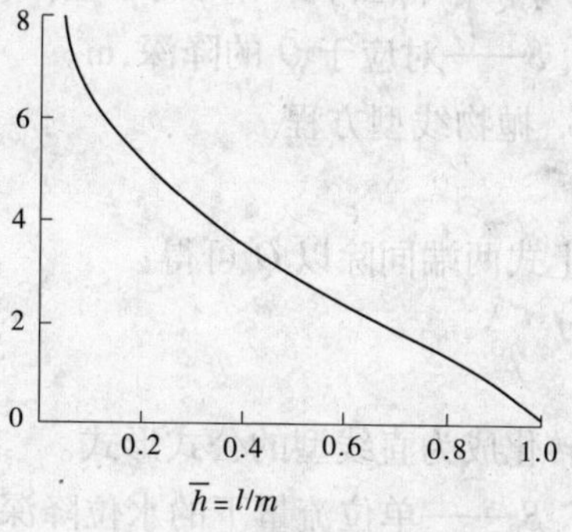

图 3-11　求 A 值的辅助图

无压含水层非完整井(见图 3-12)的地下水运动相当复杂,目前尚无完善的理论公式,一般常用近似公式解决。可将地下水向管井的流动近似看做是承压含水层非完整井与无压含水层完整井的叠加,即将公式(3-1)与公式(3-3)相加:

$$Q = \pi KS_0\left[\frac{l + S_0}{\ln\frac{R}{r_0}} + \frac{2M}{\frac{1}{2\bar{h}}\left(2\ln\frac{4M}{r_0} - \mathrm{A}\right) - \ln\frac{4M}{R}}\right] \tag{3-4}$$

式中 $M = h_0 - 0.5l$;

其他符号意义同前。

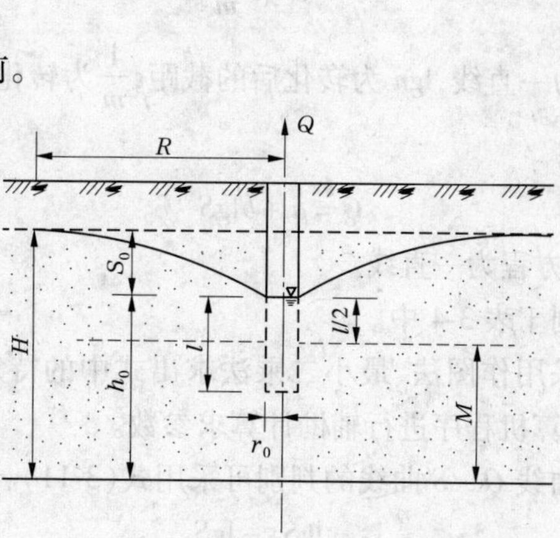

图 3-12　无压含水层非完整井计算简图

2）管井出水量的经验公式

在实际工程中常采用经验公式进行管井的涌水量计算。经验公式是根据水源地或相似水文地质条件地区的抽水试验提供的 $Q \sim S$ 关系数据经整理而成的。经验公式法避开了含水层补给边界、渗透系数等水文地质参数，直接用试验数据构造公式能较好地反映井的涌水量与降深之间的关系。

经验公式的常用类型有直线型、抛物线型、幂函数型和半对数型方程。

a. 直线型方程

$$Q = qS \tag{3-5}$$

式中 Q——井的涌水量，m^3/d；

q——单位降深下的涌水量，$m^3/(d \cdot m)$；

S——对应于 Q 的降深，m。

b. 抛物线型方程

$$S = aQ + bQ^2 \tag{3-6}$$

上式两端同除以 Q 可得：

$$S_0 = \frac{S}{Q} = a + bQ \tag{3-7}$$

转化成为直线型的公式形式。

式中 S_0——单位流量下的水位降深，$(m \cdot d)/m^3$；

a——转化后直线的截距；

b——转化后直线的斜率；

其他符号意义同前。

c. 幂函数型方程

$$Q = n\sqrt[m]{S} \tag{3-8}$$

上式两端同取对数得：

$$\lg Q = \lg n + \frac{1}{m}\lg S \tag{3-9}$$

在双对数坐标系中为一直线，$\lg n$ 为转化后的截距，$\frac{1}{m}$为转化后的斜率。

d. 半对数型方程

$$Q = a + b\lg S \tag{3-10}$$

在对数坐标系中，该方程为一直线。

上述四种曲线方程列于表 3-4 中。

抽水资料的整理可采用作图法、最小二乘法求出式中的待定系数，最终确定经验方程。在有条件时，可用计算机程序进行辅助计算求参数。

涌水量与降深关系曲线 $Q - S$ 曲线的判别可采用式(3-11)：

$$n = \frac{\lg S_2 - \lg S_1}{\lg Q_2 - \lg Q_1} \tag{3-11}$$

表 3-4　井的出水量 Q 和水位降落值 S 曲线

曲线类型	经验公式	$Q-S$ 曲线	转化后的公式	转化后的曲线
直线型	$Q=qS$	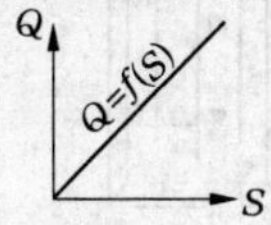		
抛物线型	$S=aQ+bQ^2$	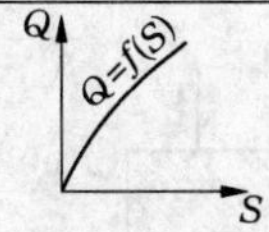	$S_0=a+bQ$ $S_0=S/Q$	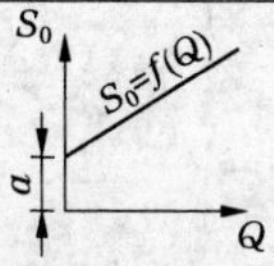
幂函数型	$Q=n\sqrt[m]{S}$	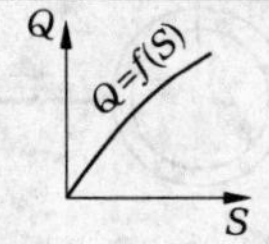	$\lg Q=\lg n+\frac{1}{m}\lg S$	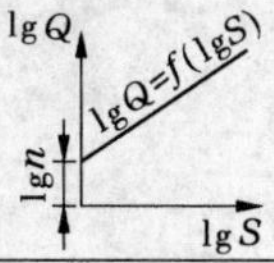
半对数型	$Q=a+b\lg S$	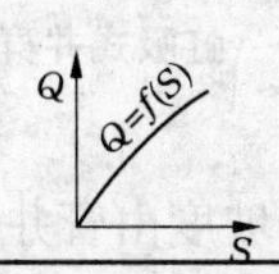	$Q=a+b\lg S$	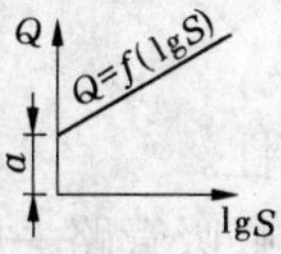

判别：

当 $n=1$ 时，直线型方程；

当 $n=2$ 时，抛物线型方程；

当 $1<n<2$，指数曲线型方程；

当 $n>2$，对数曲线型方程。

3. 井群

在规模较大的地下水取水工程中，经常需要建造由很多井组成的取水系统——井群。

根据从井取水的方法和汇集井水的方式不同，井群系统可分自流井井群、虹吸式井群、卧式泵取水井群、深井泵取水井群。

1）自流井井群

当承压含水层中的地下水具有较高的水头，且当井的动水位接近或高出地表时，可以用管道将水汇集至清水池、加压泵站或直接送入给水管网。这种井群系统称为自流井井群。

2）虹吸式井群

虹吸式井群如图 3-13 所示。它是用虹吸管将各个管井中的水汇入集水井，然后再用水泵将集水井的水送入清水池或给水管网。虹吸管开始工作时，需用真空泵排出管内的气体，接着水泵启动，集水井水位下降。在管井和集水井的水位差 Δh 作用下，各管井的水就沿着虹吸管流入集水井。

由于虹吸式井群工作时虹吸管处于负压状态，故能自水中析出溶解气体，也能从管路不严密之处渗入空气。因此，为了保证虹吸系统不间断地工作和减少管路因气泡积聚而产生的水头损失，应及时排除管路中的气体，并应在施工中保证管道接头和阀门等的

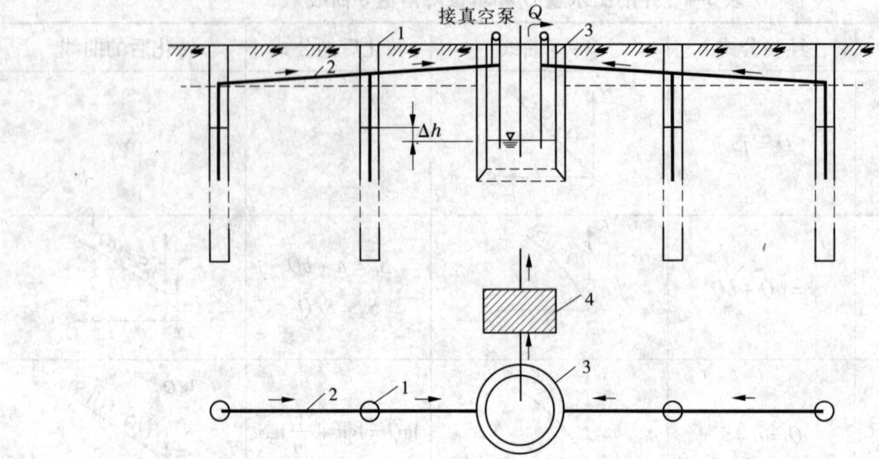

1—井管；2—虹吸管；3—集水井；4—泵站

图3-13　虹吸式井群

严密性。

虹吸管路一般是以不少于1‰的上升坡度由管井铺向集水井，沿管路不应有起伏，以保证气体能被水流带走。虹吸管内的流速一般采用0.5～0.7 m/s。

3）卧式泵取水井群

如图3-14所示，当地下水位较高，井的动水位距地面不深时（一般为6～8 m），可用卧式泵取水。当井距不大时，井群系统中的水泵可以不用集水井，直接用吸水管或总连接管与各井相连吸水，见图3-14（a）。这种系统具有虹吸式井群的特点，但由于没有集水井进行调节，应用上有一定的局限性。当井距大或单井出水量较大时，则应在每个井上安装卧式泵取水，见图3-14（b）。这种系统工作较为安全可靠，但管理上较为分散。

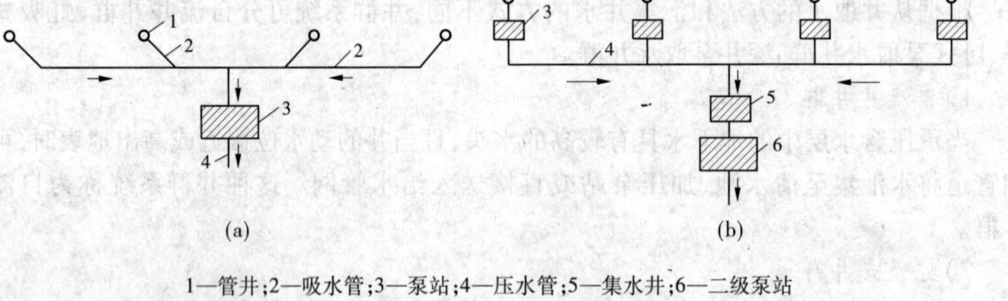

1—管井；2—吸水管；3—泵站；4—压水管；5—集水井；6—二级泵站

图3-14　卧式泵取水井群

4）深井泵取水井群

当井的动水位低于10～12 m时，不能用虹吸管或卧式泵直接自井中取水，需用深井泵（包括深井潜水泵）。这种系统如图3-15所示。

深井泵能抽取埋藏深度较大的地下水，因此管井取水系统广泛采用深井泵或深井潜水泵。

井群中井的间距小于影响半径的2倍时,则发生井的互阻。所谓互阻,即各井出水量小于每井单独抽水时的出水量的现象。发生互阻时,应进行互阻计算,以确定发生互阻时井的出水量,经济合理地决定井距和井数。井群互阻计算方法参见有关书籍,此处从略。一般认为经济合理的井距应使水量减少不超过25%~30%。

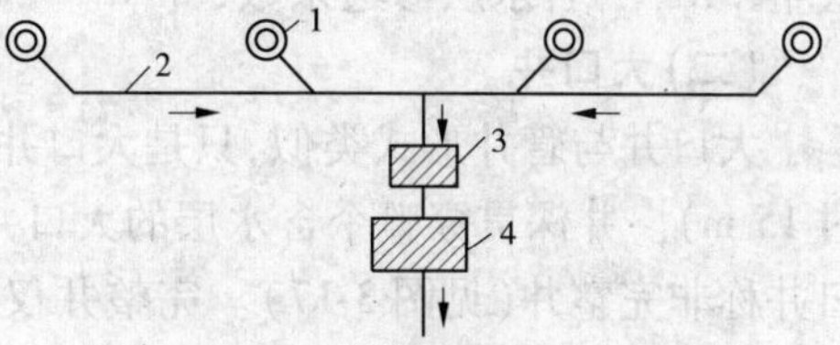

1—设有深井泵的管井;2—压水管;3—集水井;4—二级泵站

图3-15　深井泵取水井群

4. 管井的设计步骤

一般情况下,管井设计大致可遵循下列步骤进行:

(1)设计资料的搜集和现场查勘:设计资料是设计的基础和依据,充分而正确的资料是保证设计质量的先决条件,因此资料搜集工作在任何设计中都很重要。设计进行之前还要进行现场查勘工作,其目的是了解和核对现有水文地质及地形资料;初步选择井位及泵站位置;有必要时提出进一步的水文地质勘察要求。

(2)根据含水层的埋藏条件、厚度、岩性、水力状况及施工条件,初步确定管井的形式与构造。同时,根据地下水位、流向、补给条件和地形地物情况,选择取水设备形式和考虑井群布置方案。

(3)按有关理论公式或抽水试验得到的经验公式确定井的出水量和对应的水位下降值,并在此基础上,结合技术要求、材料设备和施工条件,确定取水设备的容量。如为井群系统,应适当考虑井群互阻影响,必要时应进行井群互阻计算,确定管井数目、井距、井群布置方案。此外,应该指出,考虑井数时,必须设置一定数量的备用井,其数量应按10%~20%生产井数来考虑。

(4)根据上述计算成果进行管井构造设计,包括井室、井壁管、过滤器、沉淀管、填砾等构造、尺寸及规格。最后,还须校核过滤器表面渗流速度,当其速度超过允许值时,则应调整过滤器构造尺寸或井的出水量。

为保持过滤器周围含水层的渗透稳定性,过滤器表面进水速度必须小于或等于允许流速,即

$$v \leqslant v_f \tag{3-12}$$

或

$$\frac{Q}{F} = \frac{Q}{\pi D l} \leqslant v_f \tag{3-13}$$

式中　v——进入滤水器表面的流速,m/d;

Q——管井出水量,m^3/d;

F——过滤器工作部分的表面积,m^2;

D——过滤器外径,m;

l——过滤器工作部分长度,m;

v_f——允许流速,m/s;

v_f 可用阿勃拉莫夫经验公式计算

$$v_f = 65\sqrt[3]{K} \tag{3-14}$$

式中　K——含水层渗透系数，m/d。

(二)大口井

大口井与管井形式类似，只是大口井口径较大(一般为4~8 m)，井深较浅(一般不超过15 m)。井深贯穿整个含水层的大口井称完整井(见图3-16)；井深未及不透水层的大口井称非完整井(见图3-17)。完整井仅从井壁进水，常因进孔堵塞而影响出水；非完整井可从侧壁和底部同时进水，进水范围大，出水效果好。因此，大口井多为非完整井。大口井主要由井筒、井口及进水部分等组成，如图3-18所示。

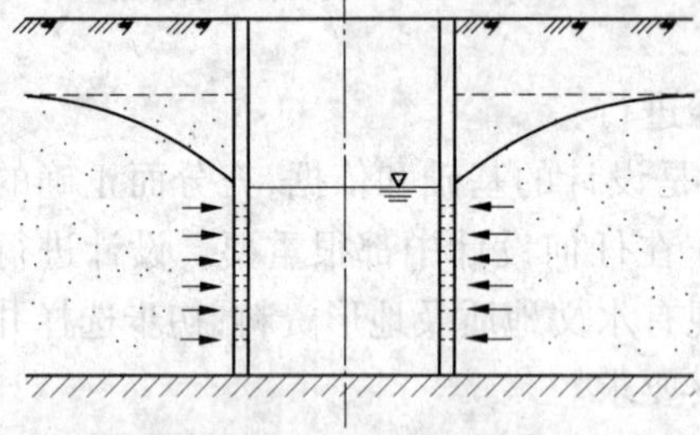

图3-16　完整井

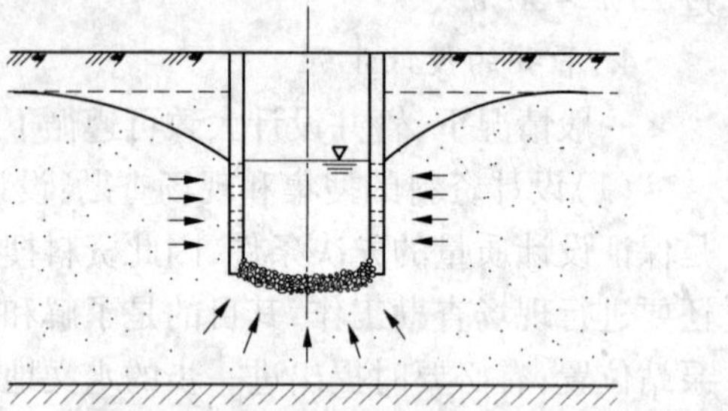

图3-17　非完整井

1. 井筒

井筒通常用钢混凝土或砖、石建造，强度应能承受四周的侧压力，同时还应满足施工的要求。井筒对不适宜的含水层应具有良好的阻隔作用。井筒的形状多为圆筒形。对于钢筋混凝土井筒，为便于施工，可一次筑成或多次筑成，其形状可以是直筒形(见图3-19(a))，也可以做成下面大、上面小的阶梯筒形(见图3-19(b))。

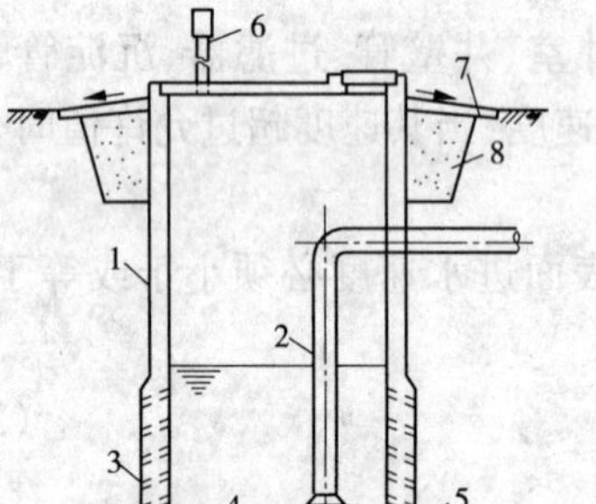

1—井筒；2—吸水管；3—井壁透水孔；
4—井底反滤层；5—刃脚；6—通风管；
7—排水坡；8—黏土层

图3-18　大口井的构造

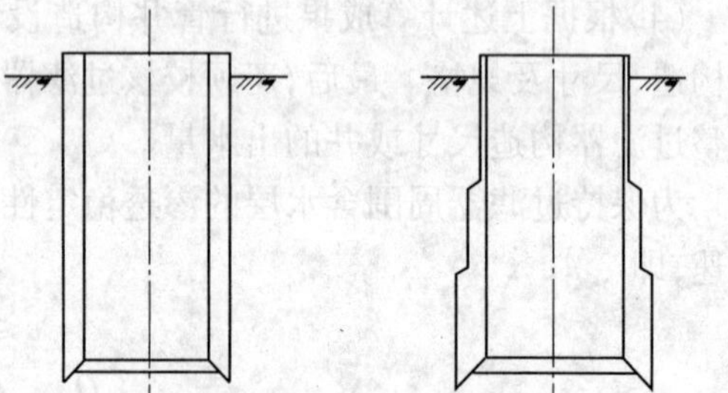

(a)直筒形　　(b)阶梯筒形

图3-19　大口井的形状

2. 井口

井筒地表面上的部分称为井口。井口应高出地面0.5 m以上，周围应封闭良好，并有宽度不小于1.5 m的散水坡，以防止地表面污水从井口或沿外壁侵入，使井水受到污染。

井口上应设置井盖，以起防护作用。井盖上设有人孔、通风管，以便维护和通风良好。井口既可考虑与泵站合建（见图 3-20），又可分建。

在低洼地区及河滩上的大口井，为防止洪水冲刷和淹没人孔，应设密封盖板。通风管应高于设计洪水位。

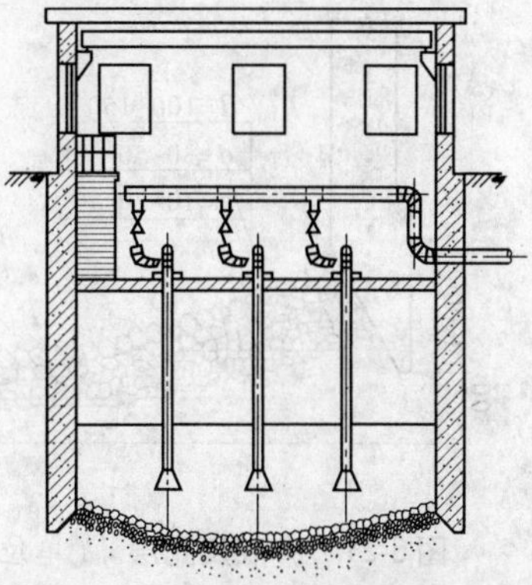

图 3-20　与泵站合建的大口井

3. 进水部分

进水部分包括井壁进水的进水孔、透水井壁和井底进水的井底反滤层等。

1）井壁进水孔

井壁进水孔交错布置在动水位以下的井筒部分。常用的井壁进水孔有以下两种形式。

水平孔：一般做成直径为 100 ~ 200 mm 的圆孔或 100 mm × 150 mm ~ 200 mm × 250 mm 的矩形孔。为保持含水层的渗透稳定性，孔中装填一定级配的滤料层。为防止滤料层的漏失，孔的两侧应放置格网。水平进水孔施工方便，采用较多。为改善滤料分层装填的困难，可应用盛装砾石滤料的铁丝笼装填进水孔。

斜形孔：多做成圆形，孔径 100 ~ 150 mm，外侧设有格网。斜形孔为一种重力滤料层的进水孔，滤料层稳定，且易于装填、更换、清洗，是最好的一种进水孔形式。

进水孔中滤料一般采用 1 ~ 3 层，总厚度不应小于 25 cm，与含水层相邻一层的滤料粒径，可按下式计算：

$$\frac{D}{d_i} \leqslant 7 \sim 8 \tag{3-15}$$

式中　D——与含水层相邻一层的滤料粒径；

d_i——含水层计算粒径。

当含水层为细砂或粉砂时，$d_i = d_{40}$；为中砂时，$d_i = d_{30}$；为粗砂时，$d_i = d_{20}$。

两相邻滤料层粒径比一般为 2 ~ 4。

当含水层为砂砾或卵石时，亦可采用孔径为 25 ~ 50 mm 不填滤料的圆形或圆锥孔（里大外小）。

采用大开槽施工时，为改善大口井进水条件，可在井筒外面填入砾石层，填砾的规格也可参照式（3-15）计算。

2）透水井壁

透水井壁由无砂混凝土制成。由于水文地质条件及井径等不同，透水井壁的构造有多种形式，如有以 50 cm × 50 cm × 20 cm 无砂混凝土砌块砌筑的井壁，也有以无砂混凝土整体浇制的井壁。如井壁高度较大，可在中间适当部位设置钢筋混凝土圈梁，以加强井筒的强度。

无砂混凝土大口井制作方便，结构简单，造价较低。

3）井底反滤层

除大颗粒岩石及裂隙岩含水层以外，在一般砂质含水层中，为了防止含水层中的细小

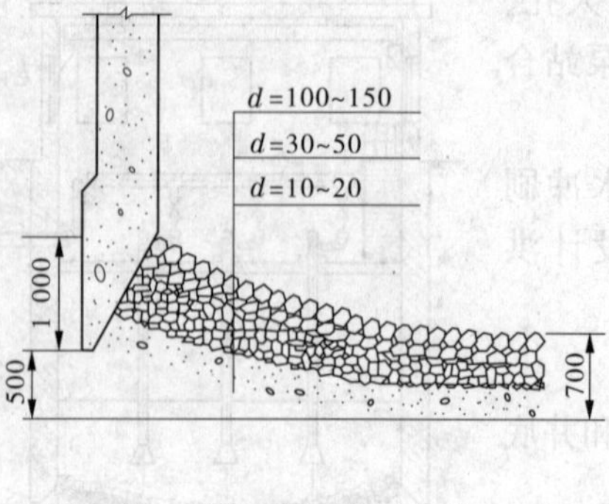

图 3-21 井底反滤层 （单位：mm）

砂粒随水流进入井内，保持含水层渗透稳定性，应在井底铺设反滤层。反滤层一般为3~4层，并宜做成锅底形，粒径自下而上逐渐变大，每层厚度一般为200~300 mm，如图3-21所示。当含水层为细、粉砂时，应增至4~5层，总厚度为0.7~1.2 m；当含水层为粗颗粒时，可设两层，总厚度为0.4~0.6 m。由于刃脚处渗透压力较大，易涌砂，靠刃脚处可加厚20%~30%。

井底反滤层滤料级配与井壁进水孔相同或参照表3-5选用。

表 3-5 井底反滤层滤料级配 （单位：mm）

含水层类别	第一层		第二层		第三层		第四层	
	粒径	厚度	粒径	厚度	粒径	厚度	粒径	厚度
细砂	1~2	300	3~6	300	10~20	200	60~80	200
中砂	2~4	300	10~20	200	50~80	200		
粗砂	4~8	200	20~30	200	60~100	200		
极粗砂	8~15	150	30~40	200	100~150	200		

应该指出的是，保证反滤层铺设的施工质量是防止井底涌砂的重要环节之一。反滤层铺设厚度不均和粒径不符合规格都有可能导致井底涌砂，造成水井停产等严重事故。

（三）辐射井

图3-22所示为辐射井，它是在大口井内沿径向敷设若干水平渗水管，用以增大集水面积，从而增加井的出水量。辐射管管径一般为100~250 mm，管长一般为10~30 m。大口井深一般为20~30 m。国外有长达100 m以上的辐射管和井深超过60 m的辐射井。

辐射井单井出水量一般在2万~4万 m^3/d，高者可达10万 m^3/d。

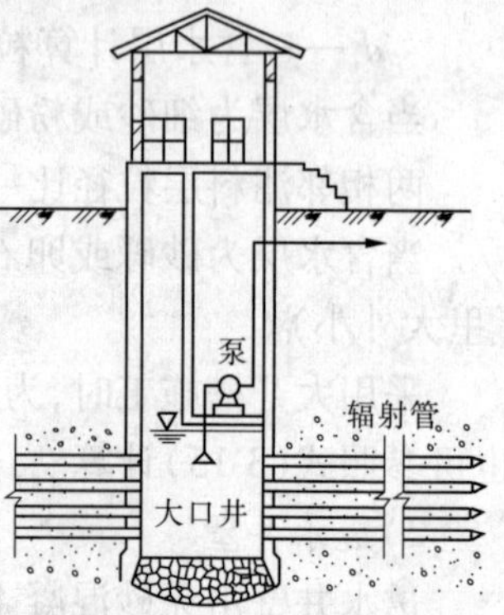

图 3-22 辐射井

（四）渗渠

渗渠用以取集浅层地下水、河床渗透水和潜流水。当间歇河谷河水在枯水期流量小，水浅甚至断流，而含水层为砾石或卵石，厚度小于6 m时，采用渗渠取水常比较有效。渗渠有完整式和不完整式两种。渗渠位置应设在含水层较厚，且无不透水夹层地段；宜设在靠近河流主流的河床稳定、水流较急、冲刷力较大、水位变幅较小的直线或凹岸河段，以便获得充足水量和避免淤积。

渗渠由水平集水管、集水井、检查井和泵站等组成。集水管一般采用钢筋混凝土管，每节长 1 ~2 m;水量较小时可用铸铁管;亦可采用浆砌块石或装配式混凝土渠道。渗渠进水孔孔径一般为 20 ~30 mm,布置在 1/3 ~1/2 管径以上,呈梅花状排列,孔净距一般为 2 ~2.5 倍孔眼直径。在集水管外设置人工滤层,其作用主要是防止含水层中的细小砂粒堵塞进水孔或进入集水管内,产生淤积。人工滤层的厚度与级配是否合理将影响出水效果和使用年限。人工滤层一般为 3 ~4 层,总厚度约为 0.8 m,与大口井的反滤层要求相同,但最内层滤料直径应略大于进水孔直径。渗渠的布置如图 3-23 所示。

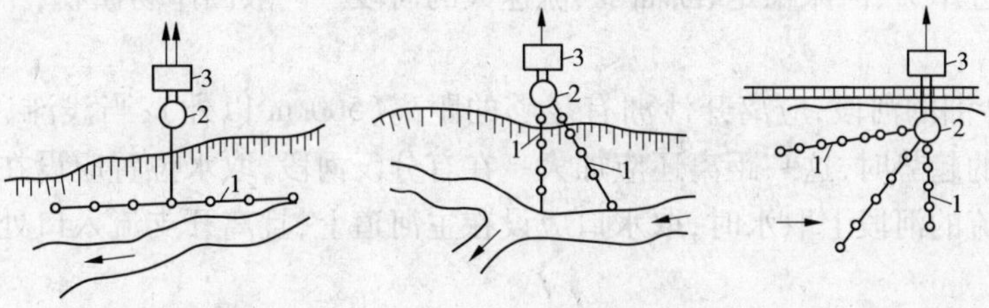

(a)平行河流布置　　(b)垂直于河流　　(c)平行与垂直布置

1—渗渠；2—集水井；3—泵站

图 3-23　渗渠的布置

(五)引泉构筑物

用来取集泉水的构筑物,称为引泉构筑物。因流泉从下向上涌出地面,故多用底部进水方式收集。如泉水出口较多且分散时,则可敷设水平集水管加以收集,其构造与渗渠相同。潜水泉常出露于倾斜的山坡或河谷,向下流出地面,多采用侧壁进水的方式收集,如图 3-24 所示。

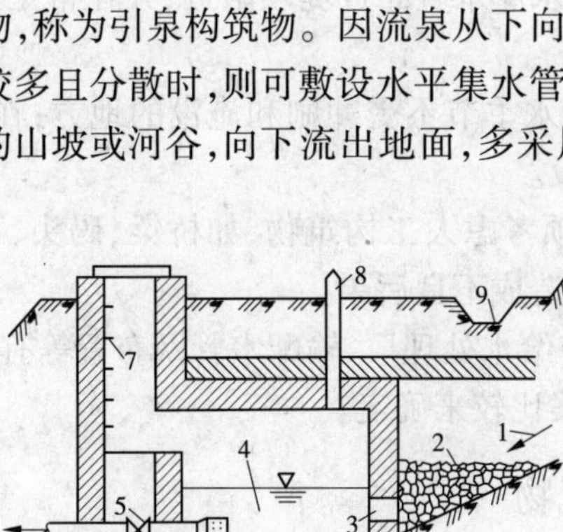

1—潜水泉;2—滤层;3—侧壁进水孔;4—沉淀室;5—闸门和溢流闸;

6—出水管;7—人孔;8—通气孔;9—排水沟

图 3-24　侧壁进水泉室

第三节　地表水取水构筑物

一、位置选择

正确选择地表水取水构筑物的位置是保证安全、经济、合理地供水的重要环节。因此,在选择取水构筑物位置时必须根据河流水文、水力、地形、地质、卫生等条件综合研究,进行多方案技术经济比较，从中选择最合理的取水构筑物位置。

在选择取水构筑物位置时，应考虑以下基本要求：

(1)应与城市总体规划要求相适应。在保证供水安全的情况下，尽可能靠近用水区，以节省输水投资。

(2)取水位置应能保证取得足够水量和较好水质，且不被泥沙淤积和堵塞。因此，在弯曲河段，宜选在水深岸陡、泥沙量少的凹岸，并在顶冲点下游15～20 m处；在顺直河段，宜选在主流靠近岸边、河床稳定、断面窄、流速大的河段。一般凸岸易淤积，不宜设置取水构筑物。

(3)在有沙洲的河段，应离开沙洲有足够的距离(500 m以外)；当浅滩、沙洲有向取水构筑物移动的趋势时，这一距离还应加大。在有分汊河段，取水位置应设在稳定的主河道中。在有支流的河段上取水时，取水口应设在主河道上，且离开支流入口处上下游有足够的距离。

(4)宜设在水质良好地段，城市生活饮用水源，一般应选在城市或工业区上游，以防止污染；在沿海潮汐影响的河流上，取水位置应在潮汐影响区域以外，以免吸入咸水。

(5)从湖泊和水库取水时，宜选在有足够水深、并远离支流汇入口处，以免泥沙淤积。取湖水宜靠近湖水出口；取水库水宜靠近堤坝附近，并在常见最多风向上方，以免聚集水草和浮游生物。

(6)取水位置应设在洪水季节不受冲刷和淹没的地方；在寒冷地区为防止冰凌影响应设在无底冰和浮冰的河段。

(7)选择取水位置时，须考虑人工构筑物，如桥梁、码头、丁坝、拦河坝等对河流特性的改变，以防对取水构筑物造成不良后果。

(8)取水位置的选择与给水处理厂、输配水管网布置等有密切关系，因此取水位置还应通过整个给水系统的方案比较来确定。

二、固定式取水构筑物

固定式取水构筑物由于供水比较安全可靠，维护管理方便，适应性较强，因此无论从河流、湖泊或水库取水，均可广泛应用。但水下工程量大，施工期长以及投资较大，特别是在水位变幅很大的河流上，投资甚大。

固定式取水构筑物的基本形式，按其构造特点可分为岸边式、河床式、斗槽式和潜水式等。这里仅介绍前两种。

(一)岸边式取水构筑物

直接从岸边进水口取水的构筑物，称为岸边式取水构筑物。它由进水井和泵房两部分组成。当河岸较陡、主流近岸、岸边水深足够、水质及地质条件较好、水位变幅不太大时，适宜采用这种形式。

1. 岸边式取水构筑物的基本形式

按照进水井与泵房的合建和分建，岸边式取水构筑物可分为合建式和分建式两类。

1)合建式岸边取水构筑物

合建式岸边取水构筑物,进水井与泵房合建在一起,设在岸边,如图 3-25 所示。河水经过进水孔进入进水井的进水间,再经过格网进入吸水间,然后由水泵抽送到水厂或用户。在进水孔上设有格栅,用以拦截水中粗大的漂浮物。设在进水井中的格网,用以拦截水中细小的漂浮物。

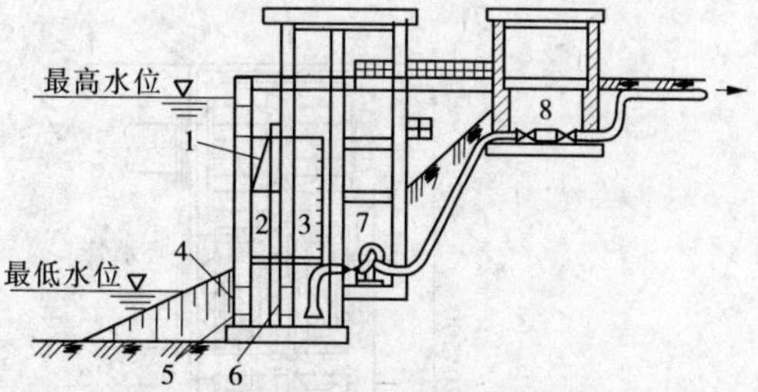

1—进水间;2—进水室;3—吸水室;4—进水孔;5—格栅;6—格网;7—泵站;8—阀门井

图 3-25　合建式岸边取水构筑物

2)分建式岸边取水构筑物

当岸边地质条件较差,进水井不宜与泵房合建时,或者分建对结构和施工有利时,则宜采用分建式(见图 3-26)。分建式建设结构较简单,施工较容易,但操作管理不太方便,吸水管路较长,增加了水头损失,运行安全性不如合建式。

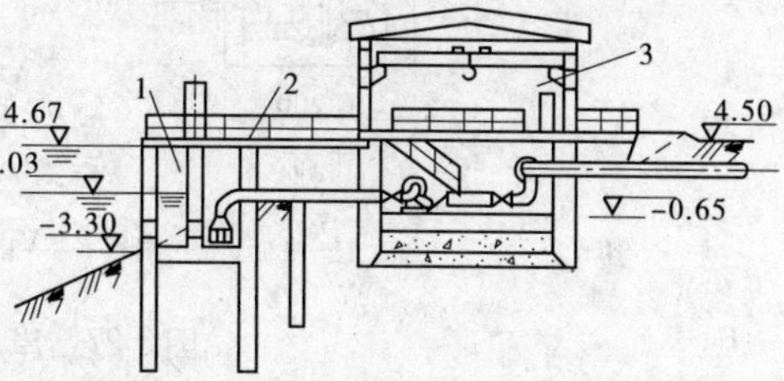

1—进水间;2—引桥;3—泵房

图 3-26　分建式岸边取水构筑物

2. 岸边式取水构筑物的构造和计算

1)进水间

进水间一般由进水室和吸水室两部分组成。进水间可与泵房分建或合建。分建时进水间的平面形状有圆形、矩形、椭圆形等。圆形结构性能较好,水流阻力较小,便于沉井施工,但不便于布置设备。矩形的优点则与圆形相反。通常当进水井深度不大,用大开槽施工时可采用矩形。如进水井深度较大时,则宜采用圆形。椭圆形兼有两者优点,可用于大型取水工程。

图 3-27 为一岸边分建式进水间的构造。进水间由纵向隔墙分为进水室和吸水室,两室之间设有平板格网或旋转格网。在进水室外壁上开有进水孔,孔侧设有格栅。进水孔一般为矩形。

进水孔或格栅的面积可按下式计算:

$$F_0 = \frac{Q}{K_1 K_2 v_0} \tag{3-16}$$

式中　F_0——进水孔或格栅的面积,m^2;

Q——进水孔的设计流量,m^3/s;

v_0——进水孔设计流速,当江河有冰絮时,采用 0.2 ~ 0.6 m/s;无冰絮时,采用 0.4 ~ 1.0 m/s。当取水量较小、江河水流速度较小、泥沙和漂浮物较多时,可取较小值。反之,可取较大值;

K_1——栅条引起的面积减少系数,$K_1 = \frac{b}{b+s}$,b 为栅条净距,一般采用 30 ~ 120 mm,s 为栅条厚度(或直径),一般采用 10 mm;

K_2——格栅阻塞系数,采用 0.75。

水流通过格栅的水头损失一般采用 0.05 ~ 0.1 m。

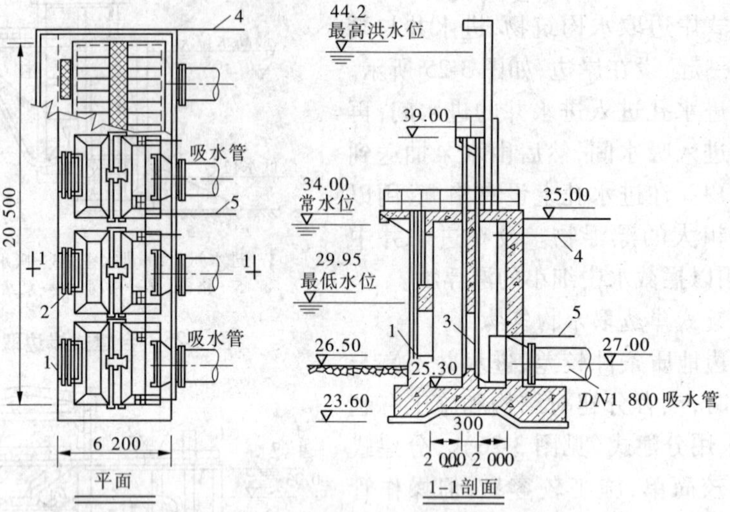

1—格栅；2—闸板；3—格网；4—冲洗管；5—排水管

图3-27　岸边分建式进水间

当河流水位变幅在6 m以上时，一般设置两层进水孔，以便洪水期取表层含沙量少的水。上层进水孔的上缘应在洪水位以下1.0 m，下层进水孔的下缘至少应高出河底0.5 m，其上缘至少应在设计最低水位以下0.3 m（有冰盖时，从冰盖下缘算起，不小于0.2 m）。进水孔的高宽比，宜尽量配合格栅和闸门的标准尺寸。进水间上部是操作平台，设有格栅、格网、闸门等设备的起吊装置和冲洗系统。

为了工作可靠和便于清洗检修，进水间通常用横向隔墙分成几个能独立工作的分格。当分格数少时，设连通管互相连通。分格数应根据安全供水要求、水泵台数及容量、清洗排泥周期、运行检修时间、格网类型等因素确定。一般不少于两格。大型取水工程最好一台泵设置一个分格，一个格网。当河中漂浮物少时，也可不设格网。

进水室的平面尺寸应根据进水孔、格网和闸板的尺寸、安装、检修和清洗等要求确定。

吸水室用来安装水泵吸水管，其设计要求与泵房吸水井基本相同。吸水室的平面尺寸按水泵吸水管的直径、数目和布置要求确定。

分建式进水间可以做成半淹没式或非淹没式。非淹没式进水间的顶层操作平台在最高洪水位时仍露出水面，故操作管理方便，一般采用较多。半淹没式进水间则只在常水位或一定频率的高水位时才露出水面，超过此水位时即被淹没。半淹没式进水间投资较省，但在淹没期内格网无法清洗，内部积泥无法排除，因此只宜用在高水位历时不长、泥沙及漂浮物不多时。

非淹没式进水间的顶层操作平台标高，一般与取水泵房顶层进口平台标高相同。

2）进水间的附属设备

岸边式取水构筑物进水间内的附属设备有格栅、格网、排泥、启闭和起吊设备等。

a. 格栅

格栅设在取水头部或进水间的进水孔上，用来拦截水中粗大的漂浮物及鱼类。格栅由金属框架和栅条组成(见图 3-28),框架外形与进水孔形状相同。栅条断面有矩形、圆形等。栅条厚度或直径一般采用 10 mm。栅条净距视河中漂浮物情况而定,通常采用 30 ~ 120 mm。栅条可以直接固定在进水孔上,或者放在进水孔外侧的导槽中,可以拆卸,以使清洗和检修。格栅面积可按式(3-16)计算。

b. 格网

格网设在进水间内,用以拦截水中细小的漂浮物。格网分为平板格网和旋转格网两种。

(1)平板格网:平板格网一般由槽钢或角钢框架及金属网构成(见图 3-29)。金属格网一般设一层;面积较大时设两层,一层是工作网,起拦截水中漂浮物的作用,另一层是支撑网,用以增加工作网的强度。工作网的孔眼尺寸应根据水中漂浮物情况和水质要求确定。金属网宜用耐腐蚀材料,如铜丝、镀锌钢丝或不锈钢丝等制成。平板格网放置在槽钢或钢轨制成的导槽或导轨内。

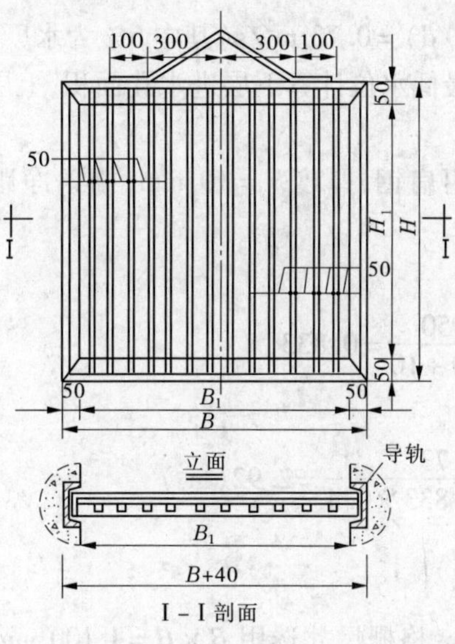

图 3-28　格栅

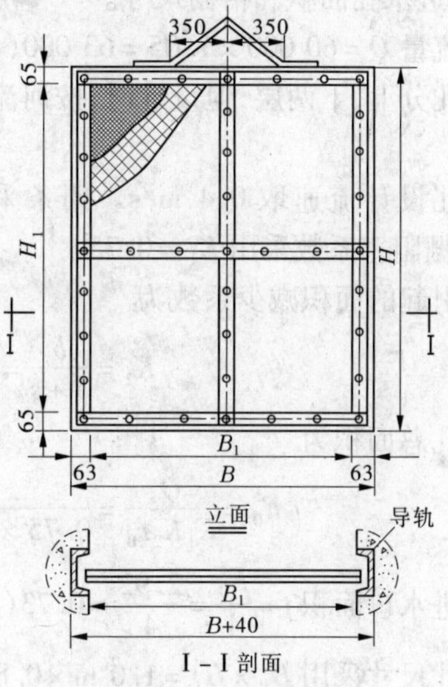

图 3-29　平板格网

格网堵塞时需要及时冲洗,以免格网前后水位差过大,使格网破裂。最好能设置测量格网两侧水位差的标尺或水位继电器,以便根据信号及时冲洗格网。

冲洗格网时,应先用起吊设备放下备用网,然后提起工作网至操作平台,用 200 ~ 500 kPa 的高压水通过穿孔管或喷嘴进行冲洗。

平板格网的优点是构造简单,所占位置较小,可以缩小进水间尺寸。在中小水量、漂浮物不多时采用较广。其缺点是冲洗麻烦;网眼不能太小,因而不能拦截较细小的漂浮物;每当提起格网冲洗时,一部分杂质会进入吸水室。

平板格网的面积可按下式计算:

$$F_1 = \frac{Q}{K_1 K_2 \varepsilon v_1} \tag{3-17}$$

式中 F_1——平板格网的面积，m^2；

Q——通过格网的流量，m^3/s；

v_1——通过格网的流速，一般采用 0.2 ~ 0.4 m/s；

K_1——网丝引起的面积减少系数，$K_1=\dfrac{b^2}{(b+d)^2}$，b 为网眼尺寸，mm，d 为金属丝直径，mm；

K_2——格网阻塞后面积减少系数，一般采用 0.5；

ε——水流收缩系数，一般采用 0.64 ~ 0.80。

通过平板格网的水头损失，一般采用 0.1 ~ 0.2 m。

【例 3-1】 某岸边式取水构筑物的分建式进水间构造形式如图 3-27 所示。设计流量 60 000 m^3/d，进水间横向分成 4 格。试设计计算：①进水孔面积和格栅尺寸；②格网尺寸。

解：①进水孔面积和格栅尺寸。

设计流量 $Q=60\ 000\times1.05=63\ 000(m^3/d)=0.73\ m^3/s$（其中 5% 为水厂自用水量）

进水孔分上、下两层，但设计时，按河流最低水位计算下层进水孔面积，上层可与下层相同。

进水孔设计流速取 0.4 m/s。栅条采用扁钢，厚度 $s=10$ mm，栅条净距采用 $b=50$ mm，格栅阻塞系数采用 $K_1=0.75$。

栅条引起的面积减少系数为

$$K_2=\frac{b}{b+s}=\frac{50}{50+10}=0.833$$

进水孔总面积为

$$F_0=\frac{Q}{K_1K_2v_0}=\frac{0.73}{0.75\times0.833\times0.4}=2.92(m^2)$$

每个进水口面积 $f=\dfrac{F_0}{4}=\dfrac{2.92}{4}=0.73(m^2)$

进水孔尺寸采用 $B_1\times H_1=1.0\ m\times0.8\ m$，格栅尺寸选用 $B\times H=1\ 100\ mm\times900\ mm$（标准尺寸）。

②格网尺寸。

采用平板格网。过网流速采用 $v_1=0.3$ m/s，网眼尺寸采用 5 mm × 5 mm，网丝直径 $d=2$ mm。

格网面积减少系数为

$$K_1=\frac{b^2}{(b+d)^2}=\frac{5^2}{(5+2)^2}=0.51$$

格网阻塞系数采用 $K_2=0.5$，水流收缩系数采用 $\varepsilon=0.8$。

$$F_1=\frac{Q}{K_1K_2\varepsilon v_1}=\frac{0.73}{0.51\times0.5\times0.8\times0.3}=11.92(m^2)$$

设置 4 个格网，每个格网需要的面积为 2.98 m^2。进水部分尺寸为 $B_1\times H_1=2\ 000\ mm\times1\ 500\ mm$，面积为 3.0 m^2。平板格网尺寸选用为：$B\times H=2\ 130\ mm\times$

1 500 mm(标准尺寸)。

(2)旋转格网:旋转格网是由绕在上下两个旋转轮上的连续网板组成,用电动机带动。网板由金属框架及金属网组成。一般网眼尺寸为 4 mm×4 mm~10 mm×10 mm,视水中漂浮物数量和大小而定,网丝直径为 0.8~1.0 mm。

旋转格网构造较复杂,所占面积较大,但冲洗较方便,拦污效果较好,可以拦截细小的杂质,故宜用在水中漂浮物较多,取水量较大的取水构筑物中。

旋转格网的布置方式有直流进水、网外进水和网内进水 3 种(见图 3-30),前两种采用较多。直流进水的优点是水力条件较好,滤网上水流分配较均匀,水经过两次过滤,拦污效果较好,格网所占面积小。其缺点是格网工作面积只利用一面;网上未冲净的污物有可能进入吸水室。网外进水的优点是格网工作面积得到充分利用;滤网上未冲净的污物不会带入吸水室;污物拦截在网外,容易清除和检查。其缺点是水流方向与网面平行,水力条件较差,沿宽度方向格网负荷不均匀;占地面积较大。网内进水的优缺点与网外进水基本相同,但是被截留的污物在网内,不易清除和检查,故采用较少。

旋转格网是定型产品,它是连续冲洗的,其转动速度视河中漂浮物的多少而定,一般为 2.4~6.0 m/min,可以是连续转动,也可以是间歇转动。旋转格网的冲洗,一般采用 200~400 kPa 的压力水通过穿孔管或喷嘴来进行。冲洗后的污水沿排水槽排走。

旋转格网的有效过水面积(即水面以下的格网面积)可按下式计算:

$$F_2 = \frac{Q}{K_1 K_2 K_3 \varepsilon v_2} \tag{3-18}$$

式中 F_2——旋转格网有效过水面积,m^2;

v_2——过网流速,一般采用 0.7~1.0 m/s;

K_2——格网阻塞系数,采用 0.75;

K_3——由于框架引起的面积减少系数,采用 0.75;

其余符号的意义同式(3-17)。

旋转格网在水下的深度(见图 3-31),当为网外或网内双面进水时,可按下式计算:

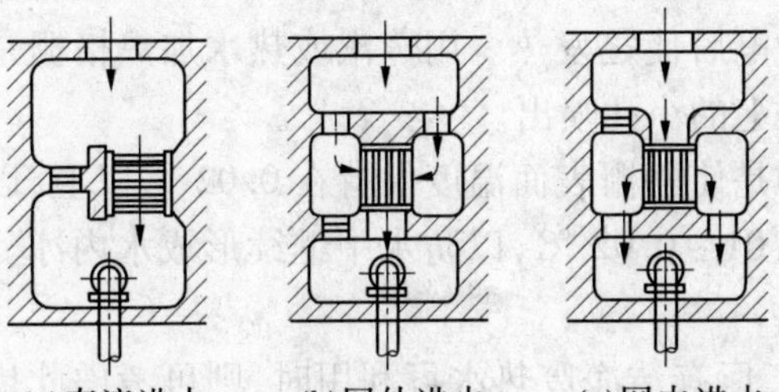

(a)直流进水 (b)网外进水 (c)网内进水

图 3-30 旋转格网布置方式

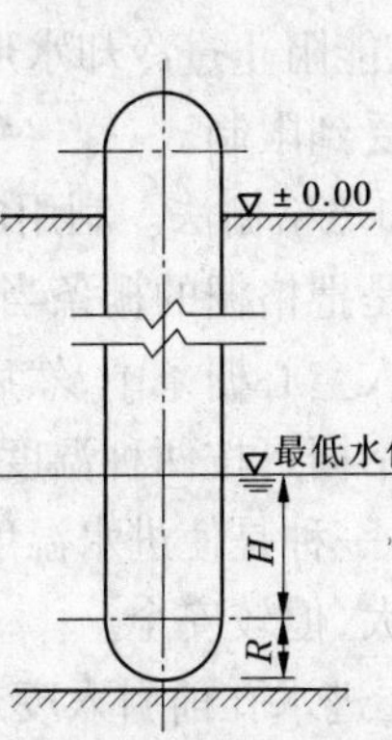

图 3-31 旋转格网的设置深度

$$H = \frac{F_2}{2B} - R \tag{3-19}$$

式中 H——格网在水下部分的深度,m;

B——格网宽度,m;

F_2——旋转格网有效过水面积,m^2;

R——格网下部弯曲半径,目前使用的标准滤网的 R 值为 0.73 m。

当为直流进水时,可用 B 代替式(3-19)中的 $2B$ 来计算。

水流通过旋转格网的水头损失一般采用 0.15 ~ 0.30 m。

c. 排泥、启闭及起吊设备

含泥沙较多的河水进入进水间后,由于流速减小,常有大量泥沙沉积,需要及时排除,以免影响取水。常用的排泥设备有排沙泵、排污泵、射流泵、压缩压气提升器等。大型进水间多用排沙泵或排污泵排泥,也可采用压缩空气提升器排泥,排泥效果都较好。小型进水间或积泥不严重时,可用高压水带动的射流泵排泥。为了提高排泥效率,一般在井底设有穿孔冲洗管或冲洗喷嘴,利用高压水边冲洗、边排泥。

在进水间的进水孔、格网和横向隔墙的连通孔上须设置闸阀、闸板等启闭设备,以便在进水间冲洗和设备检修时使用。这类闸阀或闸板尺寸较大,为了减小所占位置,常用平板闸门、滑阀及蝶阀等。

起吊设备设在进水间上部的操作平台上,用以起吊格栅、格网、闸板和其他设备。常用的起吊设备有电动卷扬机、电动和手动单轨吊车等,其中以单轨吊车采用较多。当泵房较深、平板格网冲洗次数频繁时,采用电动卷扬机起吊,使用较方便、效果较好。大型取水泵房中进水间的设备较重时,可采用电动桥式吊车。

d. 防冰、防草措施

在有冰冻的河流上,为了防止水内冰堵塞进水孔格栅,一般可采用以下一些防冰措施:

(1)降低进水孔流速。如果进水孔流速在 0.05 m/s 范围内,便可减少带入水内冰的数量,而且能阻止过冷却水形成冰晶。但是这样小的流速势必增大进水孔面积,因此在实际使用中受到限制。

(2)加热格栅法。利用电、蒸汽或热水加热格栅,以防冰冻,比较有效,应用较广。电加热格栅是把格栅的栅条当做电阻,通电后使之发热。用蒸汽或热水加热格栅是将蒸汽或热水通入空心栅条中,然后再从栅条上的小孔喷出。

加热格栅可按两种温度计算,一种是使格栅表面温度保持在 0.02 ℃以上,以防止格栅冻结;另一种是使进水温度保持在 0.01 ~ 0.02 ℃,以防水中继续形成水内冰。后者需要的热量大,但较安全。

(3)在进水孔前引入废热水。当工厂有洁净废热水可利用时,则可考虑此措施。常用于电厂取水构筑物防冰,简易有效。

(4)在进水孔上游设置挡冰木排,以阻挡水内冰进入进水孔。

(5)采用渠道引水。使水内冰在渠道内上浮,并通过排水渠排走。

此外还有降低栅条导热性能、机械清除、反冲洗等防止进水孔冰冻的措施。

防止水草堵塞,可采用机械或水力方法及时清理格栅;在进水孔前设置挡草木排;在压力管中设置除草器等措施。

3)岸边式取水泵房的设计特点

a. 水泵选择

水泵型号及台数不宜过多,否则将增大泵房面积,增加土建造价。但水泵台数过少,又不利于调度,一般常采用3~4台(包括备用泵)。当供水量变化较大时,可考虑大小水泵搭配,以利调节。选泵时应以近期水量为主,适当考虑远期发展的可能,预留一定位置,届时可将小泵改为大泵,或另行增加水泵。

b. 泵房布置

泵房平面形状有圆形、矩形、椭圆形、半圆形等。矩形便于布置水泵、管路和起吊设备,而圆形则相反。但是圆形受力条件较好,当泵房深度较大时,其土建造价比矩形泵房经济。

在布置水泵机组、管路及附属设备时,既要满足操作、检修及发展要求,又要尽量减小泵房面积。特别是泵房较深时,缩小泵房面积,具有较大的经济意义。减小泵房面积的措施有:①卧式水泵机组呈顺倒转双行排列,进出水管直进直出布置;②一台水泵的进出水管加套管穿越另一台水泵的基础;③大中型泵房水泵压水管上的单向阀和转换阀布置在泵房外的阀门井内,这样既可减小泵房面积,又可避免由于水锤使管道破裂而淹没泵房的危险;④尽量采用小尺寸管件,如将异径管、弯管两个配件做成异径弯管一个配件;⑤充分利用空间,将真空泵、配电设备、检修平台等设在不同高度的平台上,以缩小泵房面积。

c. 泵房地面层的设计标高

岸边式取水构筑物的泵房地面层(又称泵房顶层进口平台)的设计标高,应分别按下列情况确定:当泵房位在渠道边时,设计标高应为设计最高水位加0.5 m;当泵房位在江河边时,设计标高应为设计最高水位加浪高再加0.5 m;当泵房位在湖泊、水库或海边时,设计标高应为设计最高水位加浪高再加0.5 m,并应设有防止波浪爬高的措施。

d. 泵房的起吊、通风、交通和自控设施

取水泵房内的起吊设备有一级起吊和二级起吊两种。中小型泵房和深度不大的大型泵房,一般采用一级起吊,起吊设备有卷扬机、单轨吊车、桥式吊车等。深度较大(大于20~30 m)的大中型泵房,由于起吊高度大,设备重,一级起吊容易产生摆动,为了检修方便宜采用二级起吊,即在泵房顶层设置电动葫芦或电动卷扬机作为一级起吊设备,在泵房底层设置桥式吊车作为二级起吊设备。在布置一、二级起吊设备时,应注意两者的衔接和二级起吊设备的位置,以保证主机重件不产生偏吊现象。

在深基泵房中,因电动机散热致使泵房温度升高,为了改善操作条件,须考虑通风设施。通风方式有自然通风和机械通风两种。深度不大的大型泵房,可采用自然通风。深度较大、气候炎热的泵房宜采用机械通风,一般多采用自然进风、机械排风,或者自然进风,风管系统与电动机热风排出口直接密闭相接的机械排风装置,通风效果较好。大型泵房可采用机械进风、机械排风装置。

深度较大(一般大于25 m)的大型泵房,上下交通除设置楼梯外,还应设置电梯。

取水泵房宜采用自动控制,以节省人力和提高取水的安全可靠性。

e. 泵房的防渗和抗浮

取水泵房的井壁,要求在水压作用下不产生渗漏。井壁防渗主要在于混凝土的密实性,所以必须注意混凝土的级配和施工质量。

取水泵房要受到河水或地下水的浮力作用,因此在设计时必须考虑抗浮。抗浮的措施有:①依靠泵房自重抗浮;②在泵房顶部或侧壁增加重物来抗浮;③将泵房底板扩大嵌固于岩石地基内,以增加抗浮力;④在泵房底部打入锚桩与基岩锚固来抗浮;⑤利用泵房下部井壁和底板与岩石之间的黏结力,以抵消一部分浮力。采用何种抗浮措施应因地制宜确定。

(二)河床式取水构筑物

从河心进水口取水的构筑物,称为河床式取水构筑物。当河岸较平坦,枯水期主流离岸较远、岸边水深不足或水质不好,而河心有足够水深或较好水质时,适宜采用这种取水形式。

河床式取水构筑物根据集水间及吸水井与泵房间的联系,又分为合建式(见图3-32)与分建式(见图3-33)。

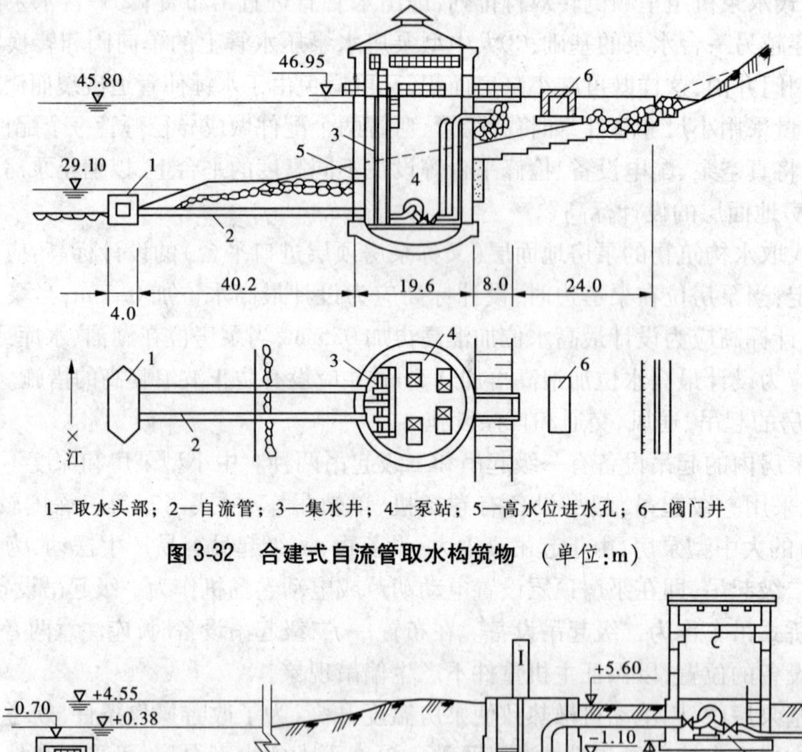

1—取水头部;2—自流管;3—集水井;4—泵站;5—高水位进水孔;6—阀门井

图3-32 合建式自流管取水构筑物 (单位:m)

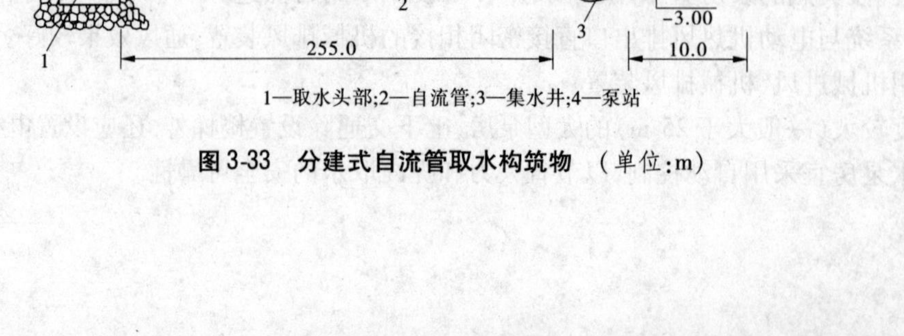

1—取水头部;2—自流管;3—集水井;4—泵站

图3-33 分建式自流管取水构筑物 (单位:m)

1. 河床式取水构筑物的取水形式

1) 从取水头部引水

从取水头部引水可以采用以下几种方式。

a. 自流管取水

河水在重力作用下,从取水头部流入集水间,经格网后流入水泵吸水间。这种引水方法安全可靠,但土方开挖量较大。选择这种方式应注意:在洪水期底砂及草情严重、河底易发生淤积、河水主流游荡不定的情况下,最好不用自流管引水。

b. 虹吸管取水

采用虹吸管引水(见图 3-34)时,河水从取水头部靠虹吸作用流入集水间。这种引水方法适用于河水水位变幅较大、河床为坚硬的岩石或不稳定的砂土、岸边设有防洪堤等情况从河中引水。利用虹吸高度可以减少管道埋深、降低造价,但采用虹吸引水需设真空引水装置,且要求管路有很好的密闭性。否则,一旦渗漏,虹吸管不能正常工作,使供水可靠性受到影响。由于虹吸管管路相对较长、容积也大,真空引水水泵启动时间较长。

c. 水泵直接抽水

此种取水方式不设集水井,水泵吸水管直接伸入河中取水,如图 3-35 所示。这种取水方式可以利用水泵吸水高度以减小泵房深度,又省去集水井,故结构简单,施工方便,造价较低,因此在中小型取水工程中应用非常广泛。在不影响航运时,水泵吸水管可以架空敷设在桩架或支墩上,没有或很少有水下工程。但是由于没有集水井和格网,因此漂浮物易于堵塞取水头部和设备。所以这种形式只适宜在河中漂浮物不多、吸水管不太长时采用。

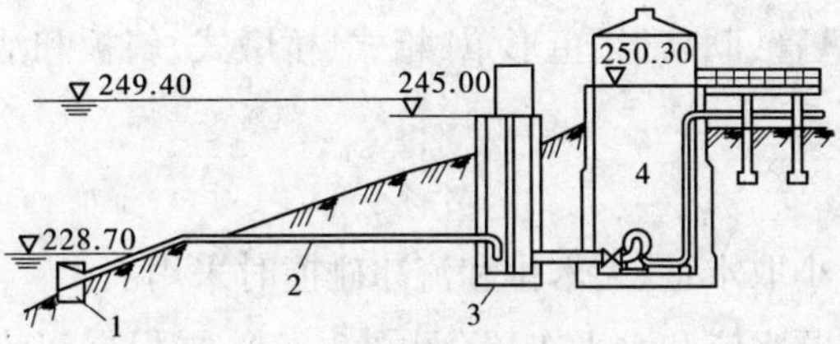

1—取水头部;2—虹吸管;3—集水井;4—泵站

图 3-34　虹吸管取水构筑物　(单位:m)

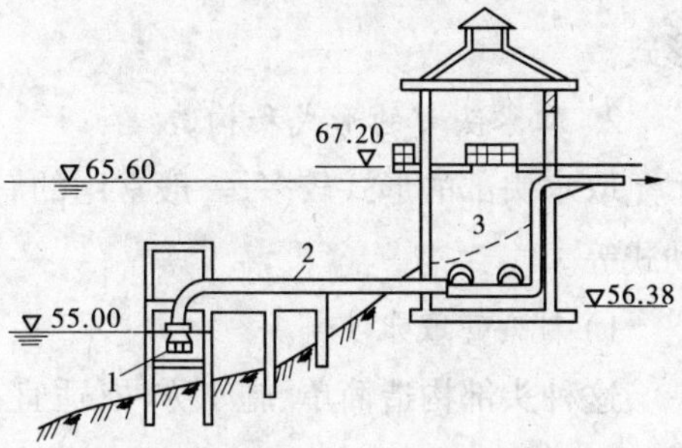

1—取水头部;2—水泵吸水管;3—泵站

图 3-35　直接吸水式取水构筑物　(单位:m)

2) 取水头部与进水窗联合取水

这种取水形式除设置取水头部取水,还在岸边集水井上部开有进水窗。河水水位低时,用河心取水头部取水;当河水底部泥沙大、水位高且近岸时,采用进水窗取水。与其相似,还可考虑设置不同高度的自流管,以便在不同水位时,取得符合水质要求的水。分层取水自流管应注意避开主航道,以免妨碍航运或因水上运输造成自流管破坏。

3）江心桥墩式取水

这种取水方式的整个取水构筑物建在江心，在进水井壁上设有进水孔，从江心取水，如图3-36所示。这种取水构筑物，由于建在江心，缩小了水流过水断面，容易造成附近河床冲刷，因此基础需埋设较深，施工较困难。此外，需要较长的引桥，故造价甚高，对航运影响也较大。因此，只适宜在大河、含沙量较高、取水量大、岸坡平缓、岸边无建泵房条件的个别情况下采用。

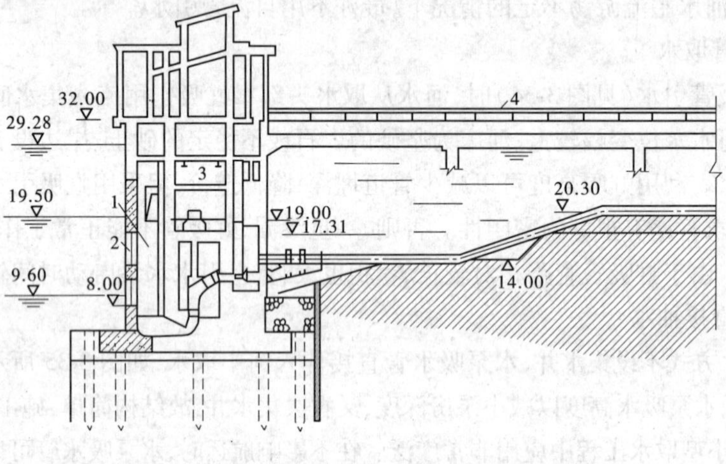

1—进水井；2—进水孔；3—泵站；4—引桥

图3-36　江心桥墩式取水构筑物　（单位：m）

按照取水泵房的结构形式和特点来分，则有湿井式、淹没式、瓶式、框架式等多种形式。

2. 取水头部的形式和构造

取水头部的形式较多，一般常用的有喇叭管、蘑菇形、鱼形罩、箱式、桥墩式、斜板和活动式等。

1）喇叭管取水头部

这种头部构造简单、施工方便，适宜在中小取水量、无木排和流冰碰撞时采用。

喇叭管的布置可以垂直向上、垂直向下、顺水流和水平布置（见图3-37），需根据河流特点而定。喇叭管进口处应设格栅。

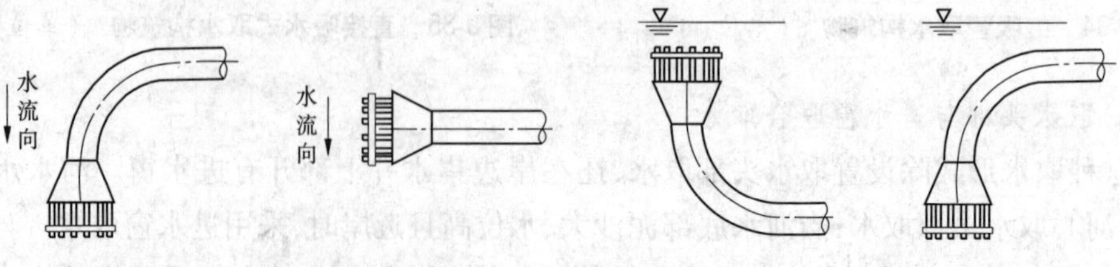

(a)顺水流式　(b)水平式　(c)垂直向上式　(d)垂直向下式

图3-37　喇叭管取水头部

2）蘑菇形取水头部

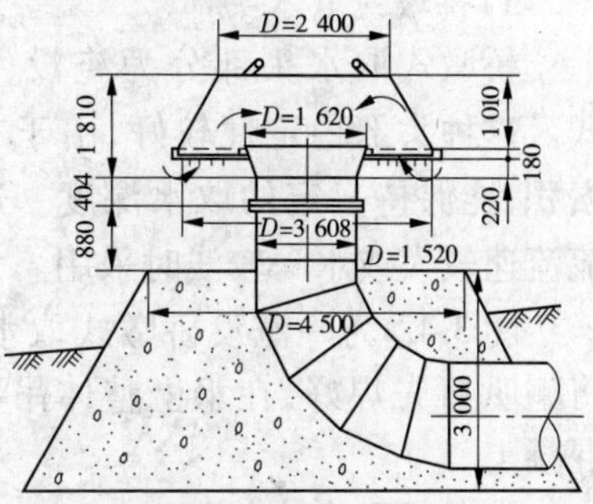

图 3-38　蘑菇形取水头部　（单位：mm）

其构造如图 3-38 所示，是一个向上的喇叭管，其上再加一金属帽盖。河水由帽盖底部曲折流入，故带入的泥沙及漂浮物较少，头部分几节装配，便于吊装和检修。但高度较大，要求枯水期应有 1.0 m 以上水深。

3）鱼形罩取水头部

如图 3-39 所示，为一个两端有圆锥头部的圆筒，在圆筒表面和背水圆锥表面开设有圆形进水孔。适用于水泵直接吸水的中小型泵站。

4）箱式取水头部

箱式取水头部由周边开设进水孔的钢筋混凝土箱和设在箱内的喇叭管组成。由于进水孔总面积较大，故能减少冰凌和泥沙进入量。这种头部在冬季冰凌较多或含沙量不大时采用较多。

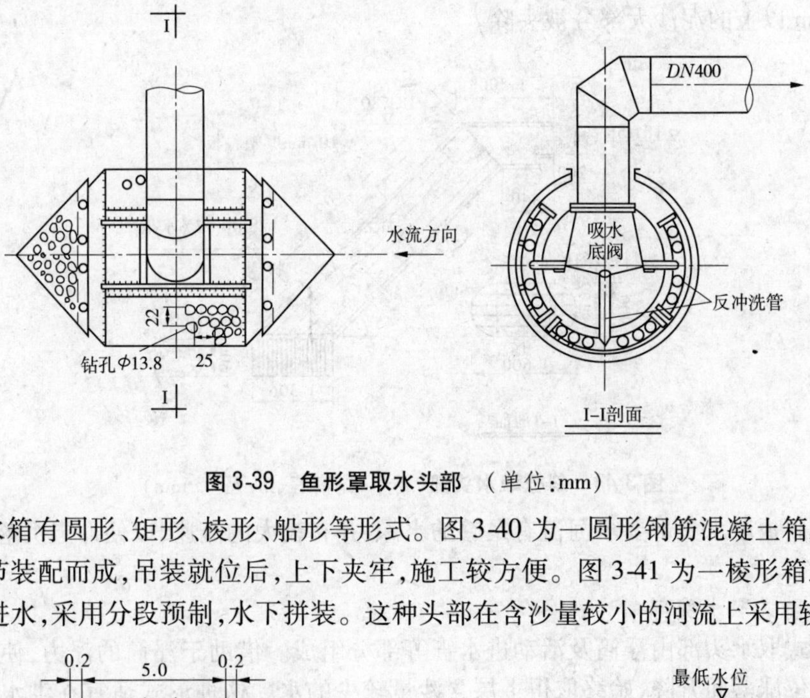

图 3-39　鱼形罩取水头部　（单位：mm）

进水箱有圆形、矩形、棱形、船形等形式。图 3-40 为一圆形钢筋混凝土箱式取水头部，由三节装配而成，吊装就位后，上下夹牢，施工较方便。图 3-41 为一棱形箱式取水头部，双面进水，采用分段预制，水下拼装。这种头部在含沙量较小的河流上采用较多。

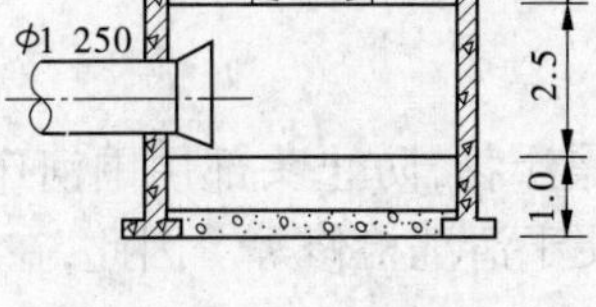

图 3-40　圆形钢筋混凝土箱式取水头部　（单位：m）

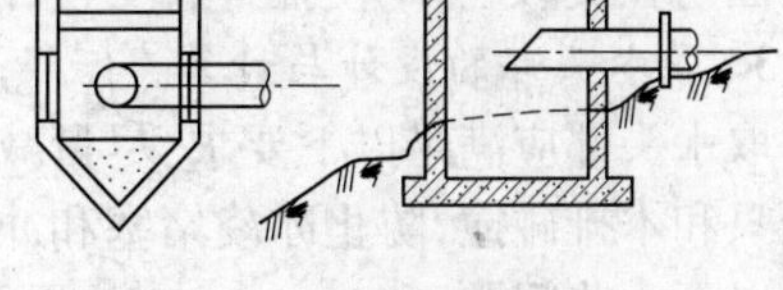

图 3-41　菱形箱式取水头部

5) 桥墩式取水头部

桥墩式取水头部分为淹没、半淹没和非淹没桥墩式。这种头部稳定性较好，由于有局部冲刷，泥沙不易淤积，能保持一定的取水深度。适宜在取水量较大、河流流速较大或水深较浅时采用。

图 3-42 为一淹没桥墩式取水头部，用钢板作外壳，将喇叭口先焊好，在水上整体吊装就位，然后浇灌水下混凝土。

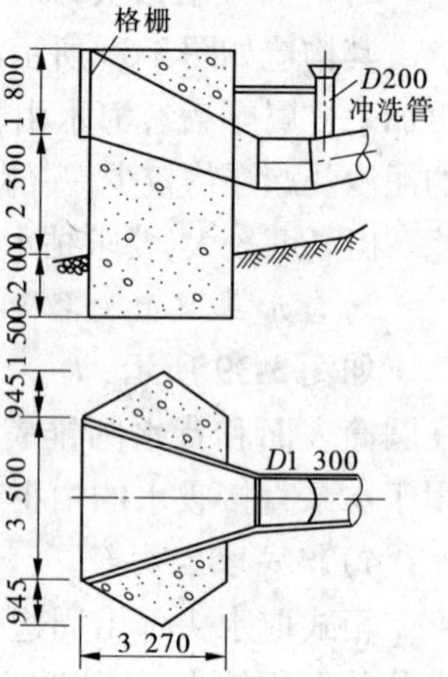

图 3-42　淹没桥墩式取水头部（单位：mm）

6) 斜板取水头部

斜板取水头部在取水头部上安设斜板，河水经过斜板时，粗颗粒泥沙即沉淀在斜板上，并滑落至河底，被河水冲走。它是一种新型取水头部，除沙效果较好，适用于粗颗粒泥沙较多的山区河流。图 3-43 为某厂从长江取水所采用的斜板取水头部。运行后除沙效果较好，粒径 0.1 mm 以上的泥沙大部分被去除。

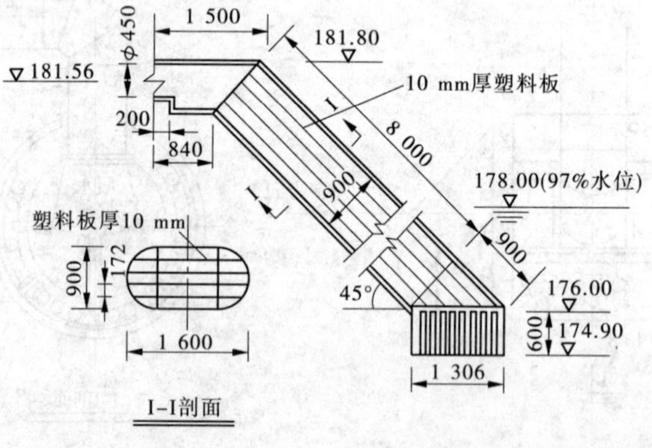

图 3-43　斜板取水头部（单位：高程，m；尺寸，mm）

采用斜板取水头部要求河流有足够的水深，并有较大的流速，以便冲走沉落在河床上的泥沙。

7) 活动式取水头部

活动式取水头部由浮筒及活动进水管等部分组成。借助于浮筒的浮力，使进水管口随河流水位涨落而升降，始终取得上层含沙量较少的水。这种形式适宜在洪水期底部含沙量大、而枯水期水浅的山区河流中取小水量时采用。活动式取水头部有摇臂式、软管式、伸缩罩式等形式。图 3-44 为一摇臂式活动取水头部，尼龙绳穿过摇臂管法兰盘上的孔眼固定在支墩上，不使摇臂管受拉，故转动较灵活。

3. 取水头部的设计与计算

取水头部应满足以下要求：尽量减少吸入泥沙和漂浮物，防止头部周围河床冲刷，避免船只和木排碰撞，防止冰凌堵塞和冲击，便于施工，便于清洗检修等。因此，在设计中应考虑以下一些问题：

(1) 取水头部的位置和朝向：取水头部应设在稳定河床的深槽主流，有足够的水

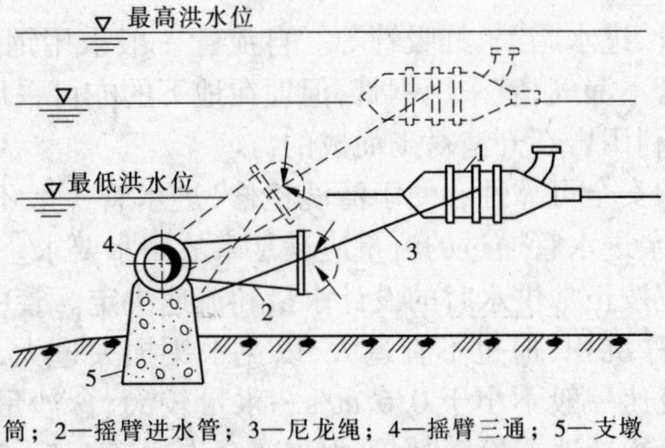

1—浮筒；2—摇臂进水管；3—尼龙绳；4—摇臂三通；5—支墩

图 3-44　摇臂式活动取水头部

深处。

为避免推移质泥沙进入，侧面进水孔的下缘应高出河底，一般不小于 0.5 m，顶部进水孔应高出河底 1.0～1.5 m 以上。从湖泊、水库取水时，底层进水孔下缘距水体底部的高度，应根据泥沙淤积情况确定，但不得小于 1.0 m。

取水头部进水孔的上缘在设计最低水位以下的淹没深度，当顶部进水时不小于 0.5 m，侧面进水时不小于 0.3 m，当有冰凌时，从冰层下缘算起。虹吸管和吸水管进水时，不小于 1.0 m（避免吸入空气）。从顶部进水时，应考虑当进水流速大时产生漩涡而影响淹没深度。从湖泊、水库取水时，应考虑风浪对淹没深度的影响。在通航河道中，取水头部的最小淹没水深应根据航行船只吃水深度的要求确定，并取得航运部门同意，必要时应设置航标。

进水孔一般布置在取水头部的侧面和下游面。漂浮物较少和无冰凌时，也可布置在顶面。

（2）取水头部的外形与水流冲刷：为了减少取水头部对水流的阻力，避免引起河床冲刷，取水头部应具有合理的外形，迎水面一端作成流线形，并使头部长轴与水流方向一致。在各种取水头部外形（见图 3-45）中，流线型对水流阻力最小，但不便于施工和布置设备，实际应用较少。棱形、长圆形的水流阻力较小，常用于箱式和墩式取水头部。圆形水流阻力虽较大，但能较好地适应水流方向的变化，且施工较方便。

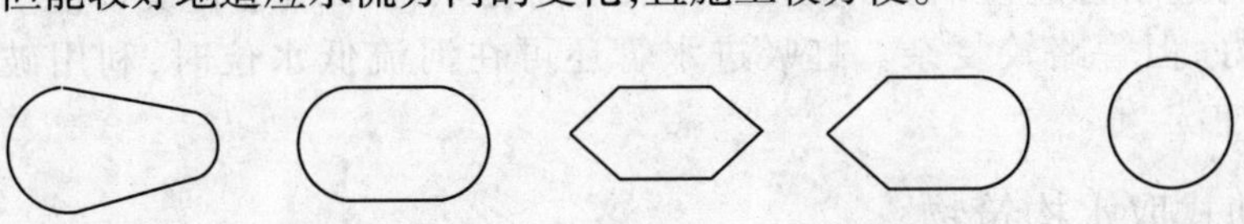

(a)流线形　(b)长圆形　(c)棱形　(d)圆棱形　(e)圆形

图 3-45　取水头部外形

（3）进水孔流速和面积：进水孔的流速要选择恰当。流速过大，易带入泥沙、杂草和冰凌；流速过小，又会增大进水孔和取水头部的尺寸，增加造价和水流阻力。

河床式取水构筑物进水孔的过栅流速，应根据水中漂浮物数量、有无冰絮、取水点的流速、取水量大小、检查和清理格栅的方便等因素确定。一般有冰絮时为 0.1～0.3 m/s，无冰絮时为 0.2～0.6 m/s。

取水头部的进水孔与格栅面积可参照岸边式取水构筑物。

4. 进水管

进水管有自流管、进水暗渠、虹吸管等。自流管一般采用钢管、铸铁管和钢筋混凝土管。虹吸管要求严密不漏气,宜采用钢管,但埋在地下的亦可采用铸铁管。进水暗渠一般用钢筋混凝土,也有利用岩石开凿衬砌而成的。

为了提高进水的安全可靠性和便于清洗检修,进水管一般不应少于两条。当一条进水管停止工作时,其余进水管通过的流量应满足事故用水要求。

进水管的管径应按正常供水时的设计水量和流速决定。管中流速不应低于泥沙颗粒的不淤流速,以免泥沙沉积;但也不宜过大,以免水头损失过大,增加集水间和泵房的深度。进水管的设计流速一般不小于 0.6 m/s。水量较大、含沙量较大、进水管短时,流速可适当增大。一条管线冲洗或检修时,管中流速允许达到 1.5 ~ 2.0 m/s。

自流管一般埋设在河床下 0.5 ~ 1.0 m,以减少其对江河水流的影响和免受冲击。自流管如需敷设在河床上时,需用块石或支墩固定。自流管的坡度和坡向应视具体条件决定,可以坡向河心、坡向集水间或水平敷设。

虹吸管的虹吸高度一般不大于 4 ~ 6 m,虹吸管末端至少应伸入集水井最低动水位以下 1.0 m,以免进入空气。虹吸管应朝集水间方向上升,其最小坡度为 0.003 ~ 0.005。每条虹吸管宜设置单独的真空管路,以免互相影响。

进水管内如能经常保持一定的流速,一般不会产生淤积。但在投产初期尚达不到设计水量,管内流速过小时,可能产生淤积;有时自流管长期停用,由于异重流的原因,管道内上层清水与河中浑水不断地发生交替,也可能造成管内淤积;有时漂浮物可能堵塞取水头部。在这些情况下应考虑冲洗措施。

进水管的冲洗方法有顺冲洗、反冲洗两种。

顺冲洗是关闭一部分进水管,使全部水量通过待冲的一根进水管,以加大流速的方法来实现冲洗;或者在河流高水位时,先关闭进水管上的阀门,从该格集水间抽水至最低水位,然后迅速开启进水管阀门,利用河流与集水间的水位差来冲洗进水管。顺冲法比较简单,不需另设冲洗管道,但附在管壁上的泥沙难以冲掉,冲洗效果较差。

反冲洗是当河流水位低时,先关闭进水管末端阀门,将该格集水间充水至高水位,然后迅速开启阀门,利用集水间与河流的水位差来反冲进水管;或者将泵房内的水泵压水管与进水管连接,利用水泵压力水或高位水池来水进行反冲洗。这种方法冲洗效果较好,但管路较复杂。虹吸进水管还可在河流低水位时,利用破坏真空的办法进行反冲洗。

三、移动式取水构筑物

移动式取水构筑物有浮船和缆车两种。

(一)浮船

1. 适用条件

浮船适用于河流水位变幅较大(10 ~ 35 m 或以上),水位变化速度不大于 2 m/h,枯水期有足够水深,水流平稳,河床稳定,岸边具有 20 ~ 30°坡角,无冰凌,漂浮物少,不受浮筏、船只和漂木撞击的河流。

浮船取水具有投资少、施工期短、便于施工、调动灵活等特点。它的缺点是操作管理比较麻烦,供水安全性较差等。

2. 浮船布置

浮船有木船、钢板船以及钢丝网水泥船等，一般做成平底囤船形式，平面为矩形，断面为梯形或矩形，浮船布置需保证船体平衡与稳定，并需布置紧凑和便于操作管理。

3. 浮船与岸上输水管的连接

浮船与输水管的连接应是活动的，以适应浮船上下左右摆动的变化，目前有两种形式：

(1)阶梯式连接：它又分为刚性联络管和柔性联络管两种连接方式。刚性联络管阶梯式连接如图3-46所示，它使用焊接钢管，两端各设一球形万向接头，最大允许转角为22°，以适应浮船的摆动。由于受联络管长度和球形万向接头转角的限制，在水位涨落超过一定高度时，则需移船和换接头。

(2)摇臂式连接(见图3-47)：在岸边设置支墩或框架，用以支承连接输水管与摇臂管的活动接头，浮船以该点为轴心随水位、风浪而上下左右移动。

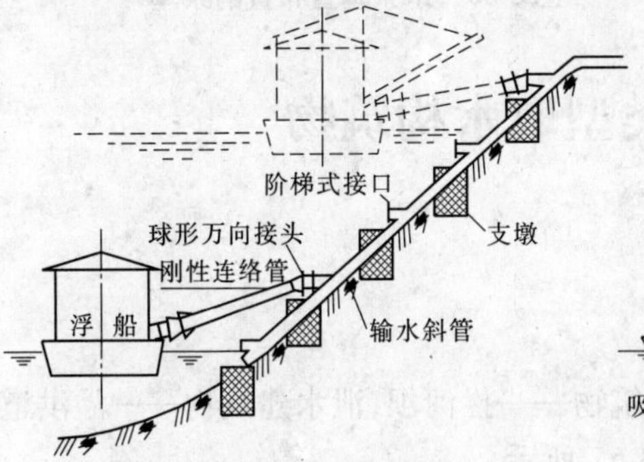

图3-46 刚性联络管阶梯式连接

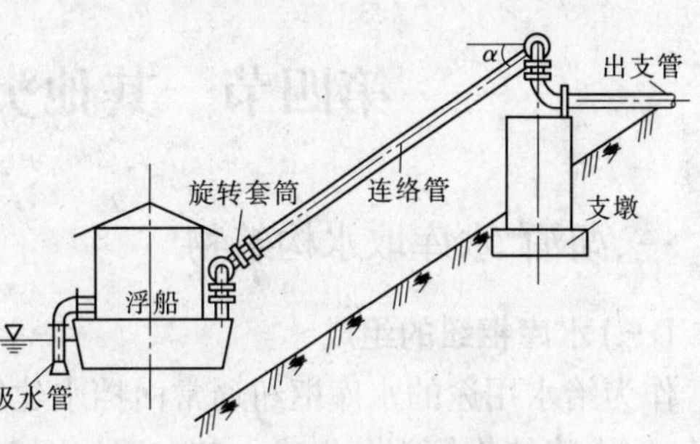

图3-47 摇臂式连接

(二)缆车

缆车式取水构筑物由泵车、坡道、输水斜管、牵引设备等四个主要部分组成，如图3-48所示。当河流水位涨落时，泵车可由牵引设备带动，沿坡道上的轨道上升或下降。它具有投资省、水下工程量少、施工周期短等优点；但水位涨落时需移车或换接头，维护管理较麻烦，供水安全性不如固定式。泵车的两种布置形式如图3-49、图3-50所示。

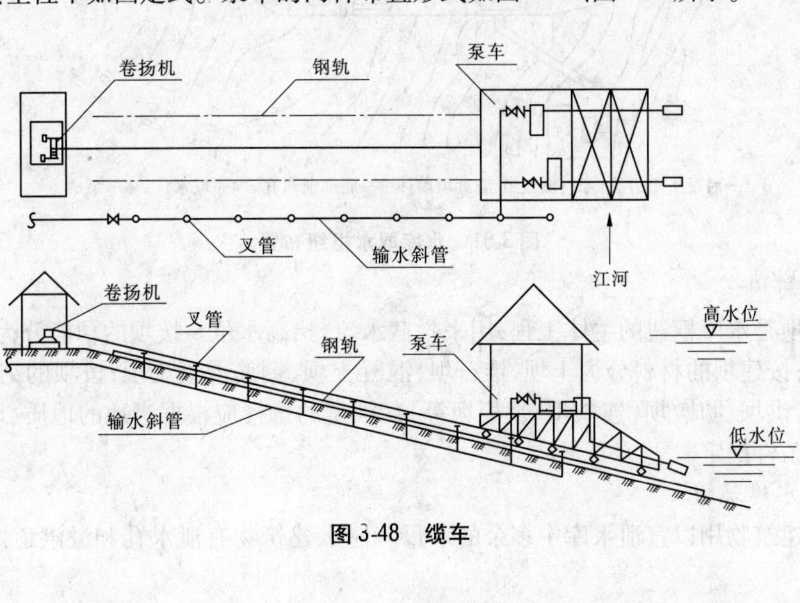

图3-48 缆车

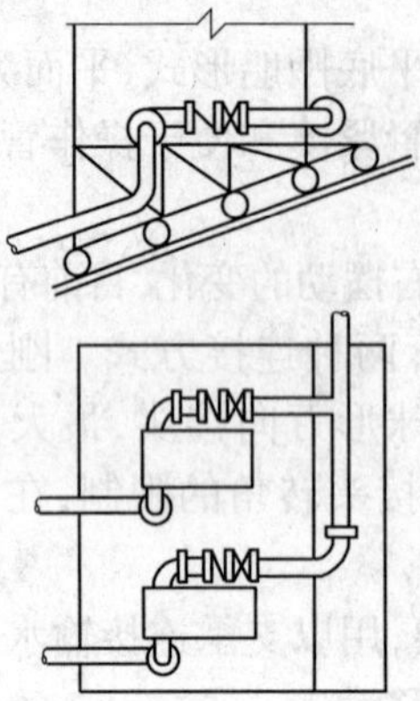

图 3-49　水泵平行布置的泵车

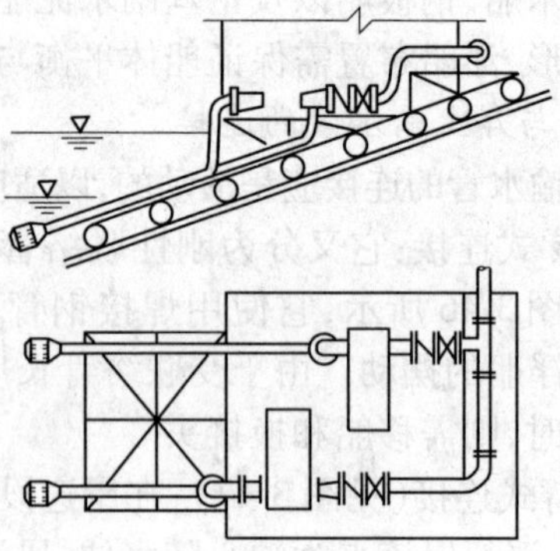

图 3-50　水泵垂直布置的泵车

第四节　其他类型取水构筑物

一、湖泊、水库取水构筑物

(一)水库枢纽的组成

作为给水用途的水库枢纽通常由挡水建筑物——拦河坝,泄水建筑物——溢洪道、泄水孔,取水建筑物等部分组成。其布置如图 3-51 所示。

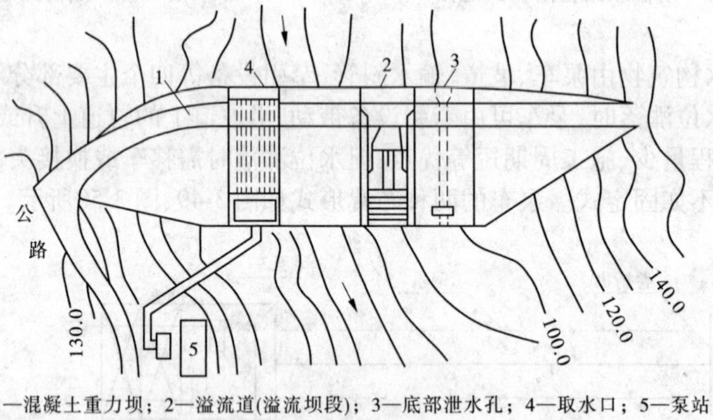

1—混凝土重力坝；2—溢流道(溢流坝段)；3—底部泄水孔；4—取水口；5—泵站

图 3-51　水库取水枢纽布置

1. 拦河坝

拦河坝是水库枢纽的主体工程,用来拦截水流,抬高水位。按坝的功能分为非溢流坝和溢流坝;按建坝的材料分为土坝、堆石坝、混凝土坝、钢筋混凝土坝;按坝的结构特点分为重力坝、拱坝、肋墩坝(连拱坝、平板坝等)。坝型的选择应根据当地的地质、地形、材料及施工等条件确定。

2. 泄水建筑物

泄水建筑物用以宣泄水库中多余的水量。泄水建筑物有泄水孔和溢洪道两种,它可以设在坝身上，也可设在河岸上。坝身泄水孔多数设在土坝、堆石坝坝基上。河岸式泄水孔是在河岸的岩石山腰里开挖隧洞泄水。设在坝身的溢洪道就是溢流坝，通常用于混凝土坝。坝顶设闸门控制溢流，坝下游需设置消能设备（消力池等）。设在河岸的溢洪道由引水渠、溢流道槛（闸门、闸墩等）、泄水渠（陡坡、多级跌水）三部分组成。

（二）湖泊、水库取水构筑物类型

1. 分层取水的取水构筑物

由于深水湖或水库的水质随水深及季节等因素变化，因此大都采用分层取水方式，以从最优水质的水层取水。分层取水构筑物可常与坝、泄水口合建。

一般采用取水塔取水。取水塔可以与坝身合建（见图 3-52），或者与底部泄水口合建（见图 3-53）。取水塔可做成矩形、圆形或半圆形。塔身上一般设置 3 ~ 4 层喇叭管进水口，每层进水口高差为 4 ~ 8 m，以便分层取水。最底层进水口应设在死水位以下约 0. 2 m。进水口上设有格栅和控制闸门。进水竖管下面接引水管，将水引至泵房吸水井。引水管敷设于坝身廊道内，或直接埋设在坝身内。泵房吸水井一般做成承压密闭式，以便充分利用水库的水头。

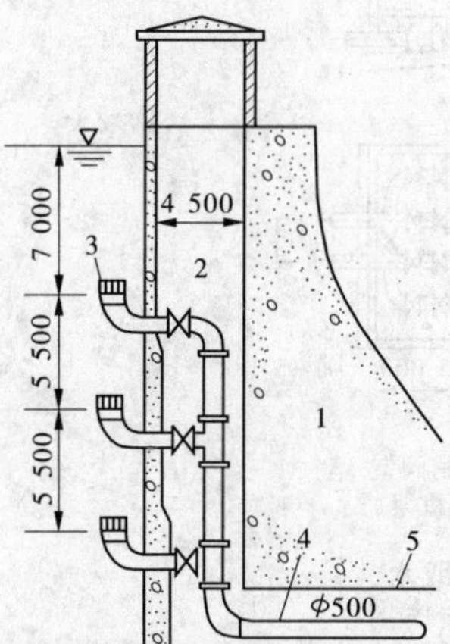

1—混凝土坝；2—取水塔；3—喇叭管进水口；
4—引水管；5—廊道

图 3-52　与坝身合建的取水塔　（单位：mm）

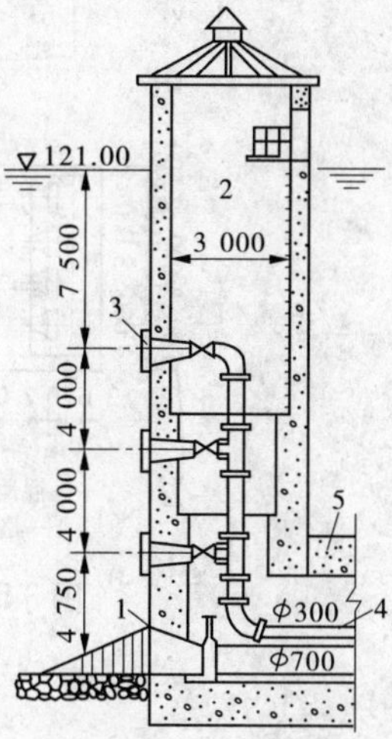

1—底部泄水口；2—取水塔；3—喇叭管进水口；
4—引水管；5—廊道

图 3-53　与底部泄水口合建的取水塔　（单位：mm）

在取水量不大时，为节约投资，亦可不建取水塔，而在混凝土坝身内直接埋设 3 ~ 4 层引水管取水（见图 3-54）。

2. 自流管式取水构筑物

在浅水湖泊和水库取水，一般采用自流管或虹吸管把水引入岸边深挖的吸水井内，然后水泵的吸水管直接从吸水井内抽水（与河床式取水构筑物类似）。泵房与吸水井既可合建，也可分建。图 3-55 为自流管式取水构筑物。

3. 隧洞式取水和引水明渠取水构筑物

隧洞式取水构筑物可采用水下岩塞爆破法施工。在选定的取水隧洞的下游一端,先行挖掘修建引水隧洞,在接近湖底或库底的地方预留一定厚度的岩石——岩塞,最后采用水下爆破的办法,一次炸掉预留的岩塞,从而形成取水口。这一方法,在国内外均获得采用。图 3-56 为隧洞式取水岩塞爆破法示意图。

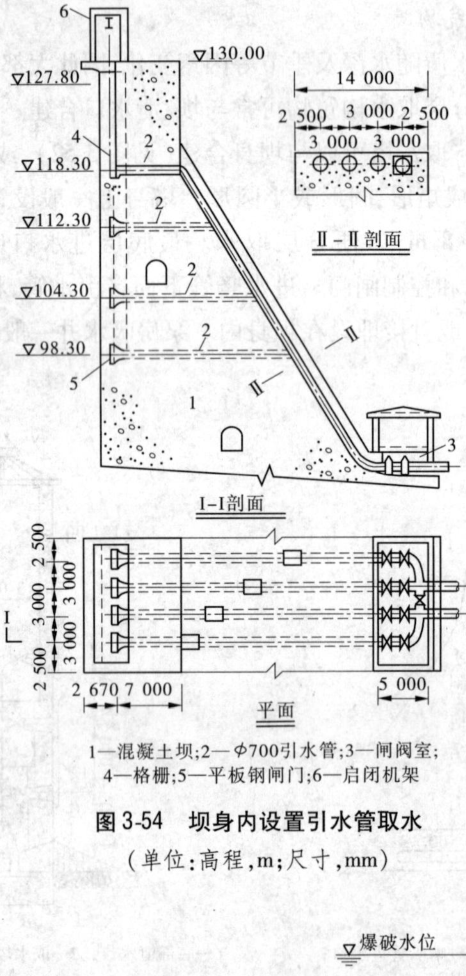

1—混凝土坝;2—ϕ700引水管;3—闸阀室;
4—格栅;5—平板钢闸门;6—启闭机架

图 3-54　坝身内设置引水管取水

(单位:高程,m;尺寸,mm)

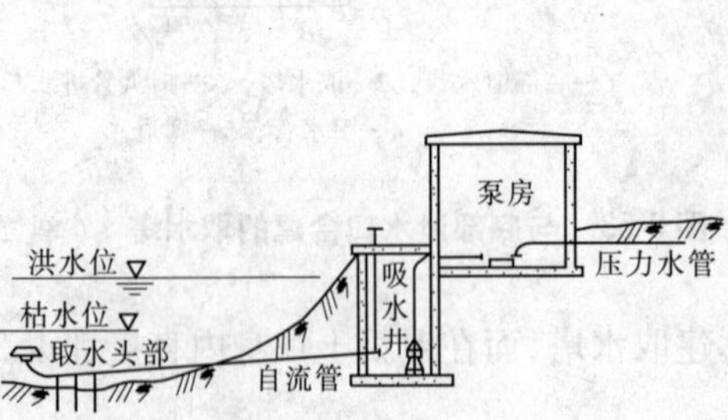

图 3-55　自流管式取水构筑物

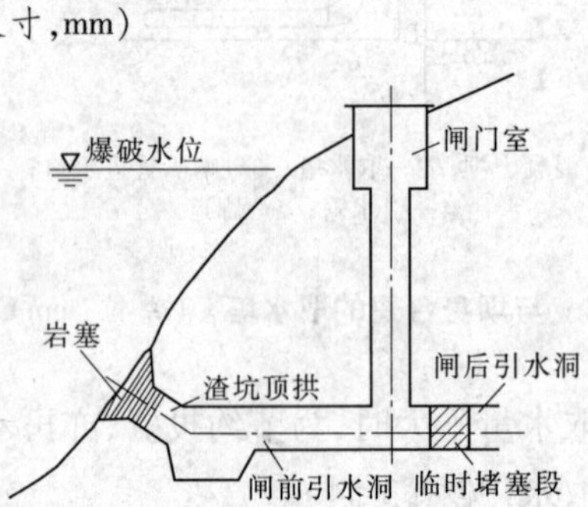

图 3-56　隧洞式取水岩塞爆破法示意

我国不少取水构筑物,也有采用引水明渠的取水方式。

以上为湖泊水库常用的取水构筑物类型,具体选择时应根据水文特征和地形、地貌、气象、地质、施工等条件进行技术经济比较后确定。

二、海水取水构筑物

随着沿海地区工业的发展,用水量日益增加,沿海地区的工厂(如电厂、化工厂等)已逐渐广泛利用海水作为工业冷却用水。因此,需要了解取用海水的特点、取水的方式所存在的问题。

(一)海水取水的特点

1. 海水的含盐量及腐蚀性

海水含有较高的盐分,一般为3.5%,如不经处理,一般只宜作为工业冷却用水。海水中的盐分主要是氯化钠,其次是氯化镁和少量的硫酸镁、硫酸钙等。因此,海水的腐蚀性甚强,硬度很高。

海水对碳钢的腐蚀率较高,对铸铁的腐蚀则较小。因此,海水管道宜采用铸铁管和非金属管。

常用的防止海水对碳钢腐蚀的措施如下:

(1)水泵叶轮、阀门丝杆和密封圈等采用耐腐蚀材料,如青铜、镍铜、钛合金钢等制作而成。

(2)海水管道内外壁涂防腐涂料,如酚醛清漆、富锌漆、环氧沥青漆等。

(3)采用阴极保护。

为防止海水对混凝土的腐蚀,宜用标号较高的抗硫酸盐水泥或普通水泥混凝土表面涂防腐涂料。

2. 海生物的影响与防治

海水中的生物,如海红(紫贻贝)、牡蛎、海蛭、海藻等大量繁殖,造成取水头部、格网和管道阻塞,不易清除,对取水安全有很大威胁。特别是海红极易大量黏附在管壁上,使管径缩小,降低输水能力。青岛、大连等地取用海水的管道内壁上,海红每年堆积厚度可达5~10 cm。

防治和清除海生生物的方法有加氯法、加碱法、加热法、机械刮除、密封窒息、含毒涂料、电极保护等。其中以加氯法采用最多,效果较好。水中余氯量保持在0.5 mg/L左右,即可抑制海生物的繁殖。

3. 潮汐和波浪

潮汐平均每隔12 h 25 min出现一次高潮,在高潮之后6 h 12 min出现一次低潮。我国沿海大潮高度各地不同,渤海一般在2~3 m之间,长江口到台湾海峡一带在3 m以上,南海一带则在2 m左右。

海水的波浪是由风力引起的。风力大、历时长,则会形成巨浪,产生很大的冲击力和破坏力。取水构筑物宜设在避风的位置,并应对潮汐和风浪造成的水位波动及冲击力有足够的考虑。

4. 泥沙淤积

海滨地区,特别是淤泥质海滩,漂沙随潮汐运动而流动,可能造成取水口及引水管渠严重淤积。因此,取水口应避开漂沙的地方,最好设在岩石海岸、海湾或防波堤内。

(二)海水取水构筑物

海水取水构筑物主要有3种形式。

1. 引水管渠取水

当海滩比较平缓时,用自流管或引水渠引水。图3-57为自流管式海水取水构筑物,它为上海某热电厂和某化工厂提供生产冷却用水,日供水量为125万t。自流管为两根直径为3.5 m的钢筋混凝土管,每根长1 600 m,每条引水管前端设有6个立管式进水口,进口处装有塑料格栅进水头。

2. 岸边式取水

在深水海岸,岸边地质条件较好,风浪较小,泥沙较少时,可以建造岸边式取水构筑物,从海岸边取水,或者采用水泵吸水管直接伸入海岸边取水。

3. 潮汐式取水

如图3-58所示,在海边围堤修建蓄水池,在靠海岸的池壁上设置若干潮门。涨潮时,海水推开潮门,进入蓄水池。退潮时,潮门自动关闭,泵房自蓄水池取水。这种取水方式节省投资和电耗,但池中沉淀的泥沙清除较麻烦。有时蓄水池可兼作循环冷却水池,在退潮时引入冷却水,可减少蓄水池的容积。

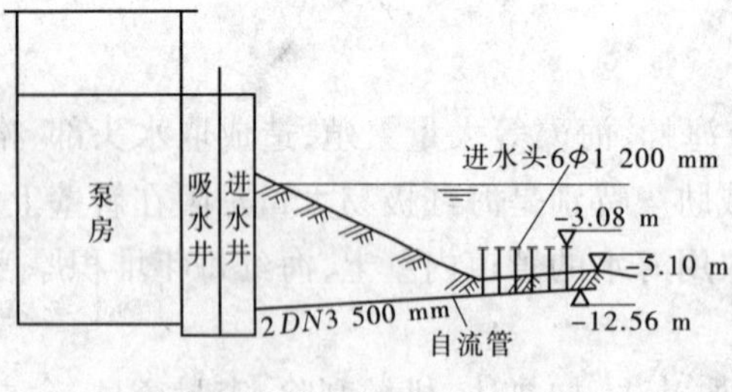

图3-57 自流管式海水取水构筑物

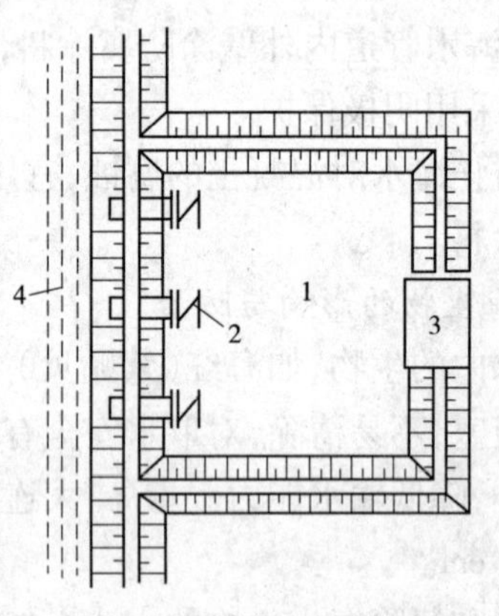

1—蓄水池；2—潮门；3—取水泵房；4—海湾

图3-58 潮汐式取水构筑物

三、山溪浅水河流取水构筑物

山溪浅水河流两岸多为陡峭的山崖,河谷狭窄,径流多由降雨补给。洪水期与枯水期流量相差很大,山洪爆发时,水位骤增,水流湍急,泥沙含量高,颗粒粒径大,甚至发生泥石流。为确保构筑物安全,可靠地取到满足一定水量、水质的水,必须尽可能地取得河流的流量、水位、水质、泥沙含量及组成等的准确数字,了解其变化规律,以便在此基础上正确地选择取水口的位置和取水构筑物的形式。一般山溪河流取水构筑物形式有底栏栅式和低坝式取水。

(一)底栏栅式取水构筑物

底栏栅式取水构筑物如图3-59所示。底栏栅式取水是通过溢流坝抬高水位,并从底栏栅顶部流入引水渠道,再流经沉沙池后至取水泵房。取水构筑物中的泥沙,可在洪水期时开启相应闸门引水进行冲洗。底栏栅取水适用于河床较窄，水深较浅，河底纵坡较大，大颗粒推移质特别多的山溪河流，且取水占河水总量较大的情况。

(二)低坝式取水构筑物

低坝式取水构筑物如图3-60所示。枯水期和平水期时，低坝拦住河水或部分河水从坝顶溢流，保证有足够的水深以利于取水口取水，低坝式取水构筑物如图3-60所示。冲沙闸靠近取水口一侧，开启度随流量变化而定，以保证河水在取水口处形成一定的流速以防淤积，洪水期时则形成溢流，保证排洪畅通。

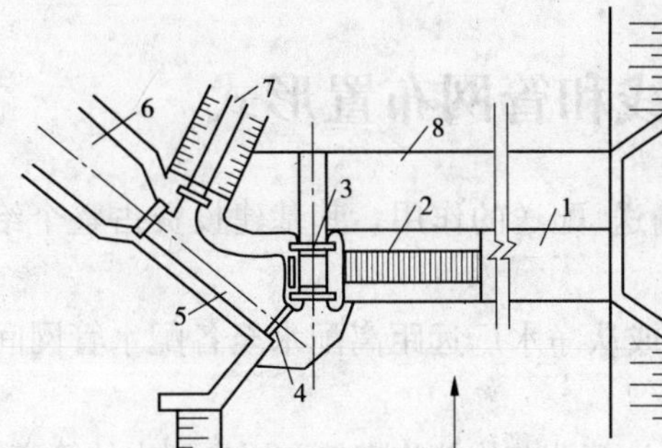

1—溢流坝；2—底栏栅；3—冲砂室；4—进水闸；
5—第二冲砂室；6—沉砂池；7—排砂渠；8—防洪护坦

图3-59　底栏栅式取水构筑物

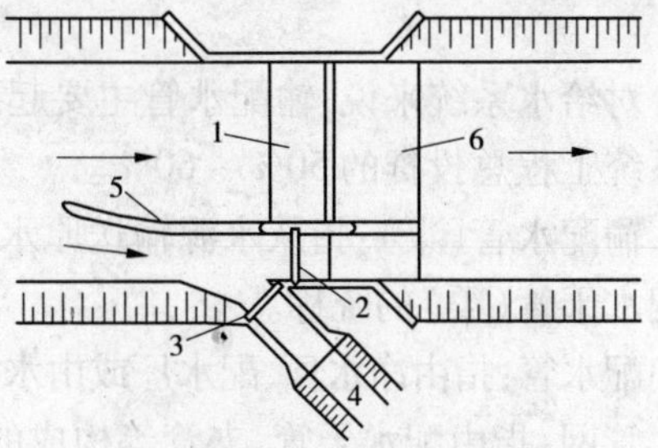

1—溢流坝；2—冲砂闸；3—进水闸；
4—引水明渠；5—导流堤；6—护坦

图3-60　低坝式取水构筑物

低坝式取水构筑物适用于枯水期流量特别小，水层浅薄，不通船，不放筏，且推移质不多的小型山溪河流。

小　结

1. 给水水源的类型

(1) 地下水源：包括上层滞水、潜水、承压水、裂隙水、溶岩水和泉水等。

(2) 地表水源：包括江河水、湖泊水、水库水以及海水等。

2. 取水构筑物

(1) 地下水取水构筑物，按其构造可分为管井、大口井、辐射井、渗渠等。

(2) 地表水取水构筑物(泵站)，有固定式取水构筑物(岸边式、河床式与斗槽式等)和移动式取水构筑物(浮船式、缆车式)。

思考题

1. 水源选择的原则是什么？

2. 地下水和地表水的取水构筑物分别有哪些？它们的适应条件是什么？

第四章　城市给水管网设计计算

学习目标：了解给水系统的各个组成部分的流量关系、给水系统的水压关系、水泵扬程的确定及水塔高度的确定；掌握清水池和水塔的容积确定、城镇管网布置形式、定线方法和原则、管网的水力计算。

第一节　输配水管网定线和管网布置形式

对给水系统来说，输配水管主要起到连接、输送、配送的作用。其基建投资占整个给水系统工程总投资的50% ~60%。

输配水管（渠）：指从水源输送原水至净水厂或从净水厂远距离配水至各配水管网间的配水干管（渠）的统称。

配水管：指由净水厂、配水厂或由水塔、高位水池等调节构筑物直接向用户配水的管道。

管网：指由配水干管、支管等构成的树枝状、环网状网络的统称。

管网与输水管（渠）、二级泵站及调节构筑物紧密相关。

一、输配水管渠的定线原则及布置要求

随着城市用水量大幅度的增加，大多数城市附近水源已不能满足城区的用水要求，需要在距离城市较远的地区开发新水源。目前在国内已经实施且完成了青岛引黄、天津引滦、西安引黑、大连引碧、上海黄浦江上游引水工程等较大型长距离输水工程。长距离输水管道工程投资大、重要性高，一旦发生事故，后果严重。因此，在方案选择、管道定线等方面的工作尤显重要。

（一）输配水管渠的定线原则

（1）输配水管渠的走向与布置应符合城市近期规划要求，同时考虑远期发展需要。①输配水管渠的走向与布置应考虑与既有地下构筑物（如铁道、地下通道、人防工程）等隐蔽工程的协调与配合。②输配水管渠尽可能沿现有的道路或规划道路敷设，尽量避开城市主干道，以利施工和维护。

（2）输配水管渠应选择经济合理的线路。①管线尽可能短，尽量避免穿越坡地、障碍物。②尽量少占农田、不占良田，尽量减少青苗赔偿。③尽可能结合既有地形考虑重力输水，以减少运行成本。④尽可能利用现有管道，以减少工程投资，充分发挥既有的设施作用。

（3）输配水管渠应保证输配水质、水量及水压满足要求。①避免穿越有毒物污染及腐蚀性等地区，若必须穿越则应采取防护措施。②渠道输送时，应尽可能采用暗渠，若采用明渠输送时，则应有相应的保护水质和防止水量损失的措施。③当地形起伏较大时，采用压力输水管线的竖向高程布置，一般要求在不同输水工作条件下，均位于输水水力坡降线以下。

(二)输配水管渠的布置要求

(1)为保证不间断供水,输配水管渠一般不宜少于两根。但有安全贮水池或其他安全供水措施时,可考虑只设一根。两根以上的输水管(渠)应设连通管。

①连通管管径一般与输水管相同。对小管径来说,可取用输水管径的20%~30%,但须考虑发生事故时应满足通过事故水量。城镇事故水量一般为设计用水量的70%。

②设有连通管的输水管(渠)上,应设置必要的防止事故发生或检修时切换用的阀门。当输水管直径≤400 mm时,阀门的口径与之相同,否则可相应缩小,但不得小于输水管径的80%。

③阀门及连通管的布置一般可以参照图4-1所示的方式选用。图4-1(a)为常用布置形式;图4-1(b)布置的阀门较少,但管道需立体交叉、配件较多,故较少采用;当供水要求安全系数极高,包括检修任一阀门都不得中断供水时,可采用图4-1(c)布置,在连通管上增设阀门一只。

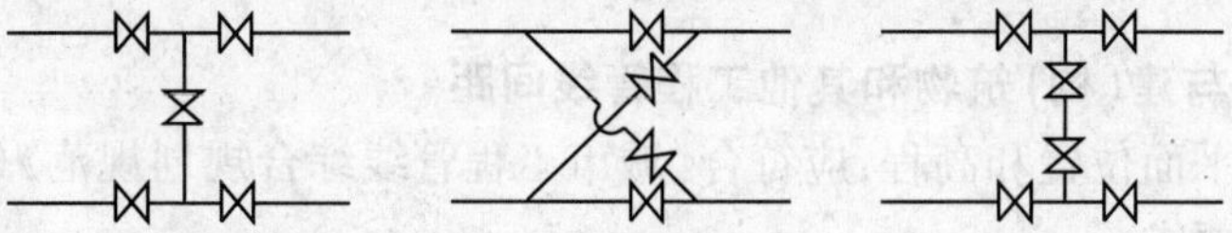

(a)5阀布置 (b)4阀布置 (c)6阀布置

图4-1 阀门及连通管布置

④输水管阀门间距,在一般情况下:当输水管长度小于3 km时,可取1.0~1.5 km;当输水管长度在3~10 km时,可取2.0~2.5 km;当输水管长度在10~20 km时,可取3.0~4.0 km。

(2)输配水管(渠)通常应根据具体情况考虑设置相应的构筑物和阀件。

①检查井的设置。对远距离输配管道来说,为保证输配顺畅,一般应设检查井,其设置间距要求为:当输配管管径<*DN*700时,不宜大于200 m;当*DN*700≤输配管管径≤*DN*1 400时,不宜大于400 m;当输配管所输送的原水含砂量较高时,可比照排水管道的要求增设检查井。

②跌水井、减压井或其他水位控制设施的设置,一般适用于在地面坡度较陡或非满流状态下的输配管系统。有必要时还应考虑设置水锤消除措施,防止水锤的发生。

③在输配管道的隆起处设排气阀,在低凹处设泄水阀。

④输配水管线应该有一定的坡度保证,其最小坡度应大于1∶5*D*(*D*为管径,以mm计)。当坡度小于1∶1 000时,应每隔0.5~1.0 km设一排气阀。

(3)输配水管(渠)布置应尽量避免与其他管道交叉,若不可避免,则应与发生交叉的管线管理部门协商处理。一般来说,压力管线让重力管线、支管让干管、小管让大管、给水管在废污水管上部通行。

二、配水管网的定线原则及布置要求

(一)配水管网的定线原则及布置要求

(1)为保证城镇供水的安全可靠,一般配水管网可布置成环网状。对供水要求不高或允许间断供水的区域可设为枝状管网,但应考虑将来有连成环状管网的可能。无论环状还是枝状管网都应在满足各用户对水量、水压的要求以及考虑施工维修方便的原则下,依据用水要求合理分布于全供水区,同时应尽可能缩短配水管线的总长度,降低工程成本。枝状管网的末端应设置排水阀,以利管网水流畅通。

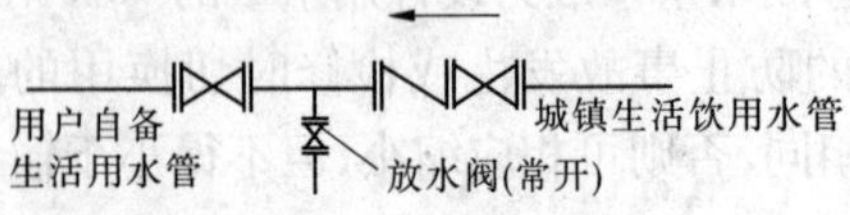

图4-2 城镇生活饮用水管与自备水源生活供水系统的连接方式

(2)城镇生活饮用水管网,严禁与非生活饮用水管网连接,严禁与自备水源生活供水系统直接连接(见图4-2)。

(3)配水干管应尽可能以最短距离到达用户点或调节构筑物,同时尽可能布置在较大流量用户一侧通过,以减少配水支管的数量。

(4)环状网中,干管间距一般为500~800 m,连接管间距一般为800~1 000 m。

(5)为满足消防要求,最小分配管管径为100 mm,对大城市可适当放大,一般采用150~200 mm。

(二)配水管与建(构)筑物和其他工程管线间距

配水管道的平面位置和高程,应符合《城市工程管线综合规划规范》(GB 50289—98)中的有关规定和要求:

(1)配水管道与建(构)筑物之间的最小水平净距:①当配水管管径≤200 mm时,最小水平净距为1.0 m;②当配水管管径>200 mm时,最小水平净距为3.0 m。

(2)配水管道与其他工程管线之间的最小间距:①污水、雨水排水管:当配水管管径≤200 mm时,最小水平净距为1.0 m;当配水管管径>200 mm时,最小水平净距为1.5 m;最小垂直净距为0.4 m;②燃气管道:中、低压($P \leqslant 0.4$ MPa)时,最小水平净距为0.5 m;次高压(0.4 MPa $< P \leqslant$ 0.8 MPa)时,最小水平净距为1.0 m;高压(0.8 MPa $< P \leqslant$ 1.6 MPa)时,最小水平净距为1.5 m;最小垂直净距为0.15 m;③热力管:直埋及地沟,最小水平净距为1.5 m;最小垂直净距为0.15 m;④电力电缆:直埋及管道,最小水平净距为0.5 m;最小垂直净距为0.15 m。

(3)配水管道与地上杆柱的最小间距:①当通信照明电压<10 kV时,最小水平净距为0.5 m;最小垂直净距为0.15 m;②当在高压铁塔基础边时,最小水平净距为3.0 m。

(4)配水管道与树木、道路侧石边缘之间的最小水平净距为1.5 m。

(5)配水管道与铁路钢轨(或坡脚)之间的最小水平净距为5.0 m。

(6)配水管道与铁路(轨底)、电车(轨底)最小垂直净距为1.0 m。

(7)配水管道与涵洞(基础底)最小垂直净距为0.15 m。

(8)配水管道与沟渠(基础底)最小垂直净距为0.5 m。

(三)配水管与其他工程管线交叉敷设顺序

(1)配水管与其他工程管线交叉时,宜按自地面向下电力、热力、燃气、给水、雨水排水、污水排水管线的排列顺序敷设。

(2)当生活饮用水管道与污水管道或有毒液体输送管道交叉敷设时,除饮用水管道在上行走外,还不应有接口重叠;若必须下行,则应采取防护措施,如加设钢套管,且套管应伸出交叉管的长度每边不得小于3 m,并用防水材料封闭端口。

三、综合管沟(共管沟)敷设

随着经济的日益发展,城市对市政管线的需求越来越大,传统的市政管线敷设方式在灵活性、安全可靠性等方面都受到了严峻挑战,综合管沟应运而生。早在19世纪末和20世纪初,英、法、美、日等国的城市为合理充分地使用地下空间,先后采用了综合管沟。我国于1958年首先在北京天安门广场敷设了长1 076 m的综合管沟。

综合管沟是指设置于道路下,用于容纳两种以上公用、市政管线的构造物及其附属设备(又称共同沟或综合走廊)。传统的市政公用管线的直埋敷设方法必须反复开挖路面进行施工,严重影响城市的交通与市容,干扰了居民的正常生活和工作秩序。综合管沟可以把分散独立埋设在地下的电力、电信、热力、给水、中水、燃气等各种地下管线部分或全部汇集到一条共同的地下管廊里,实施共同维护、集中管理。

(一)综合管沟(共管沟)的设置原则

许多国家对综合管沟的设置原则作了一些规定:如在交通显著拥挤的道路上;地下管线施工将对道路交通产生严重干扰时;在拥有大量现状或规划地下管线的干道下面;需同时埋设给水管线、供热管线及大量电力电缆情况下等。

综合管沟建设可结合道路改造(按城市规划道路拓宽等)或地下铁路建设,城市高速路等大规模工程建设同时进行,也可单独修建。

国外部分综合管沟断面图,见图4-3及图4-4。

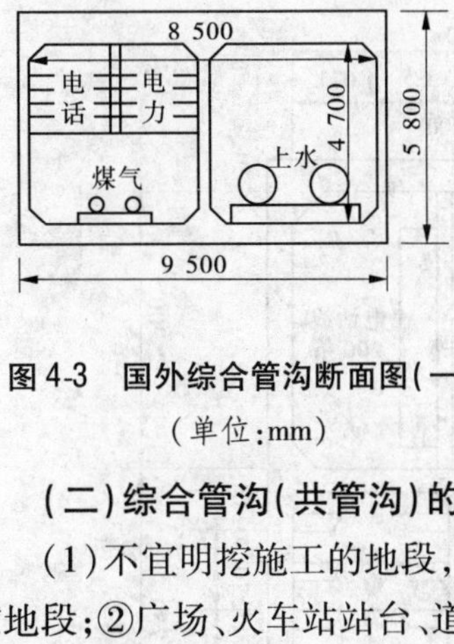

图4-3　国外综合管沟断面图(一)
(单位:mm)

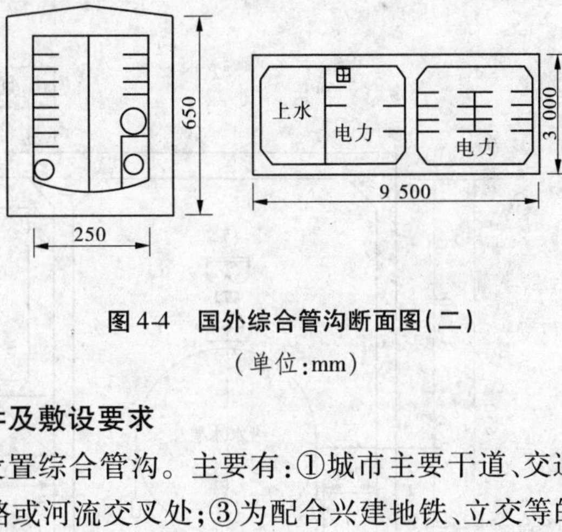

图4-4　国外综合管沟断面图(二)
(单位:mm)

(二)综合管沟(共管沟)的设置条件及敷设要求

(1)不宜明挖施工的地段,可考虑设置综合管沟。主要有:①城市主要干道、交通繁忙地段;②广场、火车站站台、道路与铁路或河流交叉处;③为配合兴建地铁、立交等的工程地段。

(2)工程管线在两种以上需同时敷设及多回路电缆的道路,可考虑设置综合管沟。

(3)道路较窄,无法满足直埋敷设多种管线的路段,可考虑设置综合管沟。

(4)过河过湖的多种管线敷设,可考虑设置综合管沟。

(5)设置在机动车道下面的综合管沟,其覆土深度应根据道路施工、行车荷载和综合管沟的结构强度以及当地的冰冻深度等因素综合确定;设置在人行道或非机动车道下的综合管沟,其埋设深度应根据综合管沟的结构强度以及当地的冰冻深度等因素综合确定。

(三)采用综合管沟敷设的主要优点

(1)减少对交通和居民出行的干扰,保持路容的完整和美观。

(2)减少后续运营维修管理费用,同时便于各种工程管线的敷设、增设、维修和管理。

(3)减少了道路的杆柱及各工程管线的检查井、室等,保证了城市的景观要求。

(4)减少了架空管线与绿化的矛盾,有效利用了城市地下的空间,节约了城市用地。

(四)采用综合管沟的主要缺点

(1)一次性基建投资较高。由于综合管沟建设不便分期修建,因此当管沟内敷设管线较少时,管沟建设所占费用比重较大。

(2)由于管沟中各管线的所属固定资产单位不同,在工程竣工移交时会有相互推诿、移交困难的现象,且不便于维护管理。

(3)管沟规模预测较困难,宜造成容量不足或过大。

(4)由于各工程管线组合在一起,容易发生干扰事故,如电力管线打火就有引起燃气爆炸的危险,必须制定严格的安全防护措施。

综合管沟内可敷设电力电缆、电信电缆、给水、排水及燃气和热力管线,如图 4-5 所示。相互无干扰的工程管线可设置在管沟的同一个小室,如图 4-6 所示的电力、煤气沟室;相互有干扰的工程管线应分别设在管沟的不同小室,如电信电缆与高压输电电缆必须分开设置,如图 4-6 所示的电话与电力两个沟室。给水管线与排水管线可在综合管沟一侧布置,排水管线应布置在综合管沟的底部,如图 4-7 所示。

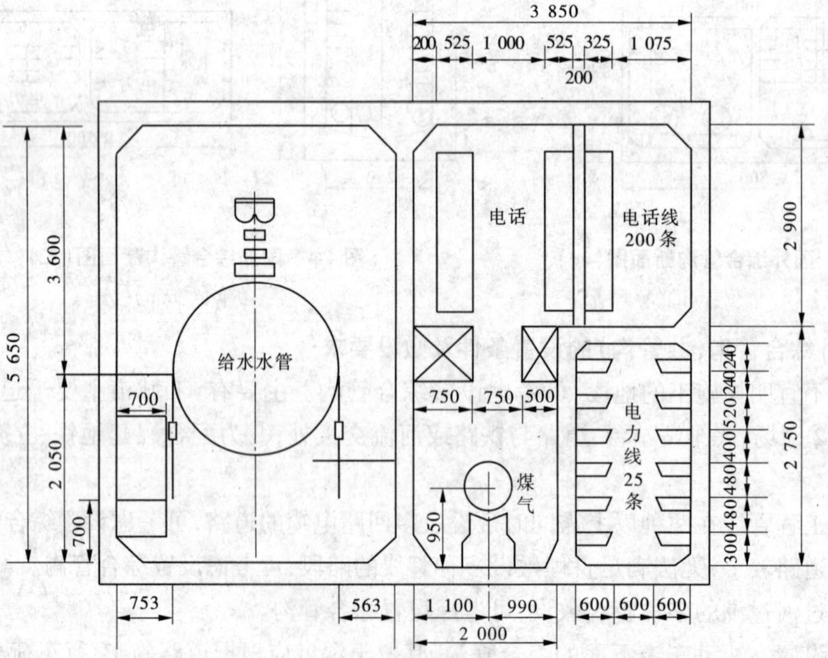

图 4-5　国内综合管沟内的管线布置(一)　(单位:mm)

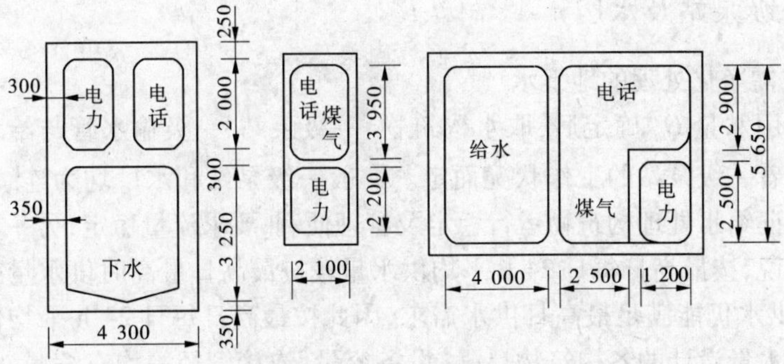

图 4-6　国内综合管沟内的管线布置(二)　(单位:mm)

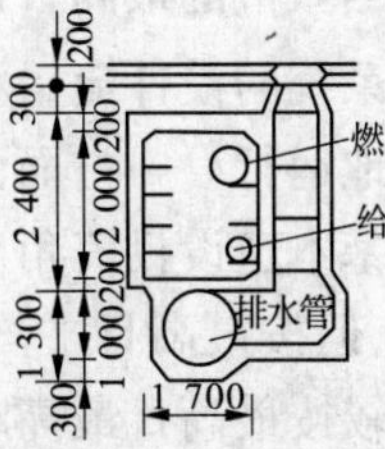

图 4-7　排水管分开设置的综合管沟　(单位:mm)

四、阀门、消火栓的布置原则

(一)阀门

(1)干管上的阀门间距一般为 500 ~ 1 000 m。

(2)为满足事故管段的切断需要,其位置可结合连接管以及重要供水支管的节点设置。①一般情况下干管上的阀门可设在连接管的下游;②如设置对置水塔时,则应视具体情况考虑;③干管上设置阀门应根据配水管网分段、分区检修的需要设置;④支管与干管相接处,一般在支管上设置阀门,以使支管的检修不影响干管供水。

(3)在城市管网支、干管上的消火栓,均应在消水栓前装设阀门。

(4)支、干管上阀门布置不应使相邻两阀门隔断 5 个以上的消火栓。

(二)消火栓

(1)管网中消火栓的间距不应大于 120 m。

(2)城市管网中接消火栓的管径不得小于 *DN*100。

(3)消火栓应尽可能设在便于消防车施救取水的地方。

(4)消火栓按规定应距建筑物不小于 5 m,距车行道边不大于 2 m,并不应妨碍交通,一般常设在人行道边、交叉路口和醒目处。

第二节　给水系统各部分流量关系

在第一章中我们了解了给水系统是由取水、给水处理、输配管道及增压等系统组成的。各组成系统功能各自独立,但又互为影响,各组成系统间的流量有着密切的联系。为保证给水系统供水的安全可靠,满足城市供水需求,给水系统各组成部分中的构筑物均应以城市的最高日设计用水量 Q_d 为设计计算基础。在最高日设计用水量 Q_d 的基础上,依据各组成部分功能的不同,其设计流量也有所不同。

一、取水构筑物、一级泵站及水厂

(一)水源为地表水或需净化处理的地下水

当城市的最高日设计用水量 Q_d 确定后,取水构筑物、一级泵站、一级输水管与给水处理系统的设计流量将随着一级泵站的工作状况而定。一般一级泵站和水厂均为连续、均匀地运行。一方面为保证给水处理构筑物运行稳定及管理便利,要求流量稳定;另一方面从基本建设投资角度来说,按最高日每日 24 h 平均供水量较按最高日最高时供水量来得低,但按最高日平均时供水仍能满足最高日供水需求,因此按最高日每日 24 h 平均供水量较按最高日最高时供水量设计的各构筑物尺寸、设备容量、连接管径等均有缩减,故其投资也相应减少。

由此可见,取水构筑物、一级泵站、一级输水管(渠)及水厂内净水构筑物、设备和连接管道,均按最高日平均时设计用水量加上水厂自用水量和输水管(渠)的漏失水量计算。当考虑到有消防给水任务时,其设计流量还应根据有无调节构筑物,分别增加消防补给量或消防水量。

最高日平均时设计用水量 Q_T:

$$Q_T = \frac{Q_d}{T} \tag{4-1}$$

式中 Q_T——最高日平均时设计用水量,m^3/h;

Q_d——最高日设计用水量,m^3/d;

T——每日工作小时数,一般按 24 h 均匀工作考虑;只有夜间用水量较小的县镇、农村等可考虑一班或两班制运行。

设计用水量 Q:

$$Q = \alpha Q_T \quad (m^3/h) \tag{4-2}$$

式中 α——水厂自用水量和输水管(渠)的漏失水量系数,一般水厂自用水量占水厂设计最高日用水量的5%左右,输水管道的漏失水量应根据管道的材质、接口形式、系统布置及管道长度加以确定,通常取 $\alpha = 1.05 \sim 1.10$。

(二)水源为无需处理的地下水

若所取用的水源为地下水,且水质较好,不用净化处理,只需进行网前消毒时,通常一级泵站是直接将井水输入管网或蓄水池,这时可以不考虑水厂自用水量和输水管(渠)的漏失水量系数,也就是说水厂自用水量和输水管(渠)的漏失水量系数 $\alpha = 1$。

设计用水量 Q:

$$Q = Q_T \quad (m^3/h) \tag{4-3}$$

二、二级泵站、配水管网及调节构筑物

二级泵站、配水管网及调节构筑物的设计水量,均与城市用水量变化曲线和二级泵站供水曲线有关。

(一)二级泵站

二级泵站的设计供水量与管网中是否设置调节构筑物有关。

(1)当管网中无调节构筑物时,二级泵站的供水量应时刻满足用户需求,也就是说二级泵站的任何小时供水量应完全等于用水量。因用水量时刻都在变化,故二级泵站的水泵配置也应多台设置且大小搭配,以满足供给每小时变化的水量,让水泵保持高效运转。为保证城市用户用水量及水压要求,水厂的二级泵站的设计水量应满足最高日最高时用水量。

(2)当管网中有调节构筑物时,二级泵站的供水曲线应根据城市用户用水量变化曲线来确定:①为减少调节构筑物的容积,便于水泵机组的维护管理,一般水泵分级数不大于三级,且各级供水曲线尽可能接近用水曲线。②水泵分级应考虑水泵的选型是否能合理搭配,并能满足近期及近期内水量增长的需要。③水泵每小时的供水量可以不等于每小时用水量,但 24 h 供水量之和一定等于最高日用水量。

(二)配水管网

配水管网的计算流量均应视其在最高日最高用水时的工作状况来确定,并应依据在其管网中有无调节构筑物及调节构筑物的具体位置而定。

1. 无水塔时

配水管网按最高日最高时流量计算。

2. 有水塔时

(1)当设置有网前水塔时,也就是说水塔设置在管网系统的前端。这时,从二级泵站到水塔间的输水管按水泵站分级工作线的最大一级供水量计算;而从水塔至配水管网则按最高日最高时流量计算。

(2)设有对置水塔时,也就是说水塔设置在管网系统的末端。这时,从二级泵站到水塔间的输水管仍按水泵站分级工作线的最大一级供水量计算;从水塔至配水管网间的输水量则按最高日最高时与水泵站分级工作线的最大一级供水量之差计算;配水管网仍按最高日最高时流量计算。

对设有对置水塔管网系统设计时,为保证安全供水,除满足上述要求外,还应按最大转输时进行校核。

(3)设有中置水塔时,也就是说水塔设置在管网系统的中间部位。这时分两种情况考虑:一种是水塔靠近二级泵站,且供水量大于泵站与水塔间用户的用水量,此时可按网前水塔考虑;另一种是水塔离泵站较远,供水量小于泵站与水塔间用户的用水量,此时可按对置水塔考虑。

(三)调节构筑物

调节构筑物是用以调节水量的。清水池主要调节一级泵站与二级泵站间的供水量差;而水塔主要调节二级泵站供水量与城市用水量的差。

第三节　清水池和水塔的容积确定

清水池与水塔除具有调节水量、贮水的作用外,其中清水池还具有保证消毒接触时间的作用,水塔还具有保证管网压力的作用。

一、清水池和水塔的容积确定

(一)清水池和水塔调节容积计算

1. 按供水量与用水量变化曲线推算

以图4-8为例,用水量变化幅度从最高日用水量的0.9%(1~2时)到7.17%(10~11时)。二级泵站供水线按用水量变化情况,采用1.3%(21~5时)和5.9%(5~20时)。二级泵站级供水,见表4-1中第(3)项,它比均匀地一级供水,可减少水塔调节容积,节省造价。

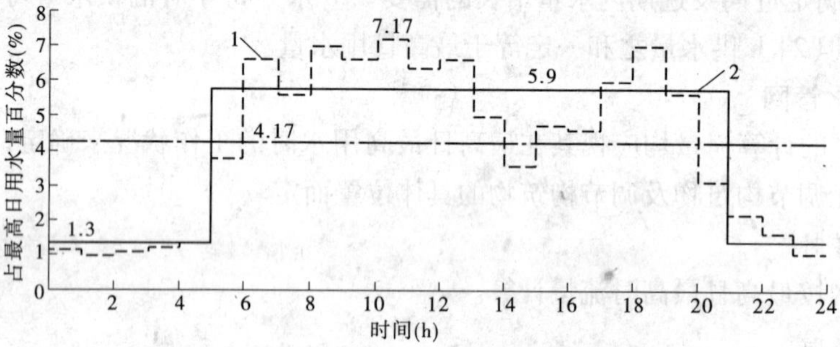

1—用水量变化曲线；2—二级泵站设计供水线

图4-8　城市用水量变化曲线

(1)无水塔时,清水池调节容积:当管网中不设水塔时,二级泵站的供水量即为用户的用水量,则清水池所调节的水量为一级泵站供水量与二级泵站供水量之差,即表4-1中第(4)项减第(2)项,得到第(5)项。第(5)项累积最大值与最小值之差就是在管网中不设水塔的情况下的清水池调节水量占最高日设计水量的百分比25.4%,此时清水池调节容积为:

$$W_1 = 0.254Q_d \quad (m^3) \tag{4-4}$$

(2)有水塔时,清水池调节容积:当管网中设置水塔时,二级泵站按两级供水,供水量见表4-1中第(3)项,则清水池所调节的水量为一级泵站供水量与二级泵站供水量之差,即表4-1中第(4)项减第(3)项,得到第(6)项。第(6)项累积最大值与最小值之差就是在管网中设置有水塔情况下的清水池调节水量占最高日设计水量的百分比25.7%,此时清水池调节容积为:

$$W_1 = 0.257Q_d \quad (m^3) \tag{4-5}$$

(3)水塔调节容积:水塔主要是调节用户用水量与二级泵站供水量之差,用户用水量见表4-1中第(2)项,二级泵站供水量见表4-1中第(3)项,则水塔调节水量为表4-1中第(2)项减第(3)项,得到第(7)项。表4-1中第(7)项之和就是水塔调节水量占最高日设计水量的百分比9%,此时水塔调节容积为:

$$W_1 = 0.09Q_d \quad (m^3) \tag{4-6}$$

表 4-1　清水池和水塔调节容积计算

时间	用水量	二级泵站供水量(%)	一级泵站供水量(%)	清水池调节容积(%)		水塔调节容积(%)
				无水塔时	有水塔时	
(1)	(2)	(3)	(4)	(5)	(6)	(7)
0~1 时	1.1	1.3	4.17	-3.07	-2.87	-0.2
1~2 时	0.9	1.3	4.17	-3.27	-2.87	-0.4
2~3 时	1	1.3	4.16	-3.16	-2.86	-0.3
3~4 时	1.1	1.3	4.17	-3.07	-2.87	-0.2
4~5 时	1.3	1.3	4.17	-2.87	-2.87	0
5~6 时	3.91	5.9	4.17	-0.26	1.73	-1.99
6~7 时	6.61	5.9	4.16	2.45	1.74	0.71
7~8 时	5.84	5.9	4.17	1.67	1.73	-0.06
8~9 时	7.04	5.9	4.17	2.87	1.73	1.14
9~10 时	6.69	5.9	4.16	2.53	1.74	0.79
10~11 时	7.17	5.9	4.17	3	1.73	1.27
11~12 时	6.34	5.9	4.17	2.17	1.73	0.44
12~13 时	6.62	5.9	4.16	2.46	1.74	0.72
13~14 时	5.23	5.9	4.17	1.06	1.73	-0.67
14~15 时	3.59	5.9	4.17	-0.58	1.73	-2.31
15~16 时	4.76	5.9	4.16	0.6	1.74	-1.14
16~17 时	4.64	5.8	4.17	0.47	1.63	-1.16
17~18 时	5.99	5.9	4.17	1.82	1.73	0.09
18~19 时	6.97	5.8	4.16	2.81	1.64	1.17
19~20 时	5.66	5.9	4.17	1.49	1.73	-0.24
20~21 时	3.05	1.4	4.16	-1.11	-2.76	1.65
21~22 时	2.1	1.3	4.17	-2.07	-2.87	0.8
22~23 时	1.42	1.3	4.17	-2.75	-2.87	0.12
23~24 时	0.97	1.3	4.16	-3.19	-2.86	-0.33
累计	100	100	100	25.4	25.7	9

2. 按经验法估算

(1)清水池调节水量的确定。在城市用水量变化资料缺乏的情况下,我们可以凭城市水厂运行经验,按最高日用水量的10% ~20%进行估算,以确定城市水厂清水池的调节水量。供水量大的城市，因 24 h 的用水量变化较小，可取较低百分数，以免清水池过大。对生产用水的清水池调节容积，应按工业生产的调度、事故和消防等要求确定。

(2) 水塔调节水量的确定。在城市用水量变化资料缺乏的情况下，水塔调节水量也可凭运行经验来确定：当泵站分级工作时，可按最高日用水量的 6% ~8% 计算，城市用水量大时取低值。生产用水可按生产的调度、事故和消防等要求确定水塔调节水量。

(二) 清水池和水塔有效容积的确定

1. 清水池有效容积的确定

清水池除了起到调节水量的作用外，还具有存放消防用水和水厂自用水的作用，另外依据城市具体的供水状况还可以考虑储备一定的安全水量，因此清水池的有效容积为：

$$W = W_1 + W_2 + W_3 + W_4 \quad (m^3) \tag{4-7}$$

式中 W_1——调节容积，m^3，一般依据一级泵站制水曲线与二级泵站供水曲线求得；

W_2——净水厂构筑物冲洗滤池和沉淀池排泥等厂区自调节用水量(当滤池采用水泵冲洗并由清水池供水时可按一次冲洗的水量考虑，当滤池采用水塔冲洗时，W_2 一般可不考虑)，m^3，通常取用最高日用水量的 0.5% ~3%；

W_3——安全贮水量，m^3，为避免清水池抽空，威胁供水安全，清水池可保留一定水深的容量作为安全储量；

W_4——消防贮水量，m^3。

$$W_4 = TQ_x \quad (m^3) \tag{4-8}$$

式中 T——消防历时，h，一般为 2 ~3 h，按《建筑设计防火规范》(GBJ 16—87)(2001 年版)确定；

Q_x——消防用水量，m^3/h。

清水池的容量尚需复核必要的消毒接触容量(复核时可利用消防贮量和安全储量)。

2. 水塔有效容积的确定

水塔除了起到调节水量的作用，还具有存放消防用水的作用，因此水塔的有效容积为：

$$W = W_1 + W_2 \quad (m^3) \tag{4-9}$$

式中 W_1——调节容积，m^3，一般依据城市用水变化曲线与二级泵站供水曲线求得；

W_2——消防贮水量，m^3，当有消防要求时，应按《建筑设计防火规范》要求确定，一般按 10 min 室内消防用水量计算。

二、清水池和水塔的构造及要求

(一) 清水池的构造及要求

1. 清水池的构造

在给水工程中，清水池一般为圆形和矩形的钢筋混凝土水池。其主要由进水管、出水管、溢水管、放空管、通气孔及检修孔、导流墙、水位指示等组成，如图 4-9 所示。

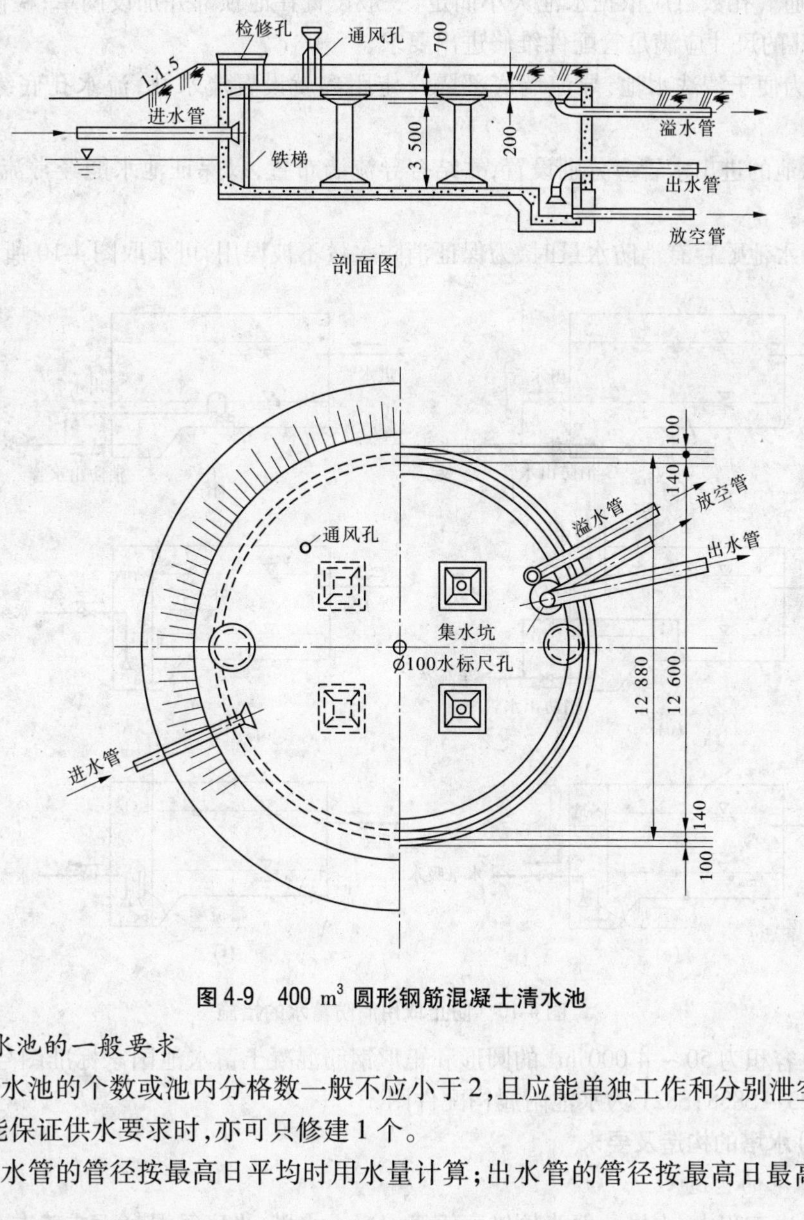

图 4-9　400 m^3 圆形钢筋混凝土清水池

2. 清水池的一般要求

(1)清水池的个数或池内分格数一般不应小于 2,且应能单独工作和分别泄空。在有特殊措施能保证供水要求时,亦可只修建 1 个。

(2)进水管的管径按最高日平均时用水量计算;出水管的管径按最高日最高时用水量计算。

(3)进水管标高适当降低以防止在管内形成气阻,或进池后用下弯管。

(4)当在清水池前有计量或加药设备时,进水管应采取适当措施,以保证满管出流。

(5)当二级泵房设有吸水井时,清水池出水管一般可设置一根;无吸水井时,其出水管根数应根据水泵台数确定。

(6)溢水管管径与进水管管径相同,没入水中的管端为喇叭口,管上不设阀门,出口应设置网罩。

(7)清水池一般是在低水位下进行放空的,放空管管径一般情况下按 2 h 内将余水泄空进行计算,但不得小于 100 mm。

(8)通气孔数目应依据水池大小而定，一般设置在池顶部并加设网罩；检修孔不宜少于2个，孔的尺寸应满足管配件维修进出要求。

(9)为便于清洗水池，导流墙底部隔一定距离就设置流水孔，流水孔底缘应与池底相平。

清水池的进出水管应分别设置，并结合导流墙布置，以保证池水能经常流动，避免出现死水区。

当清水池贮存有消防水量时，为保证消防水量不被误用，可采取图4-10所示的措施。

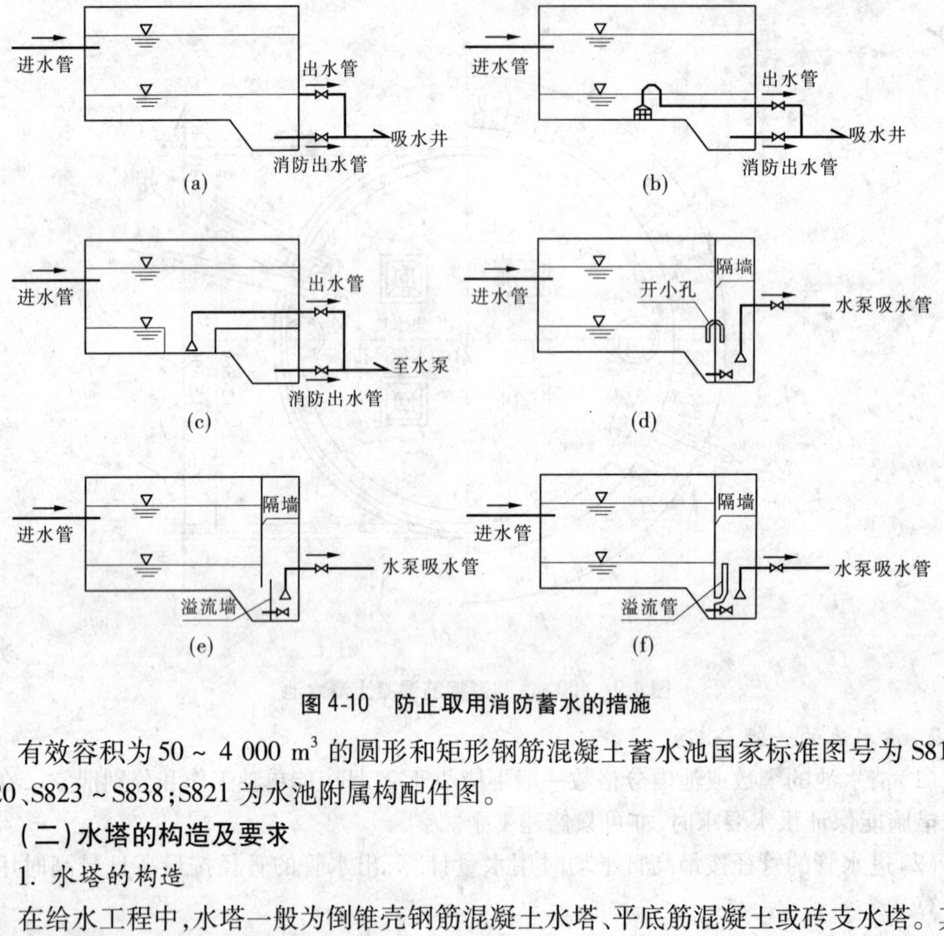

图4-10　防止取用消防蓄水的措施

有效容积为50～4 000 m^3 的圆形和矩形钢筋混凝土蓄水池国家标准图号为S811～S820、S823～S838；S821为水池附属构配件图。

(二)水塔的构造及要求

1. 水塔的构造

在给水工程中，水塔一般为倒锥壳钢筋混凝土水塔、平底筋混凝土或砖支水塔。其主要由水柜、塔体、进出水管、溢水管、放空管水位指示等组成。

2. 水塔的一般要求

(1)水柜应具有不透水性；塔体应有一定的稳定性以支承水柜满水时的重量及抵抗风的侧压力。

(2)进出水管可分别设置，也可合一使用，且立管上应设伸缩接头。

(3)进水管宜设在水柜中心或适当升高，以防进水时水塔晃动。

(4)放空管与溢流管可合一联结。其管径与进出水管管径相同或小一级。溢流管上不得设阀。

(5)水塔应根据防雷要求设置防雷装置。

(6)在北方地区还应考虑水柜的保温防冻。

容量为15 ~ 500 m^3,高度为16 ~30 m的现浇钢筋混凝土水塔国家标准图号为S842、S844、S847、S849(一)、S849(二)。

第四节 给水系统工况分析

给水系统的工作状况主要包括给水系统各组成系统间的流量关系、压力状态。而流量关系在本章第二节中已有介绍,本节重点介绍的是给水系统中的水压状态。对于城市给水系统来说主要保证的就是到达用户的水质、水量和水压。对于城市管网来说,我们一般以满足最不利点的最小自由水头为控制依据。对于城市管网需保持的最小自由水头就建筑楼层的层数来确定:一层为10 m,二层为12 m,二层以上每增高一层增加4 m。如某一管网系统所服务区域内的最高房屋楼层为7 m,则所需的最小自由水压为:

$$12+4+4+4+4+4=12+5\times4=32(\text{m})$$

对于城市供水区域内建筑层数相差较大或地形起伏较大的管网,其设计水压及控制点的选定应从总体的经济性考虑,避免为满足个别点的水压要求,而提高整个管网系统的压力,造成不必要的基建投资增加和运营维护成本加大。城市给水管网的供水压力,以满足数量上占主导地位的低层和多层建筑需要为准,高层建筑所需水压通常采用局部加压的方式予以满足。城市管网水压过高既造成能量浪费、增加漏损、不便使用,还需采用高压管道,增大工程投资。对于这种特殊情况,可考虑分区、分压供水,或局部增设加压设施。

在给水系统中常用到的增压设施有水泵站、水塔、高位水池等。了解水泵扬程、水塔(或高位水池)安装高度,是对给水系统水压状态掌握的关键。只有合理地设计计算水泵扬程、水塔(或高位水池)安装高度,才能有效地保证城市用户所需水压,满足设计要求。

一、水泵扬程的确定

水泵扬程 H_p 是指单位重量液体通过水泵后所获得的能量增值,即静扬程与水头损失之和。

(一)静扬程的确定

(1)一级泵站水泵静扬程指从吸水井最低水位到水厂最前端处理构筑物(一般是混合池)最高水位的高程差。

(2)二级泵站水泵静扬程:①当无水塔管网时,二级泵站水泵静扬程为清水池最低水位(或水泵吸水井最低水位)与管网控制点(即最不利点)地形标高的高程差及控制点所需的最小自由水压之和;②当有水塔管网时,二级泵站水泵静扬程为清水池最低水位与水塔最高水位的高程差。

控制点是指整个给水系统中水压应该满足而最不容易满足的地点(又称最不利点)。

控制点的特点:地形最高点;要求自由水压最高点;距离供水起点最远点。

(二)水泵总扬程的计算

(1)一级泵站的水泵扬程计算,见图 4-11 所示。

$$H_p = H_0 + \sum h \tag{4-10}$$

其中

$$\sum h = h_s + h_d \quad (\text{m}) \tag{4-11}$$

则

$$H_p = H_0 + h_s + h_d \quad (\text{m}) \tag{4-12}$$

式中 H_0——静扬程,m;

h_s——由最高日平均时供水量加水厂自用水量确定的吸水管的水头损失,m;

h_d——由最高日平均时供水量加水厂自用水量确定的压水管和泵站到混合池管线中的水头损失,m。

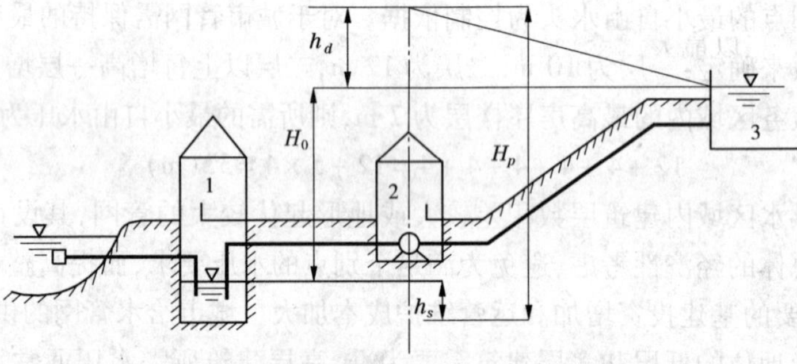

1—吸水井;2——级泵站;3—混合池

图 4-11 一级泵站扬程计算

(2)二级泵站的水泵扬程计算,见图 4-12 所示。

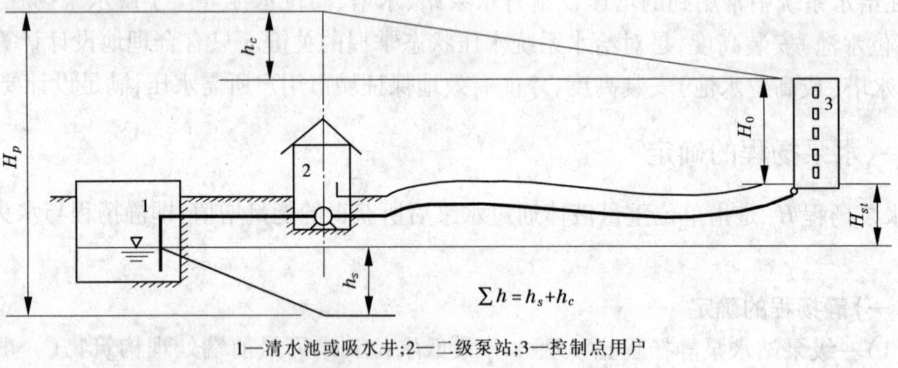

1—清水池或吸水井;2—二级泵站;3—控制点用户

图 4-12 二级泵站扬程计算

①当无水塔管网时,二级泵站水泵扬程为:

$$H_p = H_{st} + H_0 + \sum h \quad (\text{m}) \tag{4-13}$$

式中 H_{st}——清水池最低水位(或水泵吸水井最低水位)与管网控制点(即最不利点)地形标高的高程差,m;

H_0——控制点所需的最小自由水压,即服务水头,m;

$\sum h$——水泵吸水口至控制点间的所有管路的水头损失,m。

②当有水塔管网时,二级泵站水泵扬程计算仍可按公式(4-13)进行计算,只是此时的控制点为水塔。$\sum h$ 为水泵吸水口至水塔间的所有管路的水头损失。

(3)对二级泵站,应根据具体情况对消防时、最大转输时及事故发生时几种特殊工况进行校核。

①消防时,应以消防流量 Q_{gx} 进行核算。水泵扬程仍可按公式(4-13)计算,只是控制点应选在设计时假定的着火点。对于高压消防系统来说,其水压应满足直接灭火的水压要求,具体水压值随建筑物层高、灭火水量而定;对于低压消防系统,允许控制点水压降至 10 m。

目前除重要的大型工业企业设置专用高压消防系统外,一般城镇均采用低压消防系统,由消防车(或消防车泵)自消火栓中接水加压。

②最大转输时,以最大转输时的水量 Q_{zs} 进行核算。管网须满足最大转输水量进入调节构筑物的水压要求。

③事故时,应考虑最不利管段发生故障时,以事故时的流量 Q_g 进行核算,使其水压仍能满足设计水压的要求。

二、水塔高度的确定

水塔是指依靠重力作用将所需的流量压送到各用户的调节构筑物。因此,水塔必须使盛水的水柜放在一定的高度处,以满足用户对水压的要求。

水塔高度通常指水柜底面或最低水位离地面的高度。

由于城市用水量大、水塔容积大才能满足调节水量的作用,这样无形中基建投资增加,且水塔高度一经确定,不利于今后给水管网的发展,故目前许多大城市不考虑设置水塔。但对于中小城市或工矿企业来说,有时考虑设置水塔,既可缩短水泵工作时间,又可保证恒定的水压,是较经济方便的。无论是前置水塔、中置水塔还是对置水塔,其水柜底高于地面的高度均可按下式计算,见图 4-13。

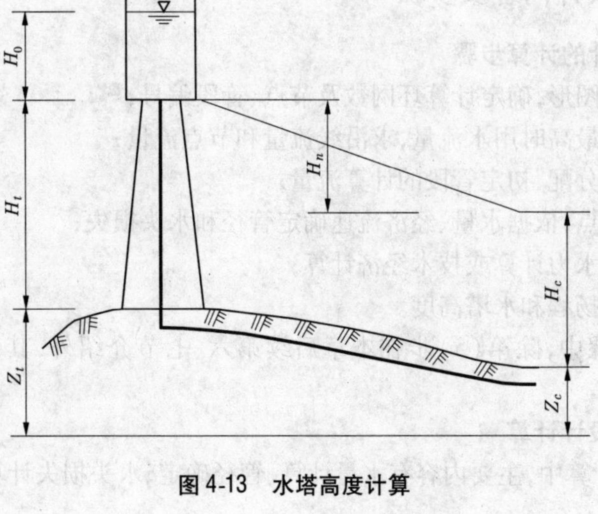

图 4-13　水塔高度计算

$$H_t = H_c + h_n - (Z_t - Z_c) \tag{4-14}$$

式中 H_t——水柜距离地面的高度,m;

H_c——控制点所需的最小自由水压,即服务水头,m;

h_n——按最高时用水量计算的从水塔至控制点间的所有管路的水头损失,m;

Z_t——设置水塔处的地面标高,m;

Z_c——控制点的地面标高,m。

从公式(4-14)可看出,Z_t 越高,则水塔的修建高度越低,投资越省。这也就是为何一般建成水塔尽可能地利用高地。

对置水塔管网系统,即隔着配水管网与二级泵站相对设置的管网系统。这种供水工况较特殊,在最高用水量时,二级泵站和水塔同时由管网的两端供水,二者有各自的供水区,在供水区交接处形成供水分界线,供水分界线上的水压最低。一般情况下,最高用水时的控制点在供水分界线上。这时对置水塔管网中的水塔高度计算时,应注意公式(4-14)中的 h_n 是指水塔到分界处的水头损失,H_c 和 Z_c 分别指水压最低点的自由水头和地面标高。水头损失和水压最低点的确定应通过管网水力计算确定。

第五节 管段设计流量

给水管网系统是整个给水系统的主要脉络,起着重要的传输作用。其在整个给水系统总投资中所占比例较大,一般占 50% ~60%,因此管网的设计必须进行经济技术比较分析,多方案选择,以得到经济合理地满足近期和远期用水的最佳方案。

对城市给水管网建设来说,主要是新建和改扩建工程,无论是哪种情况,依据本章第二节所学内容可知,均按满足最高时用水量来计算,具体计算内容包括管段的直径、水头损失、水泵扬程和水塔高度(当设置有水塔时)。除此之外,在按最高时确定的管径情况下对消防时、事故时、对置水塔管网系统时,各管段的流量、水头损失进行校核,以确定是否满足特殊工况下的水量、水压的要求。

一、管网的设计内容及步骤

(一)管网设计的计算步骤

(1)简化管网图形,确定计算环网数及节点、管段编号;

(2)按最高日最高时用水流量,求沿线流量和节点流量;

(3)进行流量分配,初定管段的计算流量;

(4)初定控制点,依据水量、经济流速确定管径和水头损失;

(5)进行管网水力计算或技术经济计算;

(6)确定水泵扬程和水塔高度。

上述 6 个步骤中,除第(5)步在本章后续第六、七节介绍外,其他均在本节中详细介绍。

(二)管网的设计计算

在管网设计计算中,主要内容有水量计算、管径确定、水头损失计算、水压确定等。通

常依据工程如新建、改建、扩建等性质不同,大体上可分为两种情况考虑:

(1)供水起点水压未知时,也就是说已知管网控制点所需水压(自由水压和地形标高已知)和水量,实际上就是求水泵扬程或水塔高度。一般适用于新建工程,其主要步骤如下:①按经济流速选定管径;②由管段流量、管径和管长计算各管段水头损失;③由控制点的地形标高和要求的水压标高推求各节点的水压;④确定水塔高度、水泵扬程和水泵台数。

(2)供水起点水压一定时,也就是说已知水量和水泵扬程或水塔高度,即管网起点水压值已知,要求复核计算各管段节点压力值是否满足。一般适用于改、扩建工程,其主要步骤如下:①充分利用起点水压选定经济管径;②计算各管段水头损失;③由起点现有的水压条件推求各节点水压;④复核计算出的水压是否大于等于控制点所需水压,小于或大于控制点水压过多时,可调整个别管径,重新计算管径和各点水压。

(三)管网在特殊工况下的校核计算

在新建、改建和扩建工程中,管网的设计计算均是按最高日最高时设计水量进行的,但对于一些特殊工况如消防时、事故时及最大转输时,原设计确定的管径是否满足要求,需要进行校核。其校核目的如下:

(1)对新建管网来说,依据按最高时水量计算确定的管径和水泵能否满足其他最不利情况下的流量和扬程要求,来确定是否需调整水泵台数和型号;

(2)对现有管网来说,应分析计算各种用水情况的运转情况,找出管网工作的薄弱环节,为加强管网管理、扩建或改建提供技术依据。

二、图形简化

在城市管网中,其布置形态各异,有枝状、闭合状(也称环状)、枝状与环状结合,且管径大小不一,排列复杂,如果将城市中所有大大小小的管段都加以计算,则计算工程量较大,且最终效果也不一定尽如人意,甚至有的计算工作是徒劳无益的。因此,除对新建项目只确定主要干管而不是全部管段外,对于改建、扩建项目的管网一般应加以简化。那么,首先应将城市管线按实际情况绘成图,然后对图中的各元素进行相应处理,再进行计算。

(一)认识管网设计图中的各元素

管网设计计算图中主要包括节点、管段和环三大元素,如图4-14所示。

(1)节点:通常指供水点(如泵站、水塔、高地水池);管道的交接点(如不同管材、不同管径、管段交汇处、大用户供水点);流量发生变化的点,如图4-14中的1、2、3…、8的点均称为节点。

(2)管段:由两个相邻节点连接的管道称为管段,如图4-14中的2-3管段、3-6管段等。

(3)环:管段顺序连接就形成管线,由管线的起始点与终结点闭合成环,如图4-14中的Ⅰ(2-3-6-5-2)、Ⅱ(3-4-7-6-3)、Ⅲ(1-0-8-5-2

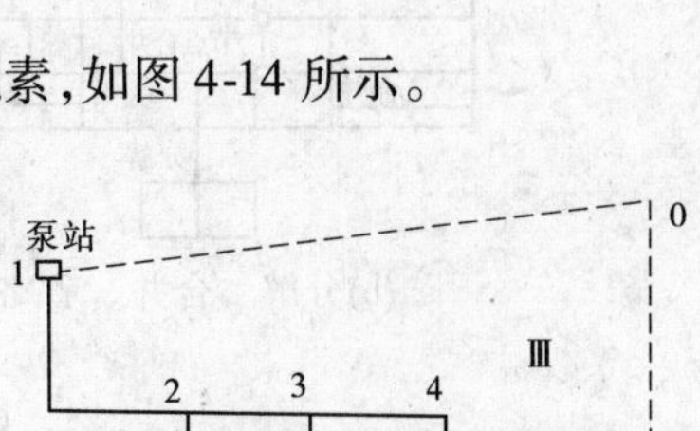

图4-14 管网的组成

-1)。Ⅰ、Ⅱ环是单独的环,不包含其他环,我们称之为基环;而由Ⅰ、Ⅱ组成的大环2-4-7-5-2则不能算是基环;对于Ⅲ环,其中有两个虚管段组成了虚管线,这是为方便计算,将多水源节点与虚节点0连接形成的环,称之为虚环,虚环数等于水源点数减1。

由多面体的欧拉定理可导出平面管网图形中节点(含虚节点)数 J、管段(含虚管段)数 P 和基环(含虚环)数 L 间的关系如下:

$$P = J + L - 1 \tag{4-15}$$

对于枝状管网,其环数 L 为零,则管段数 P 等于节点数 J 减1。也就是说枝状管网是环状管网的特殊情况,环状管网中的每个基环中去掉一根管段,最少去除的管段数须等于基环数 L,节点数不变,则环状管网就可变为枝状管网。对同一环状管网来说,去除的管段不同,其变化成的枝状也就不同。

(二)管网设计图的简化

对管网图形的简化,我们应该以保主去次,也就是保留对管网水力影响较大的、主要的干管管线;去除影响小的、次要的小管线为原则,利用分解、合并、省略的方法进行简化。在管网图形简化过程中应避免过度简化,偏离实际用水工况。要求简化后的管网基本能与实际用水情况相符,但因计算工程量大大减少,应尽可能保证简化后的计算结果接近实际。以图4-15为例说明:

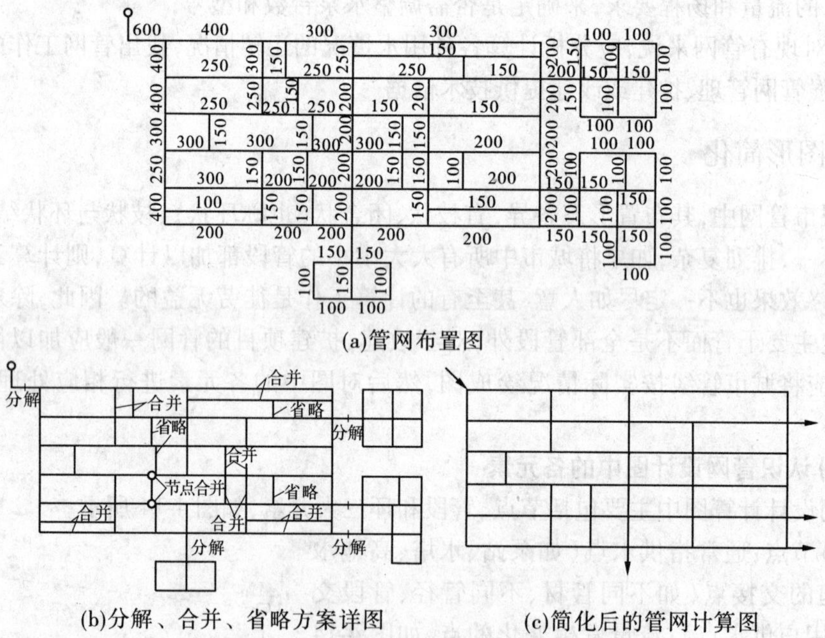

(a)管网布置图

(b)分解、合并、省略方案详图　　(c)简化后的管网计算图

图4-15　管网图形的简化

(1)图4-15(a)反映的是城市管网的实际布置情况,图中管线上标注的数字表示管径(以mm计),实际管网布置图形中有43个基环。

(2)我们将这43个环依据图形简化原则,按分解、合并、省略的方法简化为21个环,如图4-15(b)中所示。①分解:由一条管线连接的两个环状管网,可以将连接管线断开进行分解为两个独立的小型环状管网;或由两条管线连接的分支管网,如其位于管网末端且连接管线的流向和流量可以确定时,如单水源的管网,也可进行分解,分解后的管网分别计算。②合并:管径小且相互平行靠近的管线,可以考虑合并。③省略:省略对水力条件影响较小的管线,也即管网中管径较小的管线,由于省略后的计算结果偏于安全,也就是说管径大,则不经济。

三、管段设计流量计算

管段设计流量计算主要是在管网图形简化后的基础上,对其简化图形中的管段流量进行设计计算。要想计算管段流量,则必须先计算沿线流量及节点流量。

(一)沿线流量

对于工矿企业给水管网,其主要配水在生产车间,生产人员生活用水量较小,配水情况较简单。而城市管网中的各管线,其干管、支管上均接有许多不同性质的用户,各用户用水需求不同,有用水量较大的工厂、机关、医院等用水,也有用水量较小的居民住宅用水,其配水情况复杂,且沿管线的配水量时刻都有变化,如图 4-16 中的分配管流量 Q_1、Q_2、Q_3、Q_4 等,及干管沿线用户流量 q_1、q_2、q_3、q_4、…,这对于要完全按实际配水情况来进行设计计算是很复杂的,且没有必要。通常我们将其简化考虑,对用水量较大的工厂、机关、医院等用户,可按其用水位置作为集中节点流量考虑。

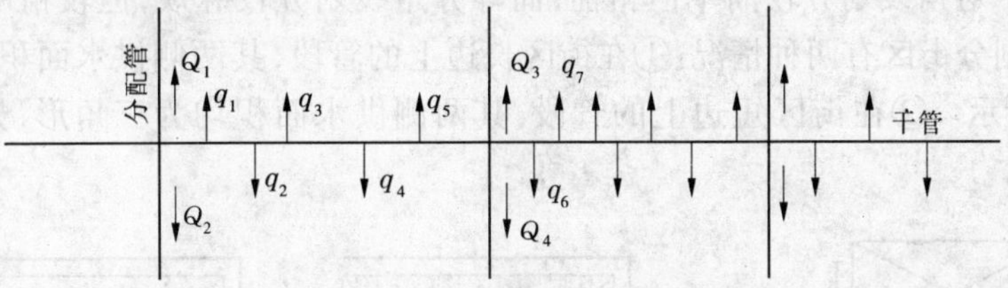

图 4-16　干管、分配管配水情况

对于城市居民用水可先计算管段用水量,然后分配到计算节点,也可直接根据用水分布情况,计算节点流量。一般假定用水量沿管段长度或管段供水区域面积均匀分布,计算配水管单位长度或配水管配水面积的流量,也叫比流量。配水管段用水量,可以按以下 3 种比流量方法进行计算:

(1)以单位长度管段为计量单位的比流量,也称长度比流量 q_{cb}:

$$q_{cb} = \frac{Q_b}{\sum L} \quad (\mathrm{m^3/(s \cdot m)}) \tag{4-16}$$

式中　L——配水管段的计算长度,m;

Q_b——管网输出的扣除大用户用水量外的水量,m^3/s,即

$$Q_b = Q_z - \sum Q_i \tag{4-17}$$

其中　Q_z——管网输出的总水量,m^3/s;

Q_i——大用户用水量,m^3/s。

配水管段的计算长度,随不同的供水情况而不同:①对不配水的管段,如从水源泵站

出来至管网立脚点端的输水管路,或穿越广场、公园等无建筑物用水地区的管线,其管段计算长度为零;②对仅有一边配水的管段,如城市边缘布管或沿街区边缘道路布设管段等,其管段计算长度按实际管段长度的一半考虑;③对两侧都有配水的管段,如配水管两侧均有建筑物用水区域等,其管段计算长度按实际管段长度计算。

依据长度比流量来计算各管段的配水流量(Q_y):

$$Q_y = q_{cb}L \quad (m^3/s) \tag{4-18}$$

此方法是在管段配水量计算方法中常用的,但对由于用水人口密度和用水标准不同而产生的配水量差别无法反映。

(2)以单位面积为计量单位的比流量,也称面积比流量 q_{mb}:

$$q_{mb} = \frac{Q_b}{F} \quad (m^3/(s \cdot m^2)) \tag{4-19}$$

式中 F——管网所需配水的总面积,m^2;

其他符号意义同前。

依据面积比流量来计算各管段的配水流量 Q_y:

$$Q_y = q_{mb}f \quad (m^3/s) \tag{4-20}$$

式中 f——计算管段配水区域面积,m^2。

配水面积可用对角线划分,如图 4-17 所示;也可用等分角线的方法来划分街区,如图 4-18所示。对角线划分较简单但粗糙;而等分角线划分较麻烦,但较精确。用等分角线的方法来划分街区有两种情况:①在街区长边上的管段,其两侧供水面积均为梯形,如图 4-18(a)所示。②在街区短边上的管段,其两侧供水面积均为三角形,如图 4-18(b)所示。

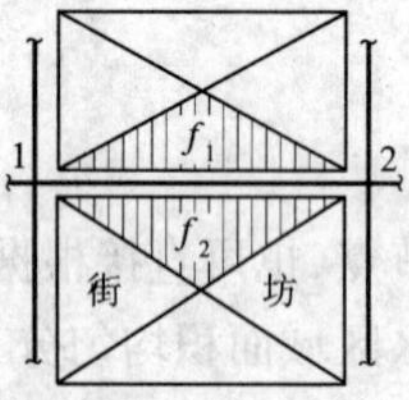

图 4-17 用对角线划分

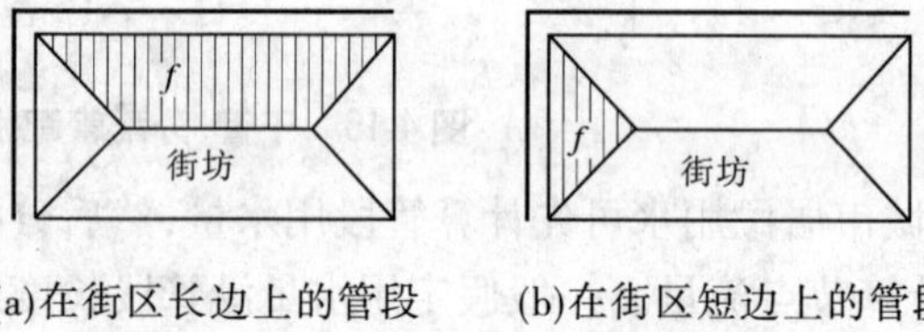

图 4-18 用等分角线划分

此方法虽然考虑了沿线管段配水面积(人口)的影响,较用长度比流量计算更贴近实际,但仍存在由于用水人口密度和用水标准不同而产生的配水量差别无法反映的不足。且计算过程较复杂。

(3)以小区用水人口和单位长度管段计算的比流量 q_{Nb}:

①小区 i 的用水量 Q_{bi}:

$$Q_{bi} = A_iN_i\frac{Q_b}{\sum A_iN_i} \quad (m^3/s) \tag{4-21}$$

式中 N_i——计算小区用水人口,人;

A_i——用水标准系数,即假定某一用水小区用水标准为 1,计算小区用水标准与该用水标准之比;

其他符号意义同前。

②小区 i 的比流量 q_{Nbi}：

$$q_{Nbi} = \frac{Q_{bi}}{\sum L_{ij}} \tag{4-22}$$

式中 L_{ij}—— 承担计算小区 i 用水的各配水管段的长度，m；

其他符号意义同前。

③依据各小区比流量来计算各管段的配水流量 Q_{yj}：

$$Q_{yj} = \sum_{i=1}^{n} q_{Nbi} \times L_j \quad (\text{m}^3/\text{s}) \tag{4-23}$$

式中 n—— 与 L_j 管段有关的小区数，双侧配水时，$n = 2$；一侧配水时，$n = 1$，如图 4-19 所示。

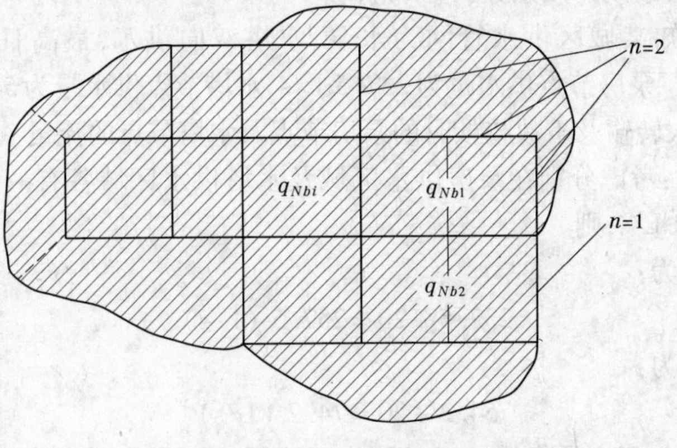

图 4-19 小区计算示意图

此方法考虑了用水人口密度和用水标准的因素，计算结果与实际较吻合，但其计算量较大。因此，在实际工作中，对于干管分布较均匀、干管间距大致相同的管网，通常采用长度比流量法进行计算。

（二）节点流量

管网中任一管段中的流量都是由沿线配水流量和转输到下一管段的转输流量组成的，沿线流量是随水流方向渐减的，而转输流量在本管段内是不变的，管段的起点流量减去沿线流量就是管段的转输流量，也即该管段的末端流量；上一管段的末端流量也即是下一管段的起点流量，也就是说管段中的流量是沿线变化的。对于流量不断变化的管段，是很难确定其管径和水头损失的，因此有必要将沿线流量转化成从节点流出的流量。这样，管段可简化为沿管无流量流出，即管段中的流量不再沿管线变化，这样就可以确定管径，并由此计算该流量所产生的水头损失值。节点流量的确定有如下 3 种情况：

(1)用比流量法确定。对于沿线用水量较均匀的管段而言，在用比流量计算出的管段沿线流量的基础上，考虑将其流量平均分配到连接该管段的两节点上，则各节点流量 Q_d 即为连接该节点上各管段用水量的一半，可用下式表达：

$$Q_d = \frac{1}{2}\sum Q_{yj} \times 1\,000 = 500\sum Q_{yj} \quad (\text{L/s}) \tag{4-24}$$

式中　Q_{yj}——两节点间管段的用水量，m^3/s。

(2)依据小区用水量，用比例分配法确定。在实际工作中，为了更快捷地进行管网水力计算，省去节点流量的计算工作量，通常依据用水人口和用水量标准计算出小区的总用水量，然后根据各管段节点的服务范围，按相应比例分配流量到各相关节点，直接得到节点流量。

(3)管网校核计算时节点流量的确定：①管网进行消防校核时，仅考虑在设定的着火点节点处在原节点流量的基础上增加该着火点的消防水量，其余节点流量不变。②管网进行最大转输校核时，对所需转输进水节点的流量等于最大转输时的用水量(不同情况其值不同)加上输入管网中调节构筑物的最大转输水量，其余节点流量均为最大转输时的用水量。当无条件确定最大转输时的用水量时，可考虑在全部节点的最高时节点流量 Q_d 的基础上乘以一个折算系数。③管网进行事故校核时，对于城镇供水管网，通常将其所有节点流量 Q_d 按事故折减系数(70%)折算。

【例 4-1】 已知某城区供水管网为水泵、水塔双向供水，最高日最高时用水量为 291.7 L/s，其中水厂泵房节点供水量为 237.5 L/s，水塔节点供水量为 54.2 L/s，试确定在进行管网消防、最大转输及事故校核时的泵房节点及水塔节点的流量。

解：(1)消防时：考虑分别在泵房供水区域及水塔供水区域各有一着火点，每个着火点的消防水量为 20 L/s，则

泵房节点流量为：

$$237.5+20=257.5\ (L/s)$$

水塔节点流量为：

$$54.2+20=74.2\ (L/s)$$

(2)最大转输时：假定最大转输时的用水量为最高日最高时用水量的 30%(即 87.5 L/s)，水塔所需的转输水量为 58.3 L/s，则

泵房节点流量为：

$$87.5+58.3=145.8\ (L/s)$$

水塔节点流量为：　58.3 L/s

(3)事故时：按事故发生时，应满足设计用水量的 70% 考虑(即 204.2 L/s)，则

泵房节点流量为：

$$237.5\times70\%=166.3\ (L/s)$$

水塔节点流量为：

$$54.2\times70\%=37.9\ (L/s)$$

(三)管段计算流量

城市管网的设计用水量是按最高日最高时进行的，对管网中任一管段的计算流量均包括前述管段的沿线流量和向后续管段转输的流量。那么将管段的节点流量合理地进行分配，使管段计算流量更接近实际，是至关重要的。

1. 流量分配的目的及依据

进行流量分配主要是为了确定管网每一管段的计算流量。由沿线流量简化为管段上各节点的流量加上所有大用户集中用水量(将其集中用水量直接加在相应节点上)的总

和,就是供水水源节点的总流量。按质量守恒原理,第一节点应满足节点流量平衡条件:流入任一节点的流量必须等于流出该节点的流量,即流入等于流出。通常我们规定:流入节点的流量为负,流出为正,用公式表示如下:

$$q_i + \sum q_{ij} = 0 \tag{4-25}$$

式中 q_i——节点 i 的节点流量,L/s;

q_{ij}——连接在节点 i 上的各管段流量,L/s。

2. 流量分配的方法

(1)对单水源枝状管网来说,由于其从水源至用户端管网中各管段的水流方向是唯一的,也就是说对任一管段节点只有唯一的一个流入流量,故任一管段的流量沿水流方向均等于该管段后续所有节点流量之和。如图4-20中管段1-4的流量为 $q_{1-4}=q_4+q_5+q_6+q_7$;管段4-7的流量为 $q_{4-7}=q_7$;管段4-5的流量为 $q_{4-5}=q_5$ 等。由此可见单水源枝状管网流量分配较简单,即任何一个管段的计算流量等于该管段以后所有节点的节点流量的总和。同时也可看出,单水源枝状管网中任一管段若发生断管事故,则该管段后续所有管段均无水。这也体现了单水源枝状管网的供水不可靠性。

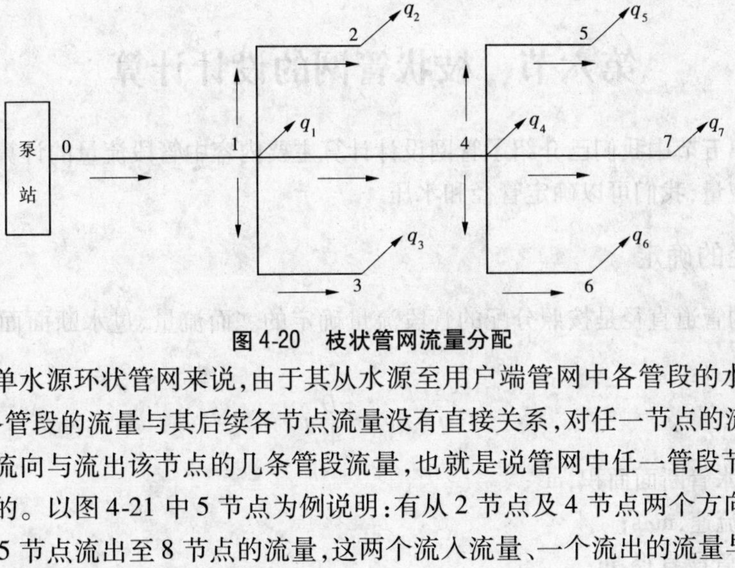

图4-20 枝状管网流量分配

(2)对单水源环状管网来说,由于其从水源至用户端管网中各管段的水流方向不是唯一的,故各管段的流量与其后续各节点流量没有直接关系,对任一节点的流量包含了该节点流量和流向与流出该节点的几条管段流量,也就是说管网中任一管段节点的流入流量不是唯一的。以图4-21中5节点为例说明:有从2节点及4节点两个方向流入5节点的流量和从5节点流出至8节点的流量,这两个流入流量、一个流出的流量与5节点的节点流量应满足节点流量平衡,即 $q_5=q_{2-5}+q_{4-5}-q_{5-8}$。

图4-21 环状管网流量分配

那么对于2－5或4－5管段来说,如果2－5管段流量分配大些,则4－5管段的流量就相应会分配少些,反之亦然。由此可知,对于环状管网来说,其流量分配方案不是唯一的,是有多种组合可能的,在管网设计计算时,我们必须人为地先假定各管段的流量分配值,也叫流量预分配,以此确定管段的经济管径。流量分配可以是多方案的,但都应保证供给用户所需水量的要求,并且满足节点流量平衡条件。在流量预分配时,应遵循经济性和可靠性的原则。

(3)环状管网流量分配的依据是节点流量平衡条件,并保证各干管的流量应沿主要流向逐渐减少,具体步骤如下:a.按供水方向,初步拟定各管段的水流方向,并确定控制点的位置;b.按可靠性原则,选定几条主要的平行干线分配相近流量,避免主要管线损坏时,其余管线负荷过重,使管网流量减少过多;c.对于干管间的连接管可分配相应小些的流量。

(4)对于多水源管网来说,其流量分配原则与要求同单水源管网,所不同的只是多水源管网中存在一供水分界线。我们可先将多水源管网中各水源点所负责的供水区域初步确定,对各区域内的管网流量分配可视为单水源供水考虑,然后对于位于供水分界线上的管段节点流量,可考虑为各水源点对该节点供给的节点流量之和。

第六节　枝状管网的设计计算

在本章第五节中我们已介绍了管网设计计算主要内容中管段流量的计算,那么,依据已知的管段流量,我们可以确定管径和水压。

一、管径的确定

管网中的管道直径是按照分配的管段流量确定的。而流量、过水断面面积及流速有如下关系:

$$q = Av = \frac{\pi D^2}{4} v \tag{4-26}$$

式中　A——水管断面面积,m^2;

v——流速,m/s;

D——管段直径,m;

q——管段流量,m^3/s。

则各管段管径为:

$$D = \sqrt{\frac{4q}{\pi v}} \tag{4-27}$$

由此可知,在流量已知的前提下,要想确定管径则必须先选定流速。为避免因管道流速过大,在突然停水或事故发生等情况下产生水锤现象,或因管道流速过缓而造成的管内沉积严重现象,规定管网中最大设计流速不应超过2.5～3 m/s;最小设计流速通常不得小于0.6 m/s。允许最大与最小流速范围较大,这就要求在选定流速时应依据当地经济条件,考虑管网的基本建设投资造价和经营管理费用,也就是说尽可能地选定一个较经济的流速值。

从公式(4-27)中可见,当流量一定时,管径与流速的平方根成反比,即流速大,则管径小,管网基本建设投资造价低,但管道的水头损失大,所需水泵扬程高,相应的运营管理费用高;反之,流速小,则管径大,管网基本建设投资造价高,但管道的水头损失小,所需水泵扬程低,相应的运营管理费用低。要想使整个项目的综合经济指标最低,则在一定的投资偿还期限内,应使管网的基本建设投资与运营管理费用之和最低。这时所对应的流速即为经济流速。

经济流速的计算较复杂,一般采用界限流量(见表4-2)确定经济管径;在条件不具备时,也可采用平均经济流速(见表4-3)确定管径,得出近似经济管径。一般大管取较大的经济流速,小管取较小的经济流速。

表4-2 界限流量

管径(mm)	界限流量(L/s)	管径(mm)	界限流量(L/s)	管径(mm)	界限流量(L/s)
100	<9	350	68~96	700	355~490
150	9~15	400	96~130	800	490~685
200	15~28.5	450	130~168	900	685~822
250	28.5~45	500	168~237	1 000	822~1 120
300	45~68	600	237~355		

表4-3 平均经济流速

管径 D(mm)	平均经济流速 v_e (m/s)
100~400	0.6~0.9
>400	0.9~1.4

上述经济管径的确定是考虑了水泵供水的工况,也即考虑了水泵扬程所引起的电费运营管理费用的因素。而对于一些利用重力供水的工况,因其供水点的水位标高高于供水服务区域内的用户所需水压,两者的标高差可以促使水在管道中流动,无需消耗电能,这时各管段的经济管径或经济流速,应按输水管(渠)和管网通过设计流量时的水头损失总和等于或略小于可利用的标高差来确定。

在确定管径时还应该注意:当按经济流速确定的最小管径不能满足消防要求的最小管径时,应按消防要求的最小管径(通常室外消防给水管径不得小于100 mm)选定;对于管网中的连接管,为保证其供水安全性,其管径按与它相连接的次要干管管径相当或小一号确定,而不用过多地考虑经济性;对管径放大一级(如由100 mm放大至150 mm)与缩小一级(如由250 mm缩小至200 mm)所引起管道水头损失变化量的不同,一般在管网起端的大口径管道可按略高于平均经济流速确定管径,而管网末端小口径管道可按略低于平均经济流速确定管径。

二、水头损失的计算

在水力学课程中我们知道,在水流经管道时有两种损失,即沿程水头损失和局部水头损失。

(1)沿程水头损失:指为克服沿程阻力而引起的单位重量水体在运动过程中的能量损失。可用公式(4-28)表示:

$$h_l = iL \tag{4-28}$$

式中 h_l——沿程水头损失,m;

i——单位管段长度的水头损失,或水力坡度,见《给排水设计手册第一册》;

L——管段长度,m。

(2)局部水头损失:指为克服局部阻力而造成单位重量水体的机械能损失。可用公式(4-29)表示:

$$h_j = \xi \frac{v^2}{2g} \tag{4-29}$$

式中 h_j——沿程局部水头损失,m;

ξ——局部水头损失系数,见《给排水设计手册第一册》;

v——流速,m/s。

三、枝状管网水力计算

前面我们已经介绍了枝状管网的特点,即从供水起点到任一节点的水流路线只有一条,每一管段只有唯一确定的计算流量。因此,枝状管网的水力计算较简单。

(一)计算顺序

先计算对供水经济性影响最大的干管所组成的管线(通常指管网起点到控制点的管线),再计算支管管线。

(二)计算方法

按起点水压未知和起点水压已知两种工况考虑。

(1)当起点水压未知时,干管计算按经济流速和流量选定管径,计算各节点的水头损失。此时支管的起点和终点水压均为已知,则支管的计算可充分利用起点现有水压条件选定管径,但需考虑技术上对流速的要求,若支管负担消防任务,管径还应满足消防要求。

(2)当起点水压已知时,干管和支管的计算方法同起点水压未知情况下的支管计算方法一致。

(三)水力计算步骤

(1)按城镇管网布置图,绘制计算草图,并对节点和管段顺序编号,标明管段长度和节点地形标高。

(2)流量计算,包括最高日最高时总用水量的计算、计算管段长度的确定、比流量的计算、节点流量的计算、集中用水点的确定、管段流量的计算。并将节点流量和管段流量标注在管网计算图上。

(3)初定控制点,以供水水源点至选定控制点的干管管线作为计算管线,按经济流速求出管径和水头损失,然后再计算各支管段的管径和水头损失,从而得到各节点的水压值。

(4)校核各节点的富裕水头是否满足规定的最小自由水头的要求。若满足,则可进行下一步计算;若不满足,则应重新选择控制点再按第三步进行直至满足要求为止。

(5)水塔高度和水泵扬程的计算可依据控制点要求的最小服务水头及所计算出的从供水水源点到控制点管线的总水头损失求出。

(6)根据管网各节点的压力和地形标高,绘制等水压线和自由水压线图。

(四)计算实例

【例 4-2】 某城镇区域供水范围内的现状居民人口数是 347 人,无工业用水,居民住宅以两层居多。设计年限内人口的自然增长率为 12‰,工程设计年限取 20 年,最高日居民生活用水定额取 100 L/(人 · d)。管网布置如图 4-22 所示,每日供水时间按 16 h 计算,用水量时变化系数 $K_h = 3.0$,试进行管网水力计算。

解:(1)总用水量(Q_d)的计算。

$$Q_d = Q_1 + Q_2 + Q_3 + Q_4 + Q_5 + Q_6$$

①居住区最高日生活用水量 Q_1 的计算:

$$Q_1 = Pq/1\ 000$$

其中

$$P = P_0(1+K)^n$$

式中 Q_1——居民生活用水量,m^3/d;

P——设计用水居民人数,人;

P_0——供水范围内的现状居民人数,347 人;

K——设计年限内人口的自然增长率,取 12‰;

n——工程设计年限,在此取 20 年;

q——最高日居民生活用水定额,L/(人 · d)。

则

$$\begin{aligned} Q_1 &= Pq/1\ 000 \\ &= P_0(1+K)^n \cdot q/1\ 000 \\ &= 347 \times (1 + 12‰)^{20} \times 100/1\ 000 \\ &= 440 \times 100/1\ 000 \\ &= 44(m^3/d) \end{aligned}$$

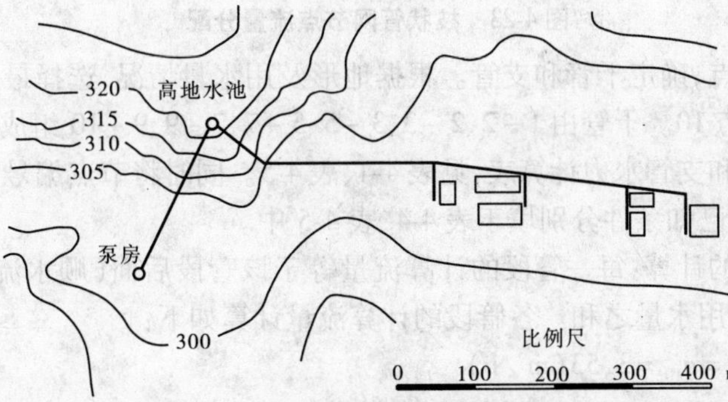

图 4-22　管网布置图

②公共建筑用水量 Q_2 的计算:在资料缺乏的情况下可按居住区最高日生活用水量 Q_1 的 10% 考虑

$$Q_2 = 10\% Q_1 = 10\% \times 44 = 4.4(m^3/d)$$

③其他用水量 Q_3 的计算,按居民生活用水量的 15% 估算:

$$Q_3 = 15\% Q_1 = 15\% \times 44 = 6.6(\mathrm{m^3/d})$$

④企业用水量 Q_4 的计算，因该区域内无用水大户和相关企业信息，故取 $Q_4 = 0$。

⑤消防水量 Q_5 不在本管网设计中考虑。

⑥管网漏失水量和未可预见用水量 Q_6 的计算，按以上各用水量之和的百分比计算，其中漏失水量按15%取值，未预见水量按5%取用，合计为20%。

$$\begin{aligned} Q_6 &= 20\% \times (Q_1 + Q_2 + Q_3 + Q_4 + Q_5) \\ &= 20\% \times (44 + 4.4 + 6.6) \\ &= 11(\mathrm{m^3/d}) \end{aligned}$$

则最高日用水量为：

$$\begin{aligned} Q_d &= Q_1 + Q_2 + Q_3 + Q_4 + Q_5 + Q_6 \\ &= 44 + 4.4 + 6.6 + 11 \\ &= 66(\mathrm{m^3/d}) \end{aligned}$$

最高日平均时设计用水量 Q_h 为：

$$Q_h = K_h Q_d / 16 = 3.0 \times 66/16 = 12.375(\mathrm{m^3/h})$$

(2)节点流量的确定。按比例分配法，将人口数与用水量标准计算出来的总用水量，依据服务范围(这里主要是指按各节点所服务的人口数)按比例进行节点流量分配。如图4-23所示。

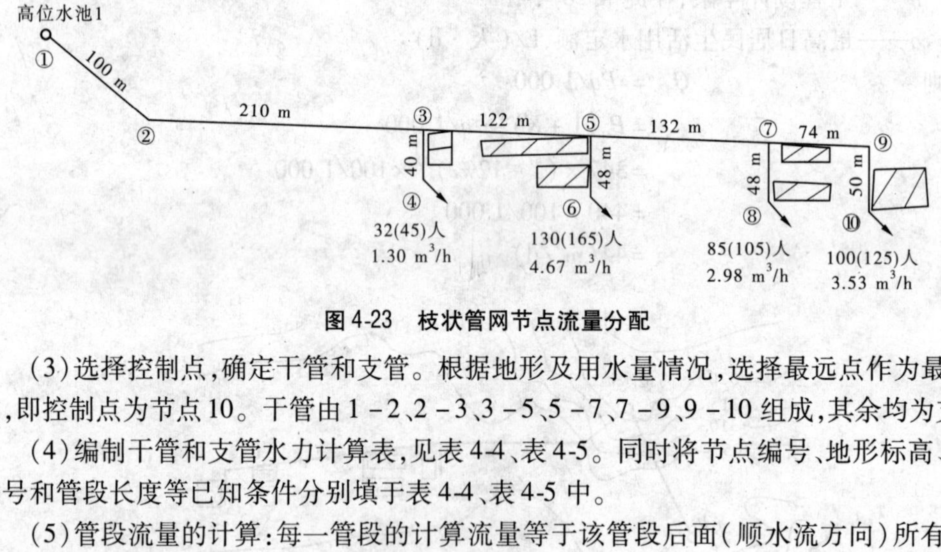

图4-23　枝状管网节点流量分配

(3)选择控制点，确定干管和支管。根据地形及用水量情况，选择最远点作为最不利点，即控制点为节点10。干管由1－2、2－3、3－5、5－7、7－9、9－10组成，其余均为支管。

(4)编制干管和支管水力计算表，见表4-4、表4-5。同时将节点编号、地形标高、管段编号和管段长度等已知条件分别填于表4-4、表4-5中。

(5)管段流量的计算：每一管段的计算流量等于该管段后面(顺水流方向)所有节点流量和大用户集中用水量之和。各管段的计算流量计算如下：

$$q_{9-10} = q_{10} = 3.53(\mathrm{m^3/h})$$

$$q_{7-9} = q_{10} = 3.53(\mathrm{m^3/h})$$

$$q_{5-7} = q_{10} + q_8 = 3.53 + 2.98 = 6.51(\mathrm{m^3/h})$$

$$q_{3-5} = q_{10} + q_8 + q_6 = 3.53 + 2.98 + 4.67 = 11.18(\mathrm{m^3/h})$$

$$q_{2-3} = q_{10} + q_8 + q_6 + q_4 = 3.53 + 2.98 + 4.67 + 1.20 = 12.38(\mathrm{m^3/h})$$

$$q_{1-2} = q_{10} + q_8 + q_6 + q_4 = q_{2-3} = 12.38(\mathrm{m^3/h})$$

同理可得其余管段流量，将管段流量计算结果分别列于表4-4、表4-5中。

(6)水头损失计算：根据管段流量及流速（在经济流速 $v=0.6\sim1.0$ m/s 范围内取用），从《给排水设计手册第1册（常用资料）》中可查塑料管水力计算表，得到相适应的管径 D，并用内差法计算出 $1\ 000i$ 和对应的实际流速 v；水头损失按 $h=iL$ 计算；最后将结果分别填入表4-4主干管水力计算表中。

初步确定用户用水，按两层计算，即最不利点节点10处的最小自由水压为11.47 m。则节点10的水压标高为该节点地形标高与最小自由水压之和，即 300.72 + 11.47 = 312.19(m)。

节点9的水压标高为10节点水压标高加上9－10管段的水头损失，即 312.19 + 1.64 = 313.83(m)；节点9的自由水压为该节点的水压标高减去其地形标高，即 313.83 − 300.82 = 13.01(m)。

其他干管节点水压标高及自由水压值如表4-4所示。

表4-4　主干管水力计算

节点	地形标高(m)	管段编号	管段长度 L(m)	流量 Q (m^3/h)	管径 D (mm)	1 000i	流速 v (m/s)	水头损失 h(m)	水压标高(m)	自由水压(m)
(1)	(2)	(3)	(4)	(5)	(6)	(7)	(8)	(9)	(10)	(11)
10	300.72								312.19	11.47
		9－10	50	3.53	32	32.86	0.96	1.64		
9	300.82								313.83	13.01
		7－9	74	3.53	32	32.86	0.96	2.43		
7	301.50								316.26	14.76
		5－7	132	6.51	50	9.98	0.68	1.32		
5	301.00								317.58	16.58
		3－5	122	11.18	70	10.61	0.81	1.29		
3	301.86								318.87	17.01
		2－3	210	12.38	80	5.33	0.62	1.11		
2	305.00								319.98	14.98
1	320.51	1－2	100	12.38	80	5.33	0.62	0.53	320.51	0.00

同理各配水支管的节点水压标高及自由水压计算结果见表4-5。

(7)确定高地水池节点1的地形标高(Z_t)，这时考虑水柜底面距地面的高度 H_t 为0；高地水池节点1与节点2间的水头损失为0.53 m；节点2至控制点的水头损失之和为 1.64 + 2.43 + 1.32 + 1.29 + 1.11 = 7.79(m)。

由公式4-14得：

$$H_t = H_C + h_n - (Z_t - Z_c) \quad (\text{m})$$

$$\begin{aligned} Z_t &= H_C + h_n + Z_c - H_t \\ &= 12 + 7.79 + 300.72 - 0 \\ &= 320.51(\text{m}) \end{aligned}$$

则高地水池的地形标高为 320.51m。

表 4-5　支管水力计算

节点	地形标高 (m)	管段编号	管段长度 L(m)	流量 Q (m^3/h)	管径 D (mm)	1 000i	流速 v (m/s)	水头损失 h(m)	水压标高 (m)	自由水压 (m)
(1)	(2)	(3)	(4)	(5)	(6)	(7)	(8)	(9)	(10)	(11)
4	301.70	3－4	40	1.20	20	51.03	0.66	2.04	317.36	15.66
6	300.60	5－6	48	4.67	40	16.75	0.75	0.84	317.27	16.67
8	300.85	7－8	48	2.98	32	24.33	0.79	1.17	315.62	14.77

第七节　环状管网的设计计算

环状管网的设计计算，是在管网图形简化的基础上进行的。与枝状管网一样，仍然是依据节点流量进行管段流量分配，然后确定管径和水压。管径的确定与枝状管网是一样的，但管段的流量分配及水头损失的计算有所不同。

一、计算公式

（一）$\sum q = 0$　　(4-30)

该公式反映的是节点流量的平衡条件，也即连续性方程。具体说就是流向任一节点的流量之和，都应该等于流离该节点的流量(包括节点流量)之和。通常规定流离节点的流量为正，流向节点的流量为负。

（二）$\Delta h = 0$　　(4-31)

该公式反映的是闭合环路内水头损失的平衡条件，也即能量方程。具体说就是每一闭合环路中，以水流为顺时针方向的管段水头损失为正值，逆时针方向为负值，顺时针方向的管段水头损失累加值应该与逆时针方向的管段水头损失累加值相等。

我们以图 4-24 中 1－2－5－4－1 环(称为Ⅰ环)来说明：对Ⅰ环，从节点 1 经节点 2 流向节点 5，其水头损失为 h_{1-2-5}，同时，从节点 1 经节点 4 流向节点 5，其水头损失为 h_{1-4-5}，假定节点 1 与节点 5 的水压标高分别为 H_1、H_5，则：依据并联管路的原理有 $H_1 - H_5 = h_{1-2-5} = h_{1-4-5}$；依据串联管路的原理有 $h_{1-2-5} = h_{1-2} + h_{2-5}$，$h_{1-4-5} = h_{1-4} + h_{4-5}$。

由此可知：$h_{1-2} + h_{2-5} = h_{1-4} + h_{4-5}$，即 $h_{1-2} + h_{2-5} - h_{1-4} - h_{4-5} = 0$。

我们知道，在流量初分配时，其管网中各节点流量均已平衡，满足公式(4-30)的要求。

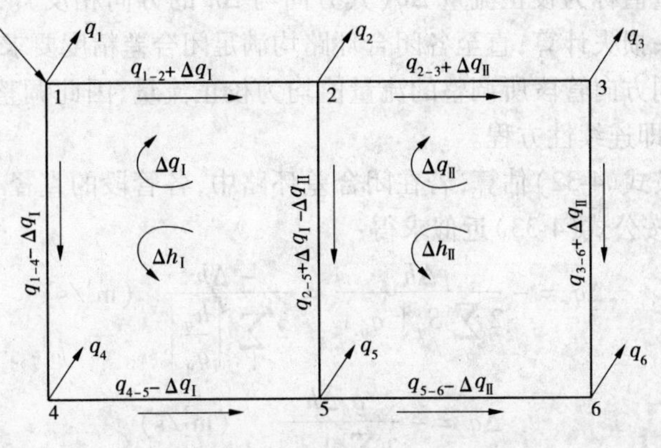

图 4-24　环状管网流量调整(闭合差同向)

然而,在此平衡流量的条件下,我们按照经济流速确定管径,并由此计算出各管段的水头损失值,这一水头损失值并不一定满足公式(4-31)的要求,也即不满足闭合环路内水头损失的平衡条件。当所计算的水头损失值满足公式(4-31)的要求时,说明管网中流量的分配与实际情况相符。当所计算的水头损失值不满足公式(4-31)的要求时,则说明管网中流量的分配与实际情况不符,这时应该重新调整流量分配值,直至所计算出的水头损失值满足闭合环路内水头损失的平衡条件,才能以此水头损失值进行各节点的水压、水泵扬程和水塔高度的确定。

二、环状管网平差的基本概念

(一)环路闭合差的含意

在实际设计计算中,是很难达到闭合环路内水头损失的平衡条件要求的,通常在闭合环路内顺时针方向水头损失与逆时针方向水头损失,都会有一定的差值,我们称这一差值为环路闭合差。若闭合差为正,即 $\Delta h>0$,说明水流顺时针方向的各管段中所分配的流量大于实际流量值,水流逆时针方向各管段中所分配的流量小于实际流量值。

(二)环路闭合差的控制条件

(1)手工计算时,对于小环,也就是指基环,其环路闭合差(Δh)要求≤0.5 m;

(2)手工计算时,对于大环,也就是指包含有基环的环,其环路闭合差(Δh)要求≤1.0 m;

(3)当采用电算时,无论大小环,其闭合差均可达到所需精度,一般规定环路闭合差(Δh)为 0.01 ~0.05 m 就表示满足闭合环路内水头损失的平衡条件。

(三)管网平差的定义及调整方法

(1)定义:为消除环状管网内的闭合差而进行流量调整的计算过程,称之为管网平差。

(2)调整方法:当 $\Delta h>0$,说明环中顺时针方向各管段的初步分配流量过大,而环中逆时针方向各管段的初步分配流量过小;反之,当 $\Delta h<0$,说明环中顺时针方向各管段的初步分配流量过小,而环中逆时针方向各管段的初步分配流量过大。

这一增减流量值称为校正流量 Δq（其方向与 Δh 的方向相反）。利用调整后的管段流量再次进行水头损失计算，直至各闭合环路均满足闭合差精度要求，此时可停止进行管网平差。由于不同方向管段所调整的流量值均为校正流量，因此调整后的节点流量仍应满足公式(4-30)，即连续性方程。

校正流量可按式(4-32)估算，若在闭合差环路中，各管段的直径与长度相差不大，校正流量(Δq)亦可按公式(4-33)近似求得：

$$\Delta q = -\frac{\Delta h}{2\sum S_{ij}\mid q_{ij}\mid} = \frac{-\Delta h}{2\sum\left|\frac{h_{ij}}{q_{ij}}\right|} \quad (\mathrm{m^3/s}) \tag{4-32}$$

$$\Delta q = -\frac{q_p \Delta h}{2\sum\mid h\mid} \quad (\mathrm{m^3/s}) \tag{4-33}$$

式中 q_P——计算环路中各管段流量（以绝对值代入）的平均值，$\mathrm{m^3/s}$；

Δh——闭合差，m；

$\sum\mid h\mid$——计算环路中各管段水头损失的绝对值之和，m；

S_{ij}——环路内 ij 管段的摩阻 $S_{ij}=\alpha_{ij}L_{ij}$，α_{ij} 为 ij 管段的摩阻系数，L_{ij} 为 ij 管段的长度，m；

q_{ij}——环路内 ij 管段的流量，$\mathrm{m^3/s}$；

h_{ij}——环路内 ij 管段的水头损失，m。

三、环状管网的设计计算

（一）环状管网设计计算的步骤

(1)按城镇管网布置图，进行图形简化，确定环数。

(2)绘制管网平差运算图，对各节点和管段顺序编号，标明管段长度和节点地形标高。

(3)按最高日最高时用水量计算节点流量，并在节点旁引出箭头，注明节点流量。大用户的集中流量也标注在相应节点上。

(4)初步选定控制点，拟定水流方向，进行流量的初步分配。

(5)根据初步分配的流量，按经济流速选用管网各管段的管径。对在供水水源点（如水厂二级泵站、水塔等）附近的管网流速宜选择略高于经济流速或采用上限；对管网末端的流速宜小于经济流速或采用下限。

(6)依据所分配的流量及按经济流速选定的管径，进行各管段的水头损失(h)计算，即 $h=ij$。同时计算各个环内的水头损失代数和，即各环闭合差 Δh。

(7)校核。若所计算得出的闭合差 Δh 不符合闭合差精度要求，须进行管网平差，即用校正流量进行调整，通常先大环后小环调整。

(8)经调整后，若闭合差仍不满足闭合差精度要求，则继续调整试算，直至各环闭合差达到闭合差精度要求为止。

(9)按控制点要求的最小服务水头和从水泵到控制点管线的总水头损失，求出水塔高度和水泵扬程。

（10）根据管网各节点的压力和地形标高，绘制等水压线和自由水压线图。

（二）环状管网平差的方法

1. 哈代－克罗斯法

哈代－克罗斯法也称为洛巴切夫法，它是最早，也是目前仍广泛应用的管网分析方法。

1）含义

对根据初分配的管段流量计算得到各基环的闭合差不满足规定的精度要求时，对各基环同时引入校正流量（校正流量 Δq 与闭合差 Δh 方向相反），因此凡是水流方向与校正流量方向一致的管段，加上校正流量；方向相反时则减去校正流量，得到第一次调整后的管段流量，重新计算环内各管段的水头损失，得到新的闭合差 Δh，直至新的闭合差 Δh 满足精度要求，否则继续引入新的校正流量进行调整。对于两相邻环的公共管段，应按相邻两环的校正流量符号，考虑相邻环校正流量的影响。

2）计算步骤

（1）依据城镇供水情况，拟定环状管网中各管段的水流量方向，按每一节点满足公式（4-30），即连续性方程的条件，同时考虑供水可靠性与经济合理性要求来进行流量分配，得到初步的管段流量分配。

（2）由初分配的管段流量进行水头损失的计算。

（3）假定各环内水流顺时针方向管段中的水头损失为正，逆时针方向管段中的水头损失为负，计算各环管段的水头损失代数和。若水头损失代数和不等于零，则其差值即为第一次闭合差 $\Delta h^{(1)}$；若 $\Delta h^{(1)}$ 满足精度要求，则停止计算，否则按下一步骤进行。

若 $\Delta h^{(1)}>0$，说明环中顺时针方向各管段的初步分配流量过大，而环中逆时针方向各管段的初步分配流量过小；反之，若 $\Delta h^{(1)}<0$，说明环中顺时针方向各管段的初步分配流量过小，而环中逆时针方向各管段的初步分配流量过大。

（4）计算各环内所有管段的平均流量或管段摩阻，按公式（4-32）及（4-33）进行校正流量的计算。

如果闭合差为正，校正流量即为负；反之闭合差为负，则校正流量为正。

（5）将校正流量以与管段流向同向时加入，异向时扣减的方法进行各管段流量的调整。得到第一次校正后的管段流量。

（6）利用第一次校正后的管段流量，再回到第二步反复计算直至各环闭合差达到精度要求为止。

3）流量调整

图 4-24 是一个具有两个基环的环状管网，根据初步分配流量求出两个环的闭合差为：

环Ⅰ：$\Delta h_{\mathrm{I}}=(h_{1-2}+h_{2-5})-(h_{1-4}+h_{4-5})<0$

环Ⅱ：$\Delta h_{\mathrm{II}}=(h_{2-3}+h_{3-6})-(h_{2-5}+h_{5-6})<0$

在图 4-24 中，闭合差 Δh_{I}、Δh_{II} 用逆时针方向的箭头表示。因闭合差 Δh_{I} 的方向为负，所以校正流量 Δq_{I} 的方向为正，在图 4-24 中用顺时针方向的箭头表示；校正流量 Δq_{II} 的方向为正，在图 4-24 中用顺时针方向的箭头表示。

校正流量为：

环Ⅰ：

$$\Delta q_{\mathrm{I}}=\frac{q_p\Delta h}{2\sum h}=\frac{1}{2}\times\frac{|q_{1-2}|+|q_{2-5}|+|q_{1-4}|+|q_{4-5}|}{4}\times\frac{\Delta h_{\mathrm{I}}}{|h_{1-2}|+|h_{2-5}|+|h_{1-4}|+|h_{4-5}|}\quad(\mathrm{m^3/s})$$

环Ⅱ：

$$\Delta q_{\mathrm{II}}=\frac{q_p\Delta h}{2\sum h}=\frac{1}{2}\times\frac{|q_{2-3}|+|q_{3-6}|+|q_{2-5}|+|q_{5-6}|}{4}\times\frac{\Delta h_{\mathrm{II}}}{|h_{2-3}|+|h_{3-6}|+|h_{2-5}|+|h_{5-6}|}\quad(\mathrm{m^3/s})$$

计算整管段流量时，在环Ⅰ内，因管段1－2和2－5的初步分配流量与Δq_{I}方向相同，须在管段1－2和2－5加上Δq_{I}，管段1－4和4－5的初步分配流量与Δq_{I}方向相反，则在管段1－4和4－5减去Δq_{I}；同样，在环Ⅱ内，因管段2－3和3－6的初步分配流量与Δq_{II}方向相同，须在管段2－3和3－6上加上Δq_{II}，管段2－5和5－6的初步分配流量与Δq_{II}方向相反，则在管段2－5和5－6减去Δq_{II}。但由于管段2－5是公共管段，同时受到环Ⅰ和环Ⅱ校正流量的影响，调整后的流量为：

$$q'_{2-5}=q_{2-5}+\Delta q_{\mathrm{I}}-\Delta q_{\mathrm{II}}$$

由于初步分配时已符合节点流量平衡条件，即满足了连续性方程，故每次调整流量时能自动满足此条件。

4）说明

在流量调整平差过程中，某一环的闭合差符号可能会有所变化，即顺时针方向变为逆时针方向，或相反，有时闭合差的绝对值反而增大，这主要是因为我们在平差中所采用的校正流量计算公式，在其公式推导过程中，忽略了Δq的平方项（Δq^2）及各环相互影响的结果。

2. 简化法

（1）简化法，又称最大闭合差的环校正法。是指在管网计算第次迭代过程时，不须对各环同时校正，而只是对整个管网中闭合差最大的一部分环进行校正，这样的校正平差方法称为简化法或最大闭合差的环校正法。

（2）简化法与哈代－克罗斯法所不同的是其在平差时，只是对闭合差最大的一个环或若干个环进行计算，而不是全部环，这样减少了许多计算工作量，尤其是在采用手工计算时，此方法突显其优势。

通过对大环的平差，与大环异号的相邻环，其闭合差会相应减小，这也就是选择大环得以加速平差结果的关键所在。

（3）计算步骤：①与哈代－克罗斯法计算步骤中的前3步一样。流量分配、管段水头损失计算、闭合差计算。②选择闭合差大的一个环或将闭合差较大且方向相同的相邻基环连成大环。对环数较多的管网可能会有几个大环。③对选定的大环进行平差，即校正大环中各管段的流量,并依据校正后管段的流量计算水头损失,以确定大环的闭合差,直到大环闭合差满足精度要求为止。

大环闭合差等于各基环闭合差之和。

(4)当两环闭合差方向相同时(如均为逆时针),$\Delta h_{\mathrm{I}}<0$,$\Delta h_{\mathrm{II}}<0$,则大环 $\Delta h_{\mathrm{III}}<0$,为逆时针。

以图4-24为例说明。前述已说明在图4-24中有两个基环,在利用哈代-克罗斯法分别对两个基环引入校正流量 Δq_{I} 和 Δq_{II} 时,环Ⅰ与环Ⅱ两基环的闭合差均有减少,但由于公共管段2-5的校正流量为 $\Delta q_{\mathrm{II}}-\Delta q_{\mathrm{I}}$,相互抵消,使环Ⅰ与环Ⅱ的闭合差降低幅度较小,平差效率较低。若只对环Ⅰ引入校正流量 Δq_{I},则环Ⅰ闭合差 Δh_{I} 会降低,但对环Ⅱ来说,由于只是管段2-5的流量变化,则 Δh_{II} 相反增大,反之亦然。这样的平差效果较差。那么,当采用最大闭合差的环校正法时,情况就有所不同了。我们将图4-24中的环Ⅰ与环Ⅱ两基环构成一个大环Ⅲ(1-2-3-6-5-4-1)。对其大环Ⅲ引入校正流量 Δq_{III},当大环Ⅲ闭合差降低时,环Ⅰ与环Ⅱ两基环的闭合差绝对值也相应降低。这就说明了,对大环校正,多环受益,平差效果好。

(5)当两环闭合差方向相反时,见图4-25,$\Delta h_{\mathrm{I}}>0$,$\Delta h_{\mathrm{II}}<0$,且 $|\Delta h_{\mathrm{I}}|>|\Delta h_{\mathrm{II}}|$,则 $\Delta h_{\mathrm{III}}=\Delta h_{\mathrm{I}}-\Delta h_{\mathrm{II}}>0$。这时按两种情况考虑:①对大环Ⅲ引入校正流量 Δq_{III},大环闭合差降低的同时,与大环闭合差同号的环Ⅰ闭合差随之降低,但和大环异号的环Ⅱ闭合差的绝对值反而增大,故此时不宜做大环平差。②若只对单环校正如对环Ⅰ引入校正流量 Δq_{I},则 Δh_{I} 会降低,因公共管段2-5流量的变化,使邻环Ⅱ闭合差绝对值也相应减小。

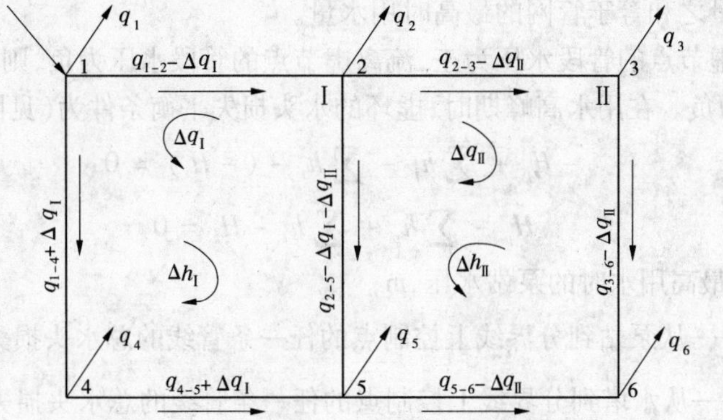

图4-25 环状管网流量调整(闭合差异向)

由此可见,当两基环闭合差方向相同时,对基环组成的大环引入校正流量进行平差;或当两基环闭合差方向相反时,对两基环中闭合差大的基环引入校正流量,进行平差,则一环平差,多环受益。

对大型管网,如果同时连接几个大环平差时,应先对闭合差最大的环进行计算,因为其对其他环的影响较大,有时甚至可使其他环的闭合差改变方向。如先对闭合差小的大环进行调整计算,其调整效果对闭合差的大环来说影响较小,为了反复消除闭合差,将会增加计算次数。

在采用简化法计算时，关键是大环的选择，而且在每一次校正平差后，重新调整前，均要求重新选定大环。其校正流量仍可采用公式(4-32)和公式(4-33)。

(三)多水源环状管网水力计算

多水源环状管网的供水形式在城镇，尤其是大城市运用较多。多水源管网的水力计算原理基本与单水源管网相同。但从第五节内容我们知道，对于多水源来说由于某些管段可能同时径流各水源的流量，并随各水源所输入流量的大小、水压力的高低不同而流量分配不同。

从图4-26可看出：当城市管网处于用水高峰期，水泵站和水塔共同工作，这时属于多水源管网的供水形式。当城市管网处于用水低峰期，水塔不向管网供水，整个管网供水完全由水泵站负责，同时水泵站还担负有向水塔供水的任务，即管网处于最大转输状态，这时属于单水源管网的供水形式。

在第五节管网简化内容中已经介绍了虚环的概念，对多水源管网引入虚环可使其变成单水源管网。对虚环中的虚节点的位置可任意设定，其水压可设为零，同时，由于虚管中无水流通过，也就是说虚管段无流量，没有水头损失，只表示按某一基准面算起的水压值(如水泵扬程或水塔高度)。

如图4-26(a)所示，在用水高峰期，从虚节点0流向泵站的流量 Q_p 即为泵站的供水量。此时水塔也向管网供水，则虚节点0流向水塔的流量 Q_t 即为水塔的供水量。这时虚节点0满足的流量平衡条件为：

$$Q_p + Q_t = \sum Q \tag{4-34}$$

即各水源供水量之和等于管网的最高时用水量。

假定流向虚节点的管段水压为正，流离虚节点的管段水压为负，则由泵站供水的虚管段，其水压 H 为负。在用水高峰期时，虚环的水头损失平衡条件为(见图4-27)：

$$-H_p + \sum h_p - \sum h_t - (-H_t) = 0 \tag{4-35}$$

或

$$H_p - \sum h_p + \sum h_t - H_t = 0 \tag{4-36}$$

式中 H_p ——最高用水时的泵站水压，m；

$\sum h_p$ ——从泵站到分界线上控制点的任一条管线的总水头损失，m；

$\sum h_t$ ——从水塔到分界线上控制点的任一条管线的总水头损失，m；

H_t ——水塔的水位标高，m。

如图4-26(b)所示，在用水低峰期，即最大转输时的虚节点流量平衡条件为(见图4-27)：

$$Q'_p = Q'_t + \sum Q' \tag{4-37}$$

式中 Q'_P——最大转输时的泵站供水量，L/s；

Q'_t——最大转输时进入水塔的流量，L/s；

$\sum Q'$——最大转输时管网用水量，L/s。

此时，虚环在最大转输时的水头损失平衡条件为：

$$H'_p = H'_t + \sum h' \tag{4-38}$$

式中　H'_p——最大转输时的泵站水压，m；

$\sum h'$——最大转输时从泵站到水塔的总水头损失，m；

H'_t——最大转输时的水塔水位标高，m。

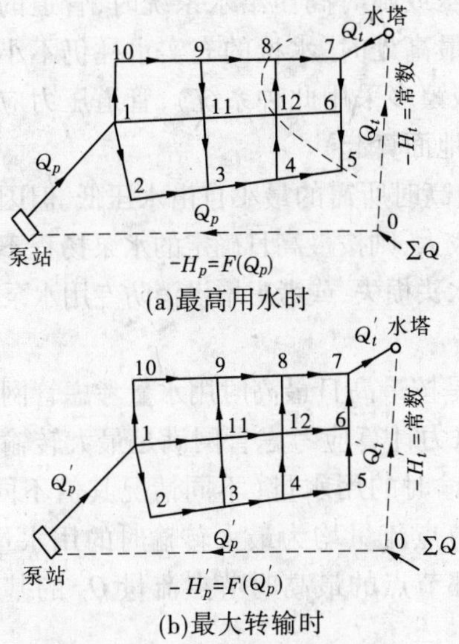

图 4-26　对置水塔的工作情况

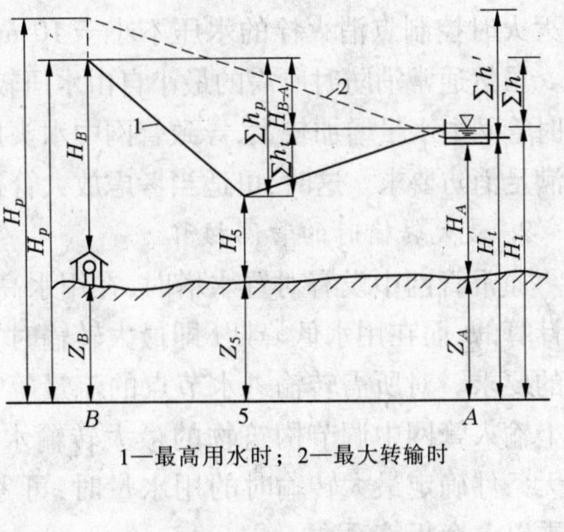

图 4-27　对置水塔管网的能量平衡条件

在多水源环状管网的计算中，由于多个配水源与管网是联合工作的，因此在进行管网平差时，将虚环和实环视为一个整体，同时平差。闭合差和校正流量的计算方法与单水源管网相同。管网计算结果应满足下列条件：

(1)进出每一节点的流量(包括虚流量)总和等于零，即满足连续性方程见公式(4-30)；

(2)每环(包括虚环)各管段的水头损失代数和为零，即满足能量方程见公式(4-31)；

(3)各配水源供水至分界线上各处水压应相同，即从各配水源至供水分界线上控制点的沿线水头损失之差，应等于水源的水压差。

(四)几种特殊工况的管网校核条件

在本章第五节我们已提到，在管网设计计算时是按最高日最高时用水量考虑的，但对于几种特殊工况条件下的管网应进行校核计算，以确保安全经济地供水。

1. 消防时的管网核算

管网进行消防水量校核时，应考虑在设定的着火点节点处在原节点流量的基础上增加该着火点的消防水量，其余节点流量不变。在这一节点流量的基础上进行流量分配，求出消防用水时的管段流量水头损失。管网的灭火点数目及灭火用水量均按现行《建筑设计防火规范》(GBJ 16—87)(2001 年版)及《高层民用建筑设计防火规范》(GB 50045—95)(2005 年版)确定。对于只设定一个着火点的，考虑设在控制点处；对于同时有两处着火的，则两个着火点可考虑一个设在控制点,一个设在用水量集中、大用户或远离供水点处。

在考虑了消防水量的前提下对管网进行水力计算,其方法同前面所述的环状管网水力计算方法。这里须注意的是,在按最高日最高时计算时,是以管网用户端所需最小自由水压为控制条件,而在进行消防校核计算时,应以《建筑设计防火规范》(GBJ 16—87)(2001 年版)及《高层民用建筑设计防火规范》(GB 50045—95)(2005 年版)中对管网压力的规定为控制依据。对室外消防给水系统采用高压或临时高压给水系统时,管道的压力应保证用水总量达到最大且水枪在任何建筑物的最高处时,水枪的充实水柱仍不小于 10 m。当消防给水系统采用低压给水系统时(目前城镇多采用此种系统),管道压力应保证灭火时控制点消火栓的水压不小于 10 m 水柱(从地面算起)。

虽然通常消防时所需的最小自由水压较最高日最高时所需的最小自由水压低,但因消防时管网中水量增加较大,导致管网中水头损失增加较大,则按最高日确定的水泵扬程不一定满足消防要求。这时,可适当考虑放大管径以减小水头损失,或考虑增设消防专用水泵。

2. 最大转输时的管网核算

通常管网中设有对置水塔时,在用水高峰期时,是按最高日最高时用水量考虑管网水力计算的,而在用水低峰期(即最大转输时)的管网水力计算应考虑管网满足最大转输水量的要求。对所需转输进水节点的流量等于最大转输时的用水量(不同情况其值不同)加上输入管网中调节构筑物的最大转输水量,其余节点流量均为最大转输时的用水量。当无条件确定最大转输时的用水量时,可考虑在全部节点的最高时节点流量 Q_d 的基础上乘以一个折算系数。

其水力计算方法同前面所述的环状管网水力计算方法。只是管网水压计算应以当最大转输流量输入水塔最高水位所需水压为控制依据。

3. 事故时的管网核算

对于城镇给水管网来说,允许当给水管道发生事故(如爆管、断管等)及日常维修时供水量降低,通常事故流量降落比(指事故管网供水流量与最高时设计流量的比值)不得低于最高时设计用水量的 70%。因此,在进行事故管网核算时,应以事故发生时的供水量进行水力计算。通常将其所有节点流量 Q_d 按事故折减系数(70%)折算。具体计算方法仍同前面所述的环状管网水力计算方法。事故管网核算时,水压力的控制仍以满足最高日最高时城镇供水的最小自由水压为控制依据。

(五)管网计算成果的整理

在管网平差计算完成后,还应从控制点开始向水泵站或水塔方向进行管网各节点水压标高和自由水压的计算,绘制管网水压线图(反映管线的负荷)并确定水泵总扬程和水塔高度。

(六)计算实例

【例 4-3】 城镇市政管网布置图如图 4-28 所示。该城镇规划人口密度为 350 人/hm^2,城镇总面积是 110.61 hm^2,自来水普及率为 95%。甲工厂工人总数 1 500 人,分两班,每班 8 h 工作,第一班 800 人,使用淋浴者 152 人,其中热车间 96 人;第二班 700 人,使用淋浴者 133 人,其中热车间 84 人;高温加工车间占 30%。乙工厂共有两个车间,一车间最大班职工人数为 1 000 人,二车间最大班职工人数 600 人,每班 8 小时工作,分 3

班，两车间各有50%的职工在高温车间，高温车间淋浴人数占40%，普通车间淋浴人数占10%。丙工厂工人总数1 000人，分两班工作，第一班600人，使用淋浴者132人，其中高温车间96人；第二班400人，使用淋浴者88人，其中高温车间64人；高温车间占40%。城镇道路广场用地面积为15.9 hm^2；绿化用地面积为6.25 hm^2；城市工业万元产值为60 m^3/万元；工业总产值为500万元；工业用水重复利用率为35%，城镇最高日最高时用水量时变化系数 K_h 为1.82，最小自由水压为28 m。试对该城镇给水管网进行设计计算。

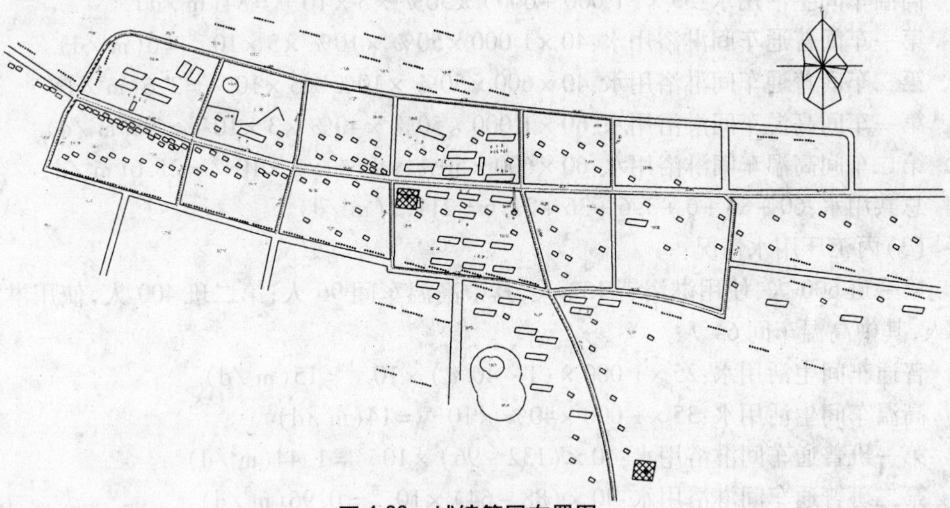

图4-28 城镇管网布置图

解：(一)城镇用水量计算。

1.城镇最高日设计用水量。

1)居民区最高日生活用水量 Q_1。由《给排水设计手册第二册》查得中、小城市二区最高日居民生活用水定额为100 L/(cap·d)，结合城镇各区人口密度350人/hm^2、城镇总面积110.61 hm^2、自来水普及率95%，得

$$Q_1 = qNf \times 10^{-3} = 100 \times (350 \times 110.61) \times 95\% \times 10^{-3} = 3\,677.78(m^3/d)$$

式中 q——最高日居民生活用水定额，L/(cap·d)；

N——城镇总人口数，cap；

f——自来水普及率。

2)工厂最高日生产用水量 Q_2。由《给排水设计手册第二册》查得工业企业建筑生活用水定额为一般车间取每人每班25 L，高温车间取每人每班35 L；淋浴用水一般车间取每人每班40 L，高温车间取每人每班60 L。

(1)甲工厂用水情况：

第一班800人，使用淋浴者152人，其中热车间96人；第二班700人，使用淋浴者133人，其中热车间84人。

普通车间生活用水：$25 \times 1\,500 \times 70\% \times 10^{-3} = 26.25(m^3/d)$

高温车间生活用水：$35 \times 1\,500 \times 30\% \times 10^{-3} = 15.75(m^3/d)$

第一班普通车间淋浴用水：$40 \times (152 - 96) \times 10^{-3} = 2.24(m^3/d)$

第二班普通车间淋浴用水：$40 \times (133-84) \times 10^{-3} = 1.96(m^3/d)$

第一班高温车间淋浴用水：$60 \times 96 \times 10^{-3} = 5.76(m^3/d)$

第二班高温车间淋浴用水：$60 \times 84 \times 10^{-3} = 5.04(m^3/d)$

总共用水：$26.25 + 15.75 + 2.24 + 1.96 + 5.76 + 5.04 = 57(m^3/d)$

(2)乙工厂用水情况：

普通车间生活用水：$25 \times (1\ 000 + 600) \times 50\% \times 3 \times 10^{-3} = 60(m^3/d)$

高温车间生活用水：$35 \times (1\ 000 + 600) \times 50\% \times 3 \times 10^{-3} = 84(m^3/d)$

第一车间普通车间淋浴用水：$40 \times 1\ 000 \times 50\% \times 10\% \times 3 \times 10^{-3} = 6(m^3/d)$

第二车间普通车间淋浴用水：$40 \times 600 \times 50\% \times 10\% \times 3 \times 10^{-3} = 3.6(m^3/d)$

第一车间高温车间淋浴用水：$60 \times 1\ 000 \times 50\% \times 40\% \times 3 \times 10^{-3} = 36(m^3/d)$

第二车间高温车间淋浴用水：$60 \times 600 \times 50\% \times 40\% \times 3 \times 10^{-3} = 21.6(m^3/d)$

总共用水：$60 + 84 + 6 + 3.6 + 36 + 21.6 = 211.2(m^3/d)$

(3)丙工厂用水情况：

第一班 600 人，使用淋浴者 132 人，其中高温车间 96 人；第二班 400 人，使用淋浴者 88 人，其中高温车间 64 人。

普通车间生活用水：$25 \times 1\ 000 \times (1-40\%) \times 10^{-3} = 15(m^3/d)$

高温车间生活用水：$35 \times 1\ 000 \times 40\% \times 10^{-3} = 14(m^3/d)$

第一班普通车间淋浴用水：$40 \times (132-96) \times 10^{-3} = 1.44(m^3/d)$

第二班普通车间淋浴用水：$40 \times (88-64) \times 10^{-3} = 0.96(m^3/d)$

第一班高温车间淋浴用水：$60 \times 96 \times 10^{-3} = 5.76(m^3/d)$

第二班高温车间淋浴用水：$60 \times 64 \times 10^{-3} = 3.84(m^3/d)$

总共用水：$15 + 14 + 1.44 + 0.96 + 5.76 + 3.84 = 41(m^3/d)$

则：

$$Q_2 = \text{甲工厂总用水量} + \text{乙工厂总用水量} + \text{丙工厂总用水量} = 57 + 211.2 + 41 = 309.2(m^3/d)$$

3)浇洒道路和绿地用水量 Q_3。城镇道路广场用地面积：15.9 hm^2；绿化用地面积：6.25 hm^2。由《给排水设计手册第二册》查得浇洒道路用水量按每平方米路面每次 1 L，每日 1 次；绿化用水量 1.5 L/(d·m^2)，每日 2 次。

故　浇洒道路用水量：$15.9 \times 10\ 000 \times 1 \times 1 \times 10^{-3} = 159(m^3/d)$

绿化用水量：$6.25 \times 10\ 000 \times 2 \times 1.5 \times 10^{-3} = 187.5(m^3/d)$

$$Q_3 = 159 + 187.5 = 346.5(m^3/d)$$

4)工业生产用水量 Q_4：由城市工业万元产值用水量 60 m^3/万元、工业总产值 500 万元、工业用水重复利用率 35% 得

$$Q_4 = qB(1-n) = 60 \times 500 \times (1-35\%) = 19\ 500(m^3/d)$$

式中　q——城市工业万元产值用水量，m^3/万元；

B——工业总产值，万元；

n——工业用水重复利用率。

5)城镇最高日设计用水量 Q_d：不考虑 15% 的未预见水量和管网漏失水量

$$Q_d = (Q_1 + Q_2 + Q_3 + Q_4)$$

$$= 3\ 677.78 + 309.2 + 346.5 + 19\ 500 = 23\ 833.48(m^3/d)$$

2. 城镇最高日最高时用水量 Q_h：

$$Q_h = 1\ 000 \times K_h Q_d / (24 \times 3\ 600)$$

$$= 1.82 \times 23\ 833.48/86.4 = 502.05(L/s)$$

3. 消防时用水量 $Q_{消防}$。由《给排水设计手册第二册》查得小于等于 5.0 万人的城镇同一时间内的火灾次数为 2 次，一次灭火用水量为 25 L/s，持续时间为 2 h。

$$Q_{消防} = 2 \times 25 \times 10^{-3} \times 2 \times 3\ 600 = 360(m^3)$$

(二)调节构筑物计算。

(1)用水量变化曲线与二级泵站供水曲线详见图 4-29。

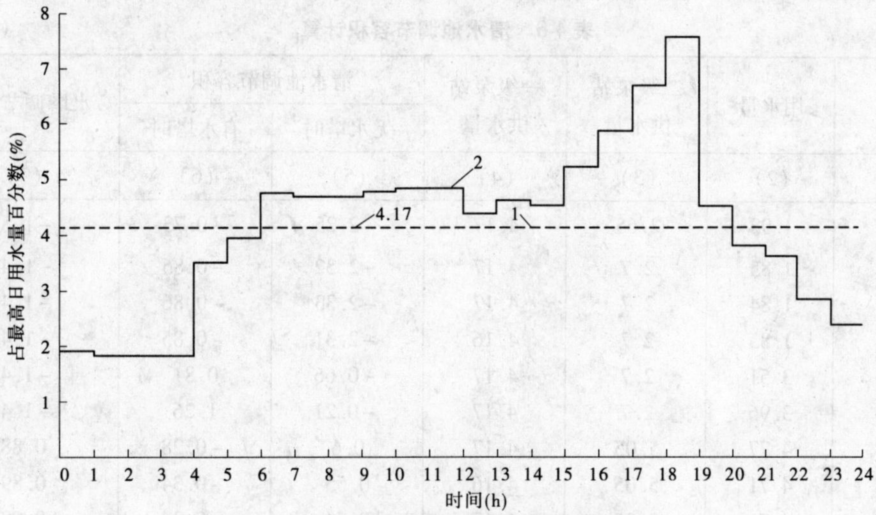

1—用水量变化曲线；2—二级泵站供水曲线

图 4-29　城市用水量变化曲线

(2)清水池调节容积确定：由表 4-6 可知不设水塔时清水池调节容积为 14.02%；有水塔时，清水池调节容积虽可减小，但水塔调节容积增加，总容积为 $(8.44 + 13.26) \times 100\% = 21.70\%$，比无水塔时增加了较大的容积。考虑到基建造价、地形情况与运营管理，选择不设水塔，节约投资。

①由于无水塔调节时，二级泵站的供水曲线与城镇用户用水量变化曲线一致，则：清水池调节容积 $W_1 = 14.02/100 \times Q_d = 0.140\ 2 \times 23\ 833.48 = 3\ 341.45(m^3)$；

②消防贮水量 W_2 为同一时间内的火灾次数为 2 次，一次灭火用水量为 25 L/s，持续时间为 2 h；

③水厂冲洗滤池和沉淀池排泥等生产用水 W_3 取最高日用水量的 7%；

④安全贮存量 W_4 取 300 m^3。

清水池容积 $W = W_1 + W_2 + W_3 + W_4$

$$= 3\ 341.45 + 2 \times 25 \times 10^{-3} \times 2 \times 3\ 600 + 23\ 833.48 \times 7\% + 300$$

$$= 3\ 341.45 + 360 + 1\ 668.34 + 300 = 5\ 669.79(m^3)$$

（三）管网定线及流量计算。

1. 管网定线。水厂处于城镇中部，由于地形较平缓，重力供水可能达不到流量需求，所以确定供水系统方案用水泵供水系统，以满足最不利控制点的水头要求。按照城镇地形情况、城镇平面布置情况、水源位置、街区和用户特别是大用户的分布，河流、铁路、桥梁等的位置，城市规划道路定线。城市管网将是树状网和若干环组成的环状网相结合的形式，管线大致均匀地分布于整个给水区。在部分地区由于用户较少，或处于规划用地区，故没有布成环状而是布成枝状，或合并或忽略环网。由于城镇较高点距水源点较远，初步拟定节点 5 为最不利点，干管线路为 1－2－3－4－5 与 1－6－7－8，如图 4-30 所示。

2. 管网各管段实际长度、有效长度和沿线流量计算。工厂用水为自设，则工厂不设供水，但是最高日用水量已包含工业用水，所以须减去工业用水。

表 4-6　清水池调节容积计算　　（%）

时间	用水量	二级泵站供水量	一级泵站供水量	清水池调节容积		水塔调节容积
				无水塔时	有水塔时	
（1）	（2）	（3）	（4）	（5）	（6）	（7）
0－1	1.92	2.65	4.17	－2.25	－0.73	－1.52
1－2	1.85	2.7	4.17	－2.32	－0.85	－1.47
2－3	1.84	2.7	4.17	－2.33	－0.86	－1.47
3－4	1.85	2.7	4.16	－2.31	－0.85	－1.46
4－5	3.51	2.7	4.17	－0.66	0.81	－1.47
5－6	3.96	2.7	4.17	－0.21	1.26	－1.47
6－7	4.77	5.05	4.17	0.6	－0.28	0.88
7－8	4.71	5.05	4.16	0.55	－0.34	0.89
8－9	4.71	5.05	4.17	0.54	－0.34	0.88
9－10	4.79	5.05	4.17	0.62	－0.26	0.88
10－11	4.87	5.05	4.16	0.71	－0.18	0.89
11－12	4.87	5.05	4.16	0.71	－0.18	0.89
12－13	4.39	5.05	4.17	0.22	－0.66	0.88
13－14	4.63	5.05	4.17	0.46	－0.42	0.88
14－15	4.57	5.05	4.17	0.4	－0.48	0.88
15－16	5.25	5.05	4.16	1.09	0.2	0.89
16－17	5.91	5.05	4.16	1.75	0.86	0.89
17－18	6.73	5.05	4.17	2.56	1.68	0.88
18－19	7.59	5.05	4.17	3.42	2.54	0.88
19－20	4.55	5.05	4.16	0.39	－0.5	0.89
20－21	3.84	5.05	4.17	－0.33	－1.21	0.88
21－22	3.67	2.7	4.17	－0.5	0.97	－1.47
22－23	2.82	2.7	4.17	－1.35	0.12	－1.47
23－24	2.4	2.7	4.16	－1.76	－0.3	－1.46
累计	100	100	100	14.02	8.44	13.26

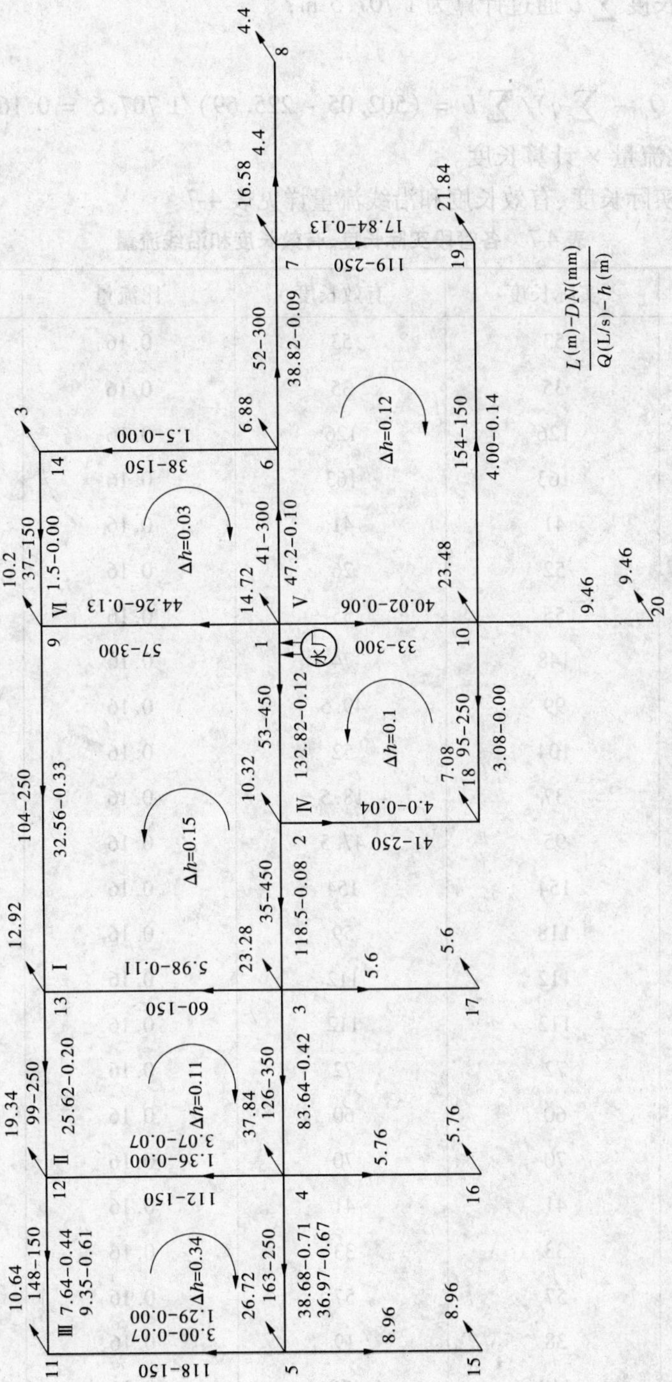

图4-30 环状网水力计算(最高用水时)

大用户集中用水量总和：$\sum q = Q_4 = 19\ 500\ m^3/d = 225.69(L/s)$；

干管计算总长度 $\sum L$ 通过计算为 1 707.5 m；

则

比流量 $q_s = (Q_d - \sum q)/\sum L = (502.05 - 225.69)/1\ 707.5 = 0.16\ L/(s \cdot m)$
又沿线流量 = 比流量 × 计算长度。

管网各管段实际长度、有效长度和沿线流量详见表 4-7。

表 4-7　各管段实际长度、有效长度和沿线流量

管断号	实际长度	有效长度	比流量	沿线流量
1－2	53	53	0.16	8.48
2－3	35	35	0.16	5.6
3－4	126	126	0.16	20.16
4－5	163	163	0.16	26.08
1－6	41	41	0.16	6.56
6－7	52	26	0.16	4.16
7－8	55	55	0.16	8.8
11－12	148	74	0.16	11.84
12－13	99	49.5	0.16	7.92
9－13	104	52	0.16	8.32
9－14	37	18.5	0.16	2.96
10－18	95	47.5	0.16	7.6
10－19	154	154	0.16	24.64
5－11	118	59	0.16	9.44
5－15	112	112	0.16	17.92
4－12	112	112	0.16	17.92
4－16	72	72	0.16	11.52
3－13	60	60	0.16	9.6
3－17	70	70	0.16	11.2
2－18	41	41	0.16	6.56
1－10	33	33	0.16	5.28
1－9	57	57	0.16	9.12
6－14	38	19	0.16	3.04
7－19	119	119	0.16	19.04
10－20	59	59	0.16	9.44
总计	2 053	1 707.5		

3. 节点流量计算。按公式(4-24)算得节点流量，详见表4-8。

表4-8 节点流量计算

节点序号	$\sum q_i$(L/s)	折算系数	节点流量(L/s)
1	29.44	0.5	14.72
2	20.64	0.5	10.32
3	46.56	0.5	23.28
4	75.68	0.5	37.84
5	53.44	0.5	26.72
6	13.76	0.5	6.88
7	33.16	0.5	16.58
9	20.4	0.5	10.2
10	46.96	0.5	23.48
11	21.28	0.5	10.64
12	38.68	0.5	19.34
13	25.84	0.5	12.92
14	6	0.5	3
18	14.16	0.5	7.08
19	43.68	0.5	21.84

4. 管段流量分配。

按照最短路线供水原则，并考虑安全可靠和经济合理的要求进行流量分配，见图4-30。

5. 环状网的水力计算

(1)管径确定及水头损失计算。依据流量，按满足平均经济流速0.6~0.9 m/s范围取管段流速为0.75 m/s，则由《给排水设计手册第一册》给水管道水力计算表可查出管径及水力坡度 i 值。则水头损失值 h 可按下列公式计算，计算结果见表4-9。

$$h = 管长 \times 1\,000i$$

(2)管网平差计算。由表4-9可知按初次分配流量计算的闭合差只有Ⅲ环不满足闭合差精度要求，须经过流量校正。按哈代－克罗斯法，将校正流量重新分配到各管段中，再次计算水头损失，得到各环闭合差均小于0.2 m，符合要求(此例按0.2 m控制)。

大环(由闭合差方向相同的相邻环组成)闭合差校核：

Ⅰ－Ⅳ组成的大环：

$$\sum h = h_{2-3} + h_{3-13} - h_{13-9} + h_{9-1} - h_{1-10} - h_{10-18} + h_{18-2}$$
$$= 0.08 + 0.11 - 0.33 - 0.13 + 0.06 + 0 - 0.04$$

$= -0.25\ m < 0.4\ m$,满足精度要求(此例按 0.4 m 控制)。

同理可得 Ⅱ - Ⅲ 组成的大环:

$$\sum h = 0.17\ m < 0.4\ m\text{,满足精度要求。}$$

Ⅴ - Ⅵ 组成的大环:

$$\sum h = 0.15\ m < 0.4\ m\text{,满足精度要求。}$$

6. 输水管水力计算。从水厂到管网的输水管计两条,每条流量为 502.05/2 = 251.025 (L/s),选定管径 *DN* 500,管段长 10 m,水头损失为 $h = 4.31 \times 10/1\,000 = 0.04$(m)。

7. 枝状管段水力计算。枝状管段水力计算结果见表 4-10。

8. 管网按消防时、最大转输时和事故时的核算。略。

9. 水泵的扬程计算。由于该城镇所需最小自由水头 H_0 为 28 m,以节点 5 为控制点计算知其他节点不能满足最小自由水头要求,因此节点 5 不是真正的控制点。节点水压标高计算结果详见表 4-11。

由表 4-11 所示数据表明,各节点的自由水压均大于或等于所要求的最小自由水压值。最终确定节点 11 为控制点。

由控制节点 11 按公式(4-13)可推算出水泵所需扬程 H_p:

表 4-9　环状网的水力计算

环号	管段	管长(m)	管径(mm)	初步流量分配			2∑|h/q|	第一次校正		
				q(L/s)	1 000i	h(m)		q(L/s)	1 000i	h(m)
Ⅰ	1 - 2	53	450	132.82	2.26	0.12				
	2 - 3	35	450	118.5	2.22	0.08				
	1 - 9	57	300	-44.26	2.22	-0.13				
	3 - 13	60	150	5.98	1.87	0.11				
	9 - 13	104	250	-32.56	3.18	-0.33				
						-0.15	0.066			
	$\triangle q = -\triangle h/2\sum\|h/q\| = 0.15/0.066 = 2.27$									
Ⅱ	3 - 4	126	350	83.64	3.32	0.42		83.64	3.32	0.42
	3 - 13	60	150	-5.98	1.87	-0.11		-5.98	1.87	-0.11
	4 - 12	112	150	1.36	0.00	0.00		3.07	0.56	0.07
	12 - 13	99	250	-25.62	2.05	-0.2		-25.62	2.05	-0.20
						0.11	0.062			0.18
	$\triangle q = -\triangle h/2\sum\|h/q\| = -0.11/0.062 = -1.77$									
Ⅲ	4 - 5	163	250	38.68	4.37	0.71		38.68 - 1.71 = 36.97	4.13	0.67
	4 - 12	112	150	-1.36	0	0.07		-1.36 - 1.71 = -3.07	0.56	0.07
	5 - 11	118	150	3	0.563	0.07		3 - 1.71 = 1.29	0.00	0.00
	11 - 12	148	150	-7.64	2.95	-0.44		-7.64 - 1.71 = -9.35	4.15	-0.61
						0.34	0.199			0.13
	$\triangle q = -\triangle h/s\sum\|h/q\| = -0.34/0.199 = -1.71$									

续表 4-9

环号	管段	管长(m)	管径(mm)	初步流量分配 q(L/s)	初步流量分配 1 000i	初步流量分配 h(m)	$2\sum\|h/q\|$	第一次校正 q(L/s)	第一次校正 1 000i	第一次校正 h(m)
Ⅳ	1-2	53	450	-132.82	2.26	-0.12				
	1-10	33	300	40.02	1.85	0.06				
	2-18	41	250	-4	0.909	-0.04				
	10-18	95	350	3.08	0	0				
						-0.1	0.025			
	$\triangle q=-\triangle h/2\sum\|h/q\|=0.1/0.025=4$									
Ⅴ	1-6	41	300	47.2	2.5	0.1				
	6-7	52	300	38.82	1.75	0.09				
	1-10	33	300	-40.02	1.85	-0.06				
	7-19	119	250	17.84	1.07	0.13				
	10-19	154	150	-4	0.909	-0.14				
						0.12	0.096			
	$\triangle q=-\triangle h/2\sum\|h/q\|=-0.12/0.096=-1.25$									
Ⅵ	1-6	41	300	-47.2	2.50	-0.10				
	1-9	57	300	44.26	2.20	0.13				
	6-14	38	150	-1.5	0.00	0.00				
	9-14	37	150	1.5	0.00	0.00				
						0.03	0.010			
	$\triangle q=-\triangle h/2\sum\|h/q\|=-0.03/0.010=-3$									

表 4-10　枝状管段水力计算

管段号	q(L/s)	L(m)	1 000i	h(m)	D(mm)
3-17	5.6	70	1.65	0.116	150
4-16	5.76	72	1.74	0.125	150
5-15	8.96	112	3.87	0.433	150
7-8	4.4	55	1.08	0.059	150
10-20	9.46	59	4.16	0.245	150

表 4-11　节点水压标高计算

节点	地形标高(m)	水压标高(m)	自由水压(m)
11	109.46	137.46	28.0
5	109.36	137.46	28.1
4	105.41	138.13	32.7
12	110.06	138.06	28.0
3	107.53	138.55	31.0

续表 4-11

节点	地形标高(m)	水压标高(m)	自由水压(m)
13	108.31	138.44	30.1
2	106.93	138.63	31.7
18	105.9	138.59	32.7
1	105.54	138.75	33.2
10	104.01	138.69	34.7
19	102.25	138.55	36.3
7	103.16	138.68	35.5
6	104.88	138.77	33.9
9	106.67	138.74	32.1
14	104.57	138.74	34.2
8	102.14	138.09	36.0
15	108.56	137.02	28.5
16	107.63	138.00	30.4
17	106.36	138.43	32.0
20	103.43	138.44	35.0

控制点 11 的标高为 109.46 m；水厂清水池的最低水位标高为 104.91 m，泵站内的水头损失取 2.5 m

则：

$$H_p = H_{ST} + H_0 + \sum h$$

$$= (109.46 - 104.91) + 28 + (2.5 + 0.04 + 0.12 + 0.08 + 0.42 + 0.67 + 0.00) = 36.38(\text{m})$$

小结

1. 输配水管渠的定线原则

(1) 输配水管渠的走向与布置应符合城市近期规划要求，同时考虑远期发展需要。

(2) 输配水管渠应选择经济合理、安全可靠的线路。

(3) 输配水管渠应保证输配水水质、水量及水压满足要求。

2. 输水管渠的布置要求

(1) 为保证不间断供水，输水管渠一般不宜少于两根。

(2) 输配水管(渠)通常应根据具体情况考虑设置相应的构筑物和阀件。

(3) 输配水管(渠)布置应尽量避免与其他管道交叉，若不可避免，则应与发生交叉的管线固资部门协商处理。

3. 配水管网的布置要求

(1)为保证城镇供水的安全可靠,一般配水管网应布置成环状。

(2)城镇生活饮用水管网,严禁与非生活饮用水管网连接,严禁与自备水源供水系统直接连接。

(3)配水干管应尽可能以最短距离到达用户点或调节构筑物,同时尽可能布置在较大用户一侧通过,以减少配水支管的数量。

(4)环状网中,干管间距一般为500~800 m,连接管间距一般为800~1 000 m。

(5)为满足消防要求,最小分配管管径为100 mm,对大城市可适当放大,一般采用150~200 mm。

4. 配水管与建(构)筑物和其他工程管线的间距

配水管道的平面位置和高程,应符合《城市工程管线综合规划规范》中的有关规定和要求。

5. 综合管沟(共管沟)的设置条件及敷设要求

(1)不宜明挖施工的地段,可考虑设置综合管沟。

(2)工程管线在两种以上需同时敷设及敷设多回路电缆的道路,可考虑设置综合管沟。

(3)道路较窄,无法满足直埋敷设多种管线的路段,可考虑设置综合管沟。

(4)过河过湖的多种管线敷设,可考虑设置综合管沟。

6. 给水系统各部分流量关系

(1)取水构筑物、一级泵站、一级输水管(渠)及水厂内净水构筑物、设备和连接管道,均按最高日平均时设计用水量加上水厂自用水量和输水管(渠)的漏失水量计算。

(2)二级泵站的设计供水量计算与管网中是否设置调节构筑物有关。

(3)配水管网的计算流量均应视其在最高日最高用水时的工作状况来确定,并应依据在其管网中有无调节构筑物及调节构筑物的具体位置而定。

7. 清水池和水塔的调节容积计算

(1)按供水量与用水量变化曲线推算。

(2)按经验法估算:清水池调节水量按最高日用水量的10%~20%进行估算;水塔调节水量可按最高日用水量的6%~8%计算。

8. 清水池和水塔的构造

(1)清水池主要由进水管、出水管、溢水管、放空管、通气孔及检修孔、导流墙、水位指示装置等组成。

(2)水塔主要由水柜、塔体、进出水管、溢水管、放空管、水位指示装置等组成。

9. 水泵扬程的确定

(1)一级泵站水泵静扬程指水泵从吸水井最低水位与水厂最前端处理构筑物(一般是混合池)最高水位的高程差。

(2)二级泵站水泵静扬程:①无水塔或对置水塔管网,二级泵站水泵静扬程为管网控制点(即最不利点)最小服务水头标高与水泵吸水井(池)最低水位标高的高程差。②网前水塔管网,二级泵站水泵静扬程为水塔最高水位与水泵吸水井(池)最低水位的高程差。

(3)水泵扬程即静扬程与水头损失之和。

10. 管网设计计算步骤

(1)管网图形简化,确定计算环网数及节点、管段编号。

(2)按最高日最高时用水流量,求沿线流量和节点流量:①沿线流量按长度比流量或面积比流量进行计算;②节点流量可按比流量法(连接该节点上各管段用水量的一半)、比例分配法(依据小区用水量,按相应比例进行分配流量到各相关节点)进行计算。

(3)进行流量分配,初定管段的计算流量:①单水源枝状管网从水源至用户端管网中各管段的水流方向是唯一的,任一管段的流量沿水流方向均等于该管段后续所有节点流量之和;②单水源环状管网从水源至用户端管网中各管段的水流方向不是唯一的,其流量分配的依据是节点流量平衡条件;③对多水源管网来说,其流量分配原则与要求同单水源管网,所不同的只是多水源管网中存在一供水分界线。

(4)初定控制点,依据水量、经济流速确定管径。

(5)进行管网水力计算或技术经济计算(环状管网在水力计算时应满足连续性方程与能量方程的要求)。

(6)确定水泵扬程和水塔高度。

11. 环状管网平差的方法——哈代-克罗斯法

哈代-克罗斯法(闭合差的环流量校正法)是根据环路水头损失闭合差(Δh)值确定校正流量(Δq)的大小来校正管网中流量的分配,直到环路水头损失闭合差(Δh)值满足要求为止,校正流量(Δq)的大小与 Δh 的大小成正比,方向与 Δh 方向相反。

思考题

1. 管网与输水管(渠)、二级泵站及调节构筑物之间的相关关系是怎样的?
2. 输配水管(渠)的定线原则是如何体现安全性和经济性的?
3. 输配水管(渠)布置有何要求?
4. 给水管道与构筑物和其他管线之间有何距离要求?
5. 共管沟敷设的适用条件有哪些?在进行共管沟设计时应考虑哪些问题?
6. 取水、净水及管网系统的设计水量应如何考虑?
7. 当清水池贮存有消防水量时,如何保证消防水量不流失?
8. 水泵扬程的确定与哪几种管网布置形式有关?
9. 枝状管网与环状管网的水力计算有何不同?
10. 在水力计算中如何确定控制点?每一管网有几个控制点?
11. 用最大闭合差的环校正法时,怎样选择大环进行平差以加速收敛?
12. 在给水管网水力计算中应按什么用水量考虑,校核的情况有哪几种?

习 题

1. 某市政管网的常年供水水压为 28 m 水柱，试初步判定此管网水压能保证供给的建筑住宅最高楼层是多少？

2. 某城镇总用水量为 12 400 m^3/d，24 h 用水量(m^3/h)如下表所示，求一级泵站 24 h 均匀抽水时所需要的清水池调节容积。

表 4-12　某城镇 24 h 用水量情况

时间	0－1 时	1－2 时	2－3 时	3－4 时	4－5 时	5－6 时	6－7 时	7－8 时	8－9 时	9－10 时	10－11 时	11－12 时
水量(m^3)	211	207	202	202	317	539	637	699	744	724	629	639
时间	12－13 时	13－14 时	14－15 时	15－16 时	16－17 时	17－18 时	18－19 时	19－20 时	20－21 时	21－22 时	22－23 时	23－24 时
水量(m^3)	639	639	653	684	713	723	697	620	396	334	320	232

3. 某城镇环状管网布置图如图 4-31 所示。已知该城镇最高用水时的设计水量为 699 m^3/h，其中大用户集中用水量为 15 L/s、20 L/s，分别作用于 11、12 节点。各管段长度为：$L_{0-1}=2\ 000$ m、$L_{1-2}=L_{4-5}=L_{7-8}=L_{10-11}=L_{1-3}=L_{4-6}=L_{7-9}=L_{10-12}=500$ m，$L_{2-5}=L_{5-8}=L_{8-11}=L_{1-4}=L_{4-7}=L_{7-10}=L_{3-6}=L_{6-9}=L_{9-12}=550$ m，其中管段 0－1 为输水管段，管段 1－2、1－3 为单侧配水，其余均为双侧配水。试对管网中各管段的流量进行初分配。

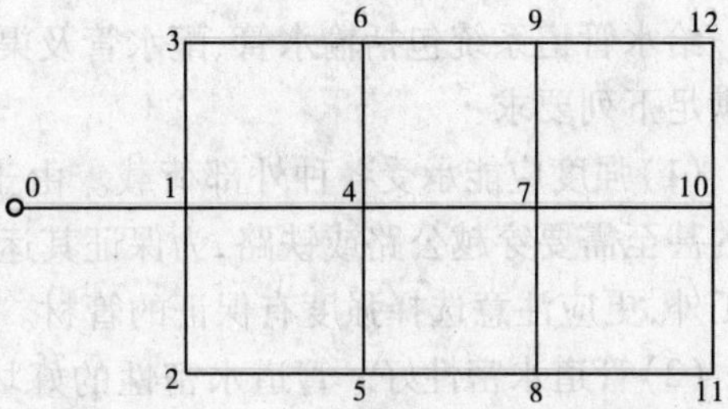

图 4-31　某城镇环状管网布置示意图

第五章　给水管材、附件及附属构筑物

学习目标：了解管材的选用条件；掌握常用给水管材种类及阀件的材质要求，管材的特性及阀件的作用，管道穿越障碍物的措施；重点掌握常用给水管材选择、管道敷设和附属构筑物设置的方法。

第一节　给水管道材料及配件

一、给水管道材料的选用条件

（一）选材要求

给水管道系统包括输水管、配水管及渠道，不同功能的管道，其材质要求不同，但都必须满足下列要求：

（1）强度应能承受各种外部荷载。由于给水管道通常是沿公路或铁路埋地敷设的，有的甚至需要穿越公路或铁路，为保证其运行安全，除在施工时要严格按照施工规范进行施工外，更应注意选择强度有保证的管材。

（2）管道水密性好。管道水密性的好坏，直接影响到管网运行成本及运行安全。如果水密性较差，则管道漏水现象严重，水量损失较大，其运行成本增加；同时漏水会泡软管道基础或直接冲刷地层，造成很大的安全隐患（对在公路、铁路下埋设的管道更加严重），导致严重事故的发生。

（3）管道内壁光滑。内壁光滑的管道，摩阻系数小，则水流流经管道的水头损失相应降低，水泵扬程减少，管网运行所需电费也随之降低。

（4）价格低廉，使用寿命长，并要求具有一定的抗水、土侵蚀能力。

当然管材选好是前提，但管道好的安装质量是保证。要求管道安装工艺简单，技术可靠。承插管接口处填充料应符合现行国家标准《生活饮用输配水设置及防护材料的安全性评价标准》（GB/T 17219）的有关规定。

（5）输配水管道材质的选择，应根据管径、内压、外部荷载和管道敷设区的地形、地质、管材的供应，按照运行安全、耐久、减少漏损、施工和维护方便、经济合理以及清水管道防止二次污染的原则，进行技术、经济、安全等综合分析确定。

（二）输水管（渠）的选材

（1）输水管（渠）可分为重力非满流和压力流两种。输水管（渠）应根据输水形式、管（渠）内工作压力、外部荷载、地基情况、施工维护和供水安全要求等条件确定其断面及结构形式。

（2）非承压输水管（渠）可以采用钢筋混凝土结构，也可以采用砖、石砌造。

（3）承压输水管（渠）一般应采用钢筋混凝土结构，根据需要其断面可采用单孔或多孔形式。承压输水管(渠)内压一般不宜超过0.1 MPa。若管(渠)内压力过大,则必须采取降压措施。

(4)输水管(渠)表面粗糙系数 n 值,应根据管(渠)结构和表面处理情况确定,一般取值范围为0.013 ~0.015。

(三)承压管道的选材

(1)承压管道通常指工作压力大于0.1 MPa的输配水管道。

(2)承压管道建议采用成品管及配件,所选成品的制作应符合相关的国家标准或行业标准。

(3)承压管材的选用应依据输配管网系统的布置、管径、工作压力、埋深、地质情况以及施工条件和运输条件,并结合运行维护管理进行技术经济比较来确定,做到因地制宜,便于选用。

(4)在管材选用时,还应考虑节约能源、保护环境,尽可能采用技术成熟、抗腐蚀性强、节能好的非金属新型管材。

二、常用的给水管材

常用的给水管材有金属、非金属两大类。其中金属管有球墨铸铁管、钢管;非金属管有自应力混凝土管、预应力混凝土管、预应力钢筒混凝土管、聚乙烯管、聚丙烯管、ABS工程塑料管、玻璃纤维增强热固性树脂夹砂管。各管材具体性能介绍如下。

(一)金属管材

1. 球墨铸铁管(DIP)

该管材是选用优质生铁,采用水冷金属型模离心浇注技术,并经退火处理,获得的稳匀的金相组织,能保持较高的延伸率,故亦称为可延性铸铁管。球墨铸铁管具有高强度、高延伸度、抗腐蚀的卓越性能,如图5-1所示。

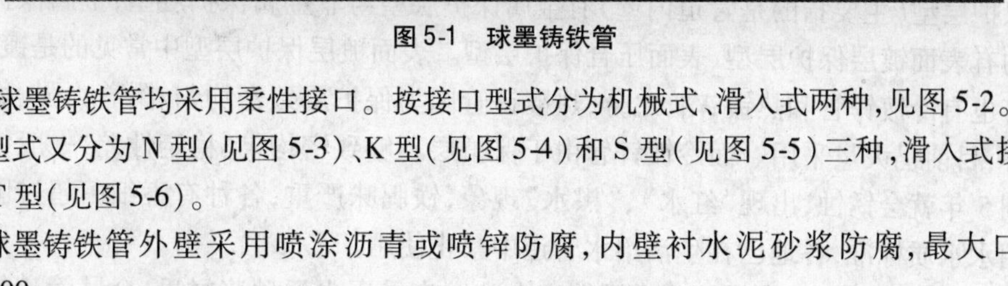

图5-1 球墨铸铁管

球墨铸铁管均采用柔性接口。按接口型式分为机械式、滑入式两种,见图5-2。机械接口型式又分为N型(见图5-3)、K型(见图5-4)和S型(见图5-5)三种,滑入式接口型式为T型(见图5-6)。

球墨铸铁管外壁采用喷涂沥青或喷锌防腐,内壁衬水泥砂浆防腐,最大口径达 *DN*2 200。

由于球墨铸铁管性能好且施工方便,不需要在现场进行焊接及防腐操作,加上产量及口径的增加、管配件的配套供应等,其已在国内得到广泛应用。

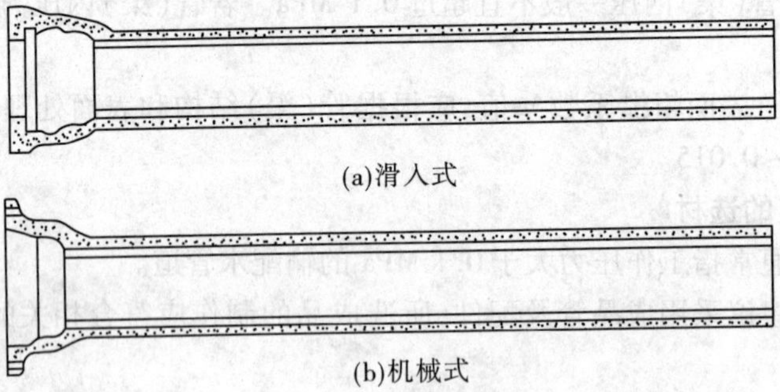

(a)滑入式

(b)机械式

图 5-2 球墨铸铁管柔性接口

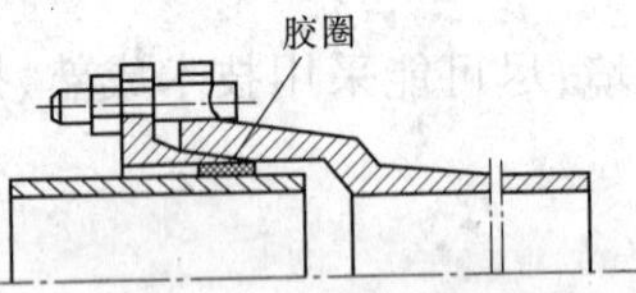

图 5-3 N 型机械式接口

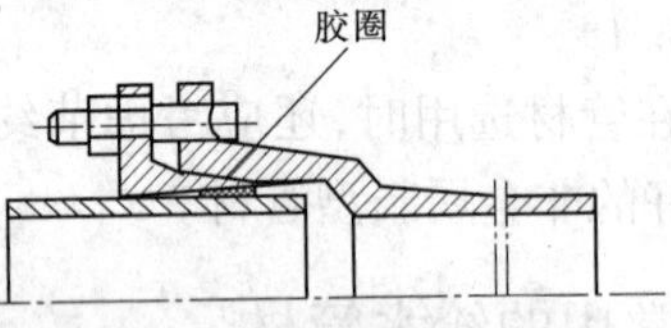

图 5-4 K 型机械式接口

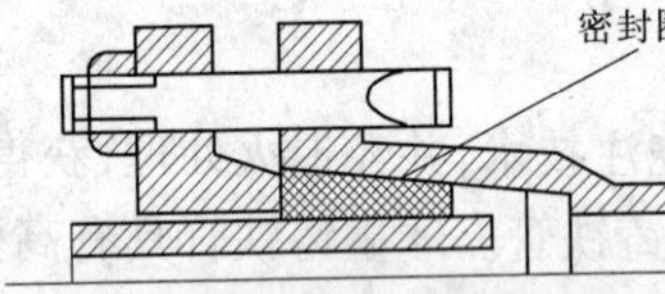

图 5-5 S 型机械式接口

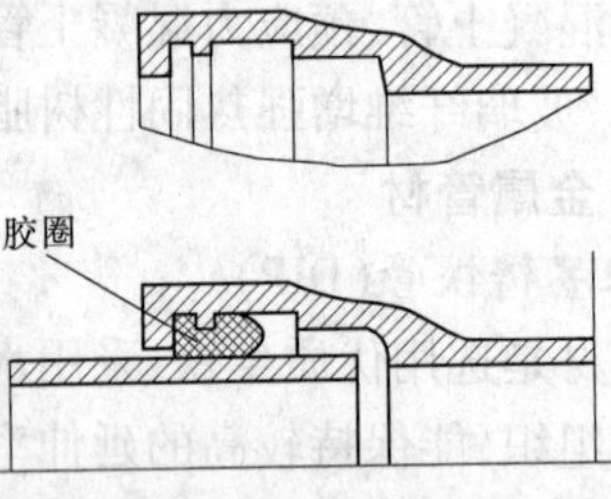

图 5-6 T 型滑入式接口

2. 钢管(SP)

钢管钢材一般采用 Q235A · B 碳素镇静钢，有焊接钢管和无缝钢管之分。以防腐蚀性能来说可分为保护层型、无保护层型与质地型；按壁厚又有普通钢管和加厚钢管之分。国内最大钢管直径可达 *DN*4 000，每节钢管的长度一般在 10 m 左右。

保护层型(主要指的是管道内壁)有金属保护层型与非金属保护层型，金属保护层型常用的有表面镀层保护层型、表面压合保护层型。表面镀层保护层型中常见的是镀锌管，镀锌管也有冷镀锌管和热镀锌管之分，热镀锌管因为保护层致密均匀、附着力强、稳定性比较好，目前仍大量采用。而冷镀锌管由于保护层不够致密均匀、稳定性差，一般使用寿命不到 5 年就会锈蚀，出现“红水”、“黑水”现象，铁腥味严重，各种有害细菌超过国家生活饮用水水质标准，各地已在生活给水管道中禁止使用。

金属管道应考虑防腐措施。金属管道内防腐宜采用水泥砂浆衬里，金属管道外防腐宜采用环氧煤沥青、胶粘带等涂料。金属管道敷设在腐蚀性土中以及电气化铁路附近或其他有杂散电流存在的地区时，为防止发生电化学腐蚀，应采取阴极保护措施(外加电流阴极保护或牺牲阳极)。

目前国外已普遍使用承插式焊接接口的钢管,是传统钢管的第二代产品。1999 年广州市的刘屋洲 120 万 m^3/d 的输水工程,在国内首次安装了 *DN*2 000 ~ *DN*2 400 的该种承插式焊接接口钢管近 10 km,其中有近 3 km 是过河管段,至今使用情况良好。2000 年获得中国专利的"扩胀成型的承插式柔性接口钢管"已在广州自来水公司首先应用,扩胀成型的承插式柔性接口钢管是继"承插式刚性接口钢管"后发展的第三代新型高级钢管。具有安装方便、施工时间短、安全的优点,其推广可有效提高管线的质量水平。

(二)非金属管材

1. 自应力混凝土管(SPCP)

自应力混凝土管采用离心工艺制造,依靠膨胀作用张拉环向和纵向钢丝,使管体混凝土在环向和纵向处于受压状态。该管材试验压力规定可在覆土不大于 2.0 m 的埋地给水管道上应用。

由于目前尚未对该管道制定相应的结构设计规范,因此不宜用于设计内压大于 0.8 MPa、覆土大于 2.0 m、口径大于 *DN*300 的给水管道工程。管长通常为 3 ~4 m。

2. 预应力混凝土管(PCP)

《预应力混凝土输水管(震动挤压工艺)》(GB 5695—85)中规定预应力混凝土管径规格自 *DN*400 ~ *DN*2 000;《预应力混凝土输水管(管芯缠丝工艺)》(GB 5696—85)中规定管径的规格为 *DN*400 ~ *DN*3 000。这两种预应力混凝土管的静水压力均为0.4 MPa、0.6 MPa、0.8 MPa、1.0 MPa、1.2 MPa 5 个等级,管长为 5 m。由于震动挤压(一阶段)工艺制造的管道所产生的预压应力在混凝土蒸养固结过程中的应力损失达 20% ~30%,且不稳定,故国外大多数国家已不生产和采用。在设计选材中应尽量选用管芯缠丝(三阶段)工艺管。预应力混凝土管均为承插式胶圈柔性接头,其转弯或变径处采用特制的铸铁或钢板配件进行处理。可敷设在未经扰动的土基上,施工方便、价格低廉。自 20 世纪 60 年代以来,为很多城镇给水所采用。

预应力混凝土管若在软土地基上敷设,需做好管道基础,否则易引起管道不均匀沉降,造成管道承插口处胶圈的滑脱而严重漏水或出现停水事故。

3. 预应力钢筒混凝土管(PCCP)

如图 5-7 所示,该管属于管芯缠丝预应力管,其管芯为钢筒与混凝土复合结构。该管有两种结构形式:一种为内衬式(PCCP-L),即钢筒在管芯外壁,用离心法工艺浇筑管芯混凝土;另一种为埋置式(PCCP-E),即钢筒埋在管芯混凝土中部,用立式振捣法工艺浇筑混凝土。内衬式(PCCP-L)规格为 *DN*600 ~ *DN*1 200;埋置式(PCCP-E)规格为 *DN*1 400 ~ *DN*3 000。管材内压等级为 0.4 ~2.0 MPa 逢双数排列的 9 个等级。

图 5-7　预应力钢筒混凝土管(PCCP)

预应力钢筒混凝土管现场敷设方便,接口的抗渗漏性能好,管材价格比金属管便宜,因此已得到较多采用。但由于管体自重较大,选用时应结合运费、现场地质情况及施工措施等进行技术经济比较分析确定。

4. 聚乙烯管(PE)

如图 5-8 所示,常用的口径为 $DN32 \sim DN500$,工作压力为 0.4 MPa、0.6 MPa、0.8 MPa、1.0 MPa、1.25 MPa、1.6 MPa。PE 管有 PE63、PE80 和 PE100 3 种强度等级,PE63 不宜用于埋地给水管道。聚乙烯管的优点是:化学稳定性好,不受环境因素和管道内输送介质成分的影响,耐腐蚀性好;水力性能好,管道内壁光滑,阻力系数小,不易积垢;相对于金属管材表现密度小、材质轻;施工安装方便,维修容易。

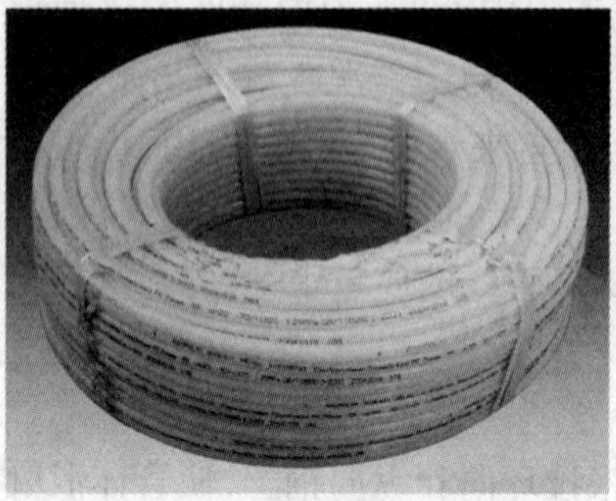

图 5-8 聚乙烯管(PE)

同时由于该管属柔性管,对小口径管可用盘管供应,连接时采用热熔对接,连接方式可采用电热熔、热熔对接焊和热熔承插连接。管道敷设既可采用通常使用的直埋方式施工,也可采用插入管敷设(主要用于旧管道改造中的插入新管,省去大型开挖工作量)。

5. 改性聚丙烯管(PP-R、PP-C)

如图 5-9 所示,PP-R 管具有无毒、卫生、耐热(最高耐热可达 100 ℃以上、正常情况可在 80 ℃长期使用)、保温性能好、安装方便、连接永久性、原料可回收的特点。多用于工业、民用生活热水和空调供回水系统。PP-R 管道的连接方式主要有热熔连接、电熔连接两种,也有专用丝扣连接或法兰连接。

PP-C 管是一种共聚聚丙烯管材。其主要特点有耐温性能好、长期高温和低温反复交替管材不变形、质量不降低、不含有害成分、化学性能稳定、无毒无味、输送饮用水安全性评价合乎卫生要求、抗拉强度和屈服应力大、延伸性能好、承受压力大、防渗漏性好。工作压力完全可以满足多层建筑供水的需要。PP-C 管管材的型号规格可达到 $DN100$,连接方式为热熔连接。

6. ABS 工程塑料管

如图 5-10 所示,ABS 工程塑料管是丙烯腈、丁二烯、苯乙烯三种化学材料的聚合物。其主要优点是耐腐蚀性极强、抗撞击性极好、韧性强,而且使用温度范围广(20 ~ 80 ℃)。该产品除常温型外,还具有耐热型、耐寒型树脂。

图 5-9 聚丙烯管(PP)

图 5-10 ABS 工程塑料管

ABS 工程塑料管主要规格有公称通径 $DN15 \sim DN400$ 10 多种。管材最高许可压力为 0.6 MPa、0.9 MPa 和 1.6 MPa 3 种规格。其连接方式有承插式和冷胶溶接法,冷胶溶接法具有施工方便、固化速度快、粘接强度高等特点。ABS 工程塑料管应用于高标准水质的管道输送,使其质量和经济效果达到最佳。

7. 玻璃纤维增强热固性树脂夹砂管(RPMP)

如图5-11所示。目前国内有两种制管工艺:《离心浇铸玻璃纤维增强不饱和聚脂树脂夹砂管》(JC/T 695)中,其管径规格自 *DN*200～*DN*2 400共20种,公称压力分0.4 MPa、0.6 MPa、1.0 MPa、1.6 MPa、2.5 MPa 5个等级;《玻璃纤维缠绕增强热固性聚脂树脂夹砂管》(JC/T 838)中,其管径规格自 *DN*100～*DN*3 000共27种,公称压力分0.25 MPa、0.6 MPa、1.0 MPa、1.6 MPa、2.0 MPa 5个等级。

图5-11　玻璃夹砂管(RPMP)

其特点是重量轻、施工运输方便、耐腐蚀性好,而且不需做外防腐和内衬;使用寿命长、维护费用低;内壁光滑且不结垢、可降低能耗;管材和接口不渗漏、不会破裂,增加了供水安全可靠性,管径相同时综合造价介于钢管和球墨铸铁管之间。连接方式有承插式和外套式两种。

根据国家化学建材产业"十五"计划和2015年发展规划纲要,到2005年,在全国新建、改建、扩建工程中:

(1)建筑排水管道70%采用塑料管,要基本淘汰传统铸铁管;

(2)建筑给水、热水供应和采暖管道60%采用塑料管,基本淘汰镀锌钢管;

(3)电线穿线护套管80%采用塑料管;

(4)建筑雨水排水管道50%采用塑料管;

(5)城市供水管道(*DN*100以下)50%采用塑料管,村镇供水管道70%采用塑料管;

(6)城市排水管道30%采用塑料管,城市燃气管道50%采用塑料管。

三、常用给水管道配件

给水管道在安装、敷设过程中常会遇到转弯、变径、分流、管间连接、管道设备连接及维修等问题,这就需要有相应的配件来解决。常用的管件有:弯头、三通、四通、渐缩管、短管、管堵、伸缩节、柔性橡胶接头等。图5-12～图5-29为球墨铸铁管部分常用管件。

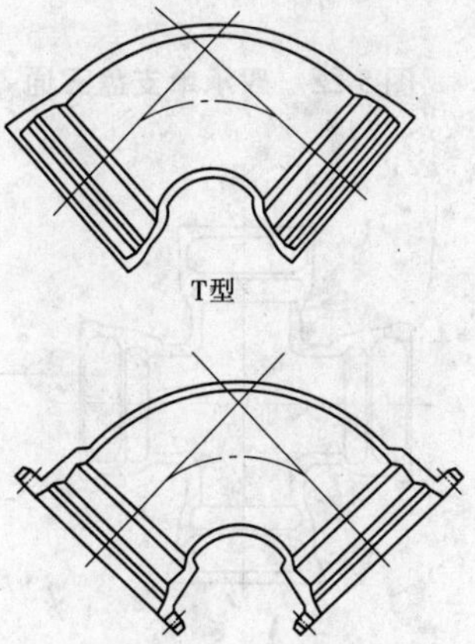

图5-12　90°双承弯管

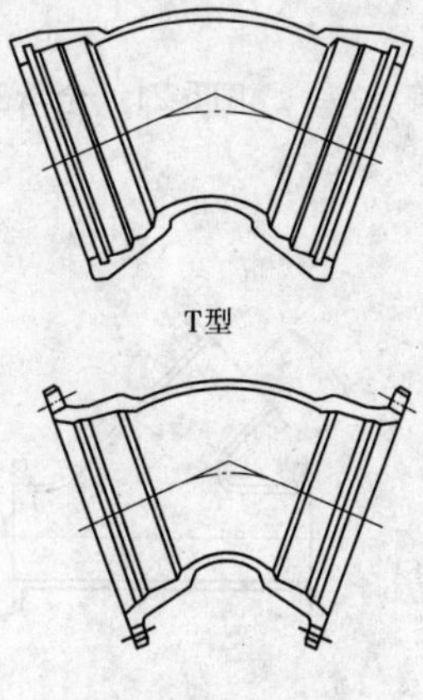

图5-13　45°双承弯管

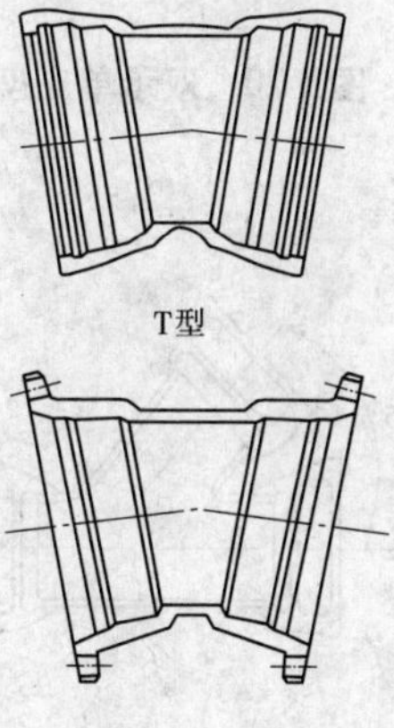

图5-14　11.25°双承弯管

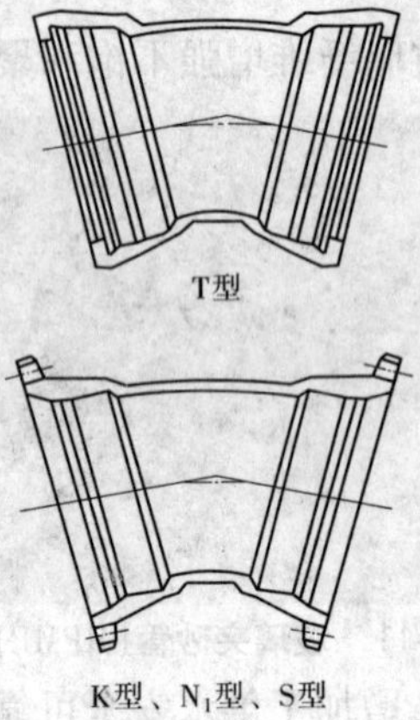

图 5-15　22.5°双承弯管

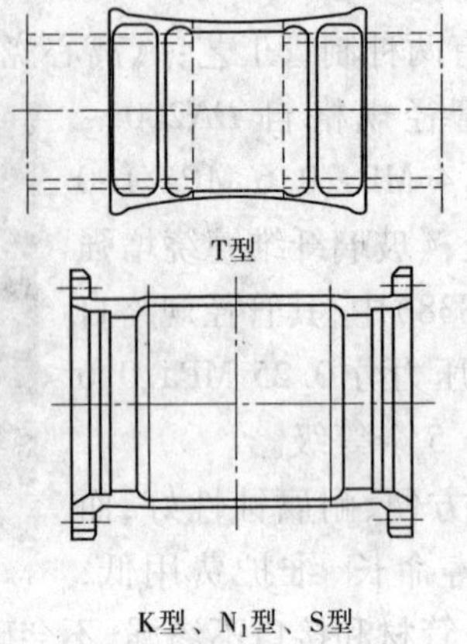

图 5-16　承套

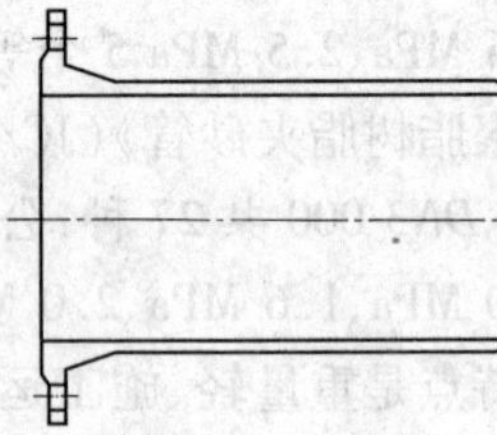

图 5-17　插承短管

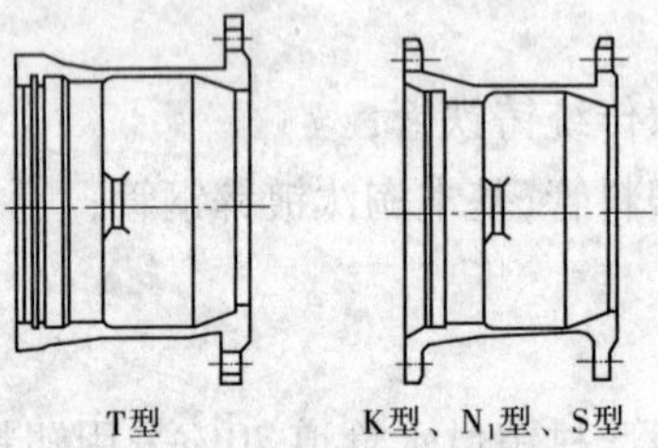

图 5-18　盘承短管

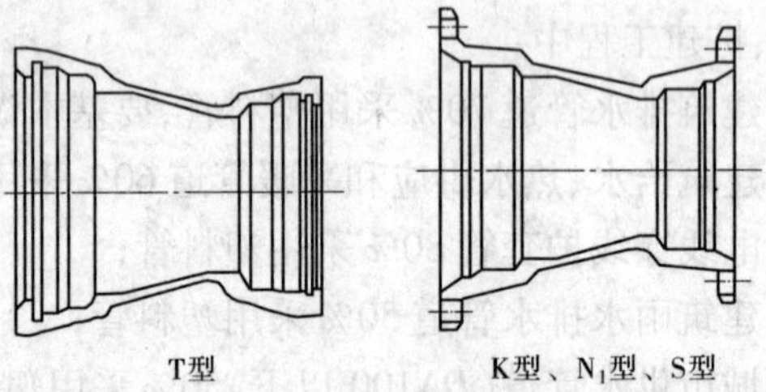

图 5-19　双承渐缩管

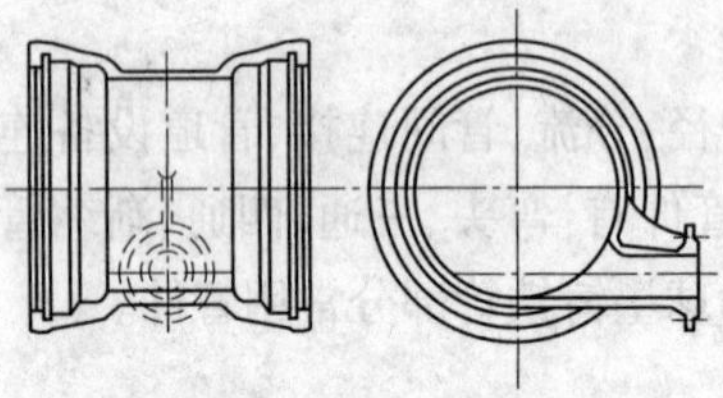

图 5-20　双承单支盘丁字管

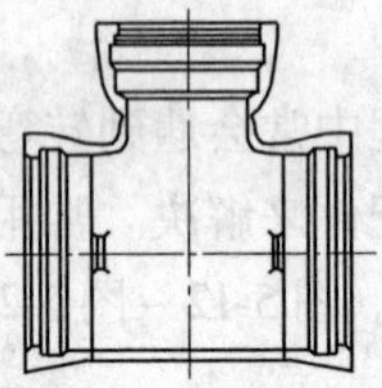

图 5-21　全承三通

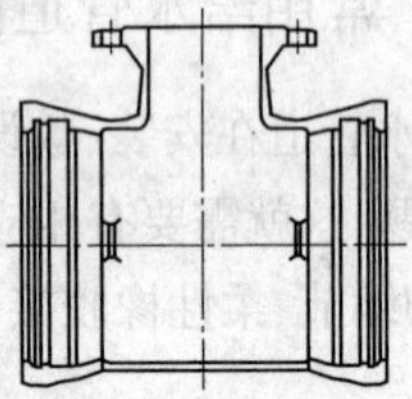

图 5-22　双承单支盘三通

图 5-23　全承 45°斜三通

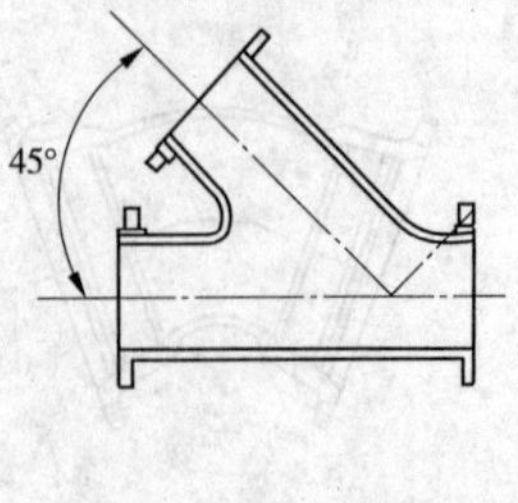

图 5-24　全承 45°斜三通

图 5-25　全承四通

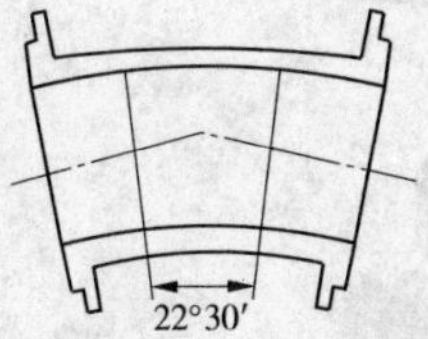

图 5-26　22.5°双法兰弯管

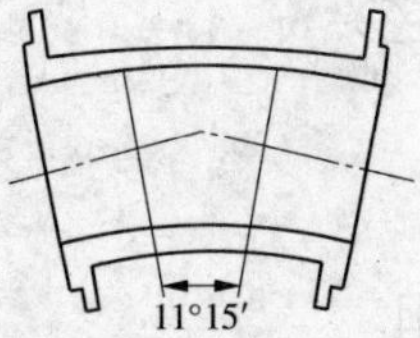

图 5-27　11.25°双法兰弯管

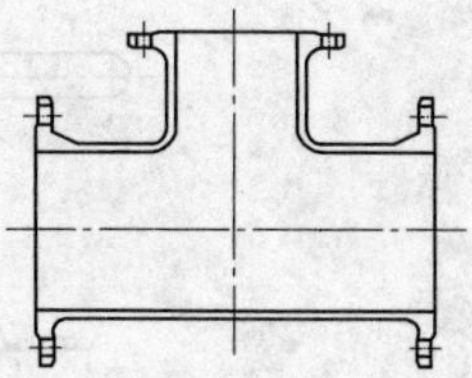

图 5-28　全法兰三通

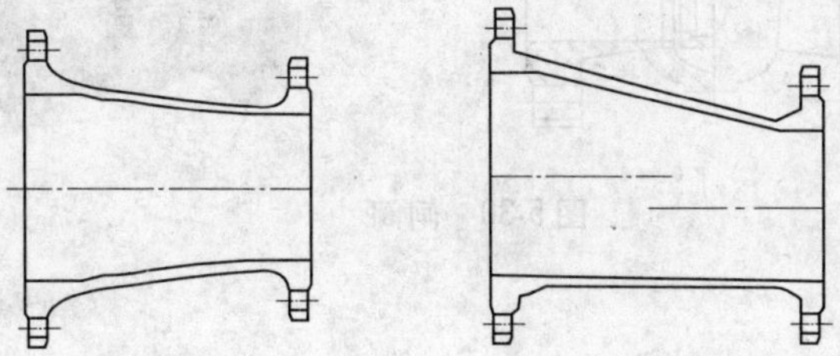

(a)同心型　　(b)底平型

图 5-29　双法兰渐缩管

钢管配件一般由钢板卷焊而成,也可直接采用标准铸铁配件连接。预应力混凝土管在阀门、弯管、排气、放水等装置处必须采用钢制配件;自应力混凝土管可用铸铁配件连接。塑料管及玻璃钢夹砂管等一般采用同材质的成品配件。

第二节　给水管网附件

在城镇给水管网系统中,除了用于管道连接的管配件外,还有一些用于调节流量、控制水流方向的阀门及其他保证管网正常工作的设施如消火栓、水锤消除器等,统称为管网附件。

一、阀门

阀门主要是用以控制水流方向、调节管道内的水量和水压的,是用于管道中控制流体的元件,起到导流、截流、调节、防止倒流和分流等作用。

在城镇给水系统中常用的阀门按用途和作用分类,主要有截断阀类(主要用于截断或接通介质,如闸阀(见图 5-30)、截止阀、蝶阀(见图 5-31)、球阀和旋塞阀等),调节阀类(主要用于调节介质的流量和压力等,如调节阀、节流阀和减压阀等),止回阀类(用于阻止介质倒流,如各种结构的止回阀)(见图 5-32)和排气阀类(用于自动排出管道内空气,如单口排气阀和双口排气阀等)(见图 5-33);按驱动动力分有手动阀、电动阀、液压阀、气动阀等;按公称压力分有高压阀、中压阀及低压阀。

其安装位置通常在管网中管段分支处、穿越障碍物、过长管线上及有特殊要求的部位。如管段中需排气、排泥的,或防止水倒流等,均应在需要位置布设相应的阀门。

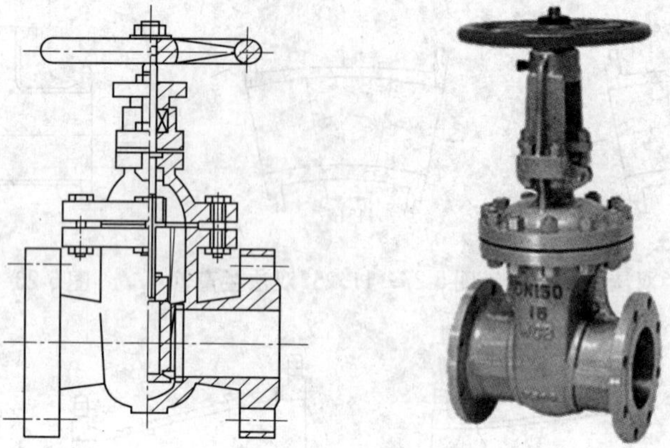

图 5-30　闸阀

图 5-31　蝶阀

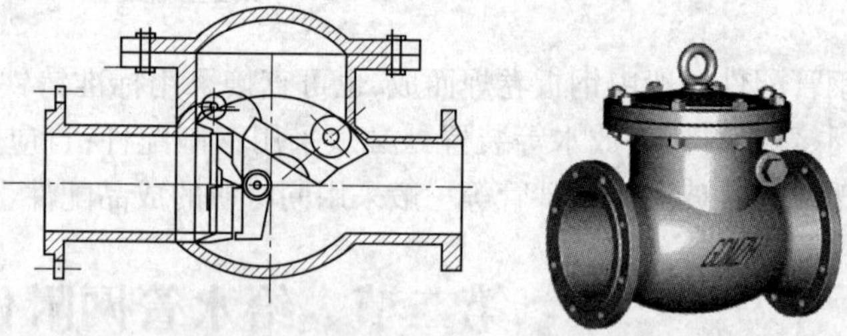

图 5-32　止回阀

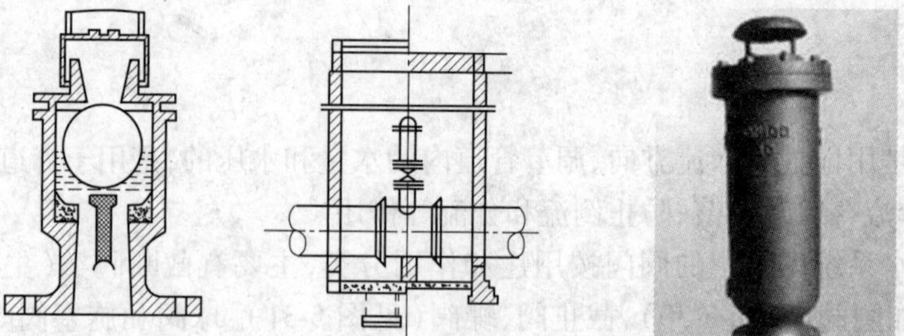

图 5-33　排气阀

通常在输配水干管直线段上距离为 400 ~ 1 000 m 处装设一检修阀门，且不超过 3 条配水支管；干线与支线交接处的阀门应设在支线上。配水支管上的阀门不应隔断 5 个以上消火栓。阀门口径一般与管径相同。

二、水锤消除设备

当压力管上阀门关闭过快或水泵压水管上的单向阀突然关闭时，水锤水压可能提高到正常时的数倍，对管道或阀件产生破坏作用。为防止水锤对管网产生破坏，通常采取如下措施：延长阀门启闭时间，延缓水流的瞬间冲击；在管线上安装安全阀或水锤消除器；有条件时取消泵站的单向阀和底阀。

三、消火栓

消火栓主要是在火灾发生时，便于消防车取水的设施。分为地上式和地下式两种。对于北方地区及有特殊要求的地区（如广场等）多采用地下式（见图5-34），而南方地区多采用地上式（见图5-35）。

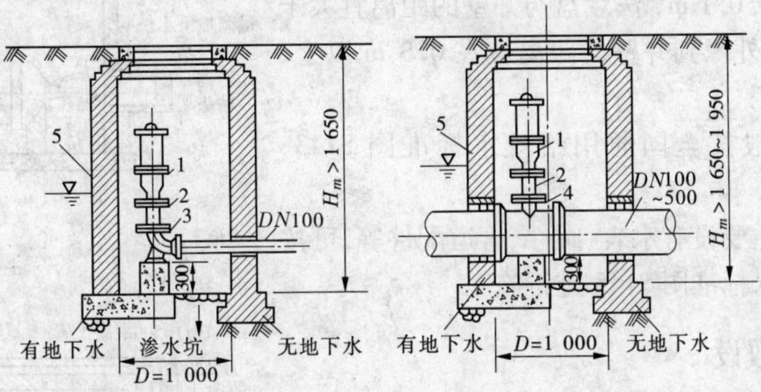

1—消火栓；2—短管；3—弯头；4—变径三通；5—井身

图5-34　地下式消火栓　（单位：mm）

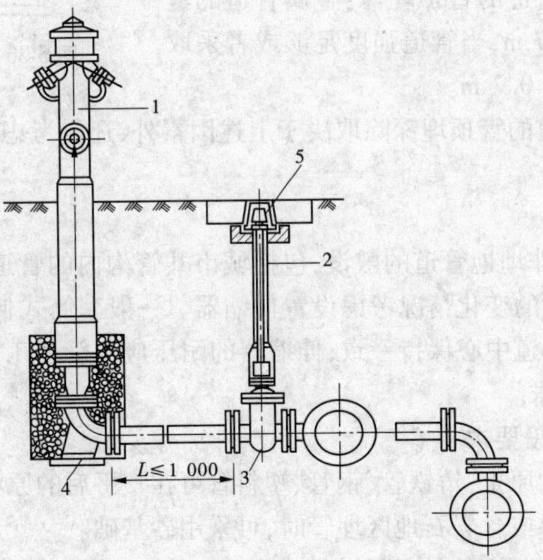

1—消火栓；2—阀杆；3—阀门；4—弯管底座；5—阀门套筒

图5-35　地上式消火栓　（单位：mm）

第三节　给水管网附属构筑物及管道敷设

给水管网在安装附件时，为便于今后维护和安全管理，通常会设置一些阀门井、水表井等构筑物；同时为了满足水量、水压调节，还需设置调节构筑物。调节构筑物在第四章第三节中有介绍，这里重点介绍阀井构筑物及管道的敷设。

一、阀门井、水表井

阀门井是内部设有阀件、管道配件的砖砌或钢筋混凝土砌筑物，如图 5-36 所示。阀井平面尺寸应满足阀门安装及检修操作方便的要求；井深由管道埋深确定，但井底到管道承口或法兰盘底的距离不得小于 0.1 m，法兰盘与井壁的距离宜大于 0.15 m，从承口外缘到井壁的距离应在 0.3 m 以上，以便于接口施工。

阀门井一般按全国通用给排水标准图 S143、S144 进行施工。

水表井内主要设有水表、阀件、管道配件等，可按全国通用给排水标准图 S145 进行施工。

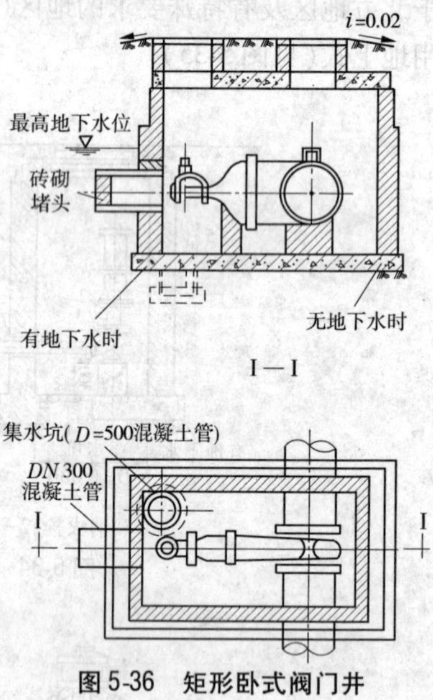

图 5-36　矩形卧式阀门井

二、管道敷设

（一）管道敷设的一般要求

1. 管道埋深

（1）非冰冻地区管道的管顶埋深：金属管道的覆土深度一般不小于 0.7 m，当管道强度足够或者采取相应措施时，也可小于 0.7 m。

（2）冰冻地区管道的管顶埋深除取决于上述因素外，还需考虑土壤的冰冻深度，应通过热力计算确定。

2. 管道明设

管道明设一般指非埋地管道的敷设，包括城市共管沟内的管道设置。除按要求设置支墩外，还应依据温度的变化情况考虑设置伸缩器。一般套筒式伸缩器应顺水流方向安装；伸缩器中心应与管道中心保持一致；伸缩器的耐压应与管道工作压力相一致，并应满足管道试验压力的要求。

（二）管道基础埋设要求

（1）对未经扰动的原土，铸铁管、钢管、塑料管可在整平后的原状土上直接敷设管道。

（2）如遇地基较差或含岩石地区埋管时，可采用砂基础。

（3）承插式钢筋混凝土管的敷设若地基良好，也可不设基础；若地基较差则需做砂基础或混凝土基础。

（4）特殊管道基础的具体做法应根据所选择的不同管材，结合工程的实际条件，在设计时加以确定。

（三）管支墩

当管内水流通过承插接头的弯头、丁字支管顶端、管堵顶端等处，产生的外推力大于所能承受的拉力时，应设置支墩，以防止接口松动脱节。如图5-37、图5-38所示。管支墩可参考全国通用给排水标准图03S504、03S505进行设置。

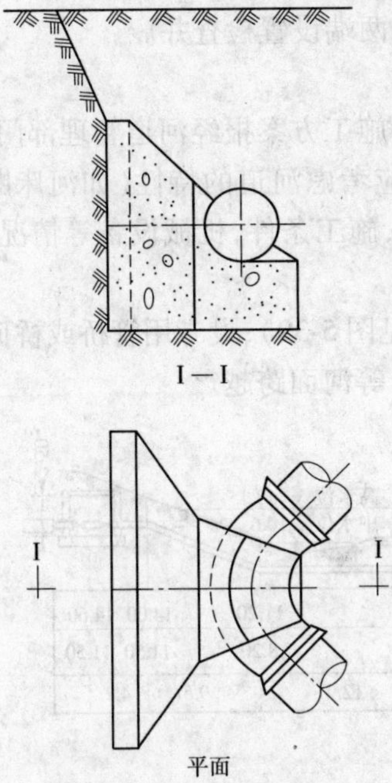

图5-37　水平弯管支墩

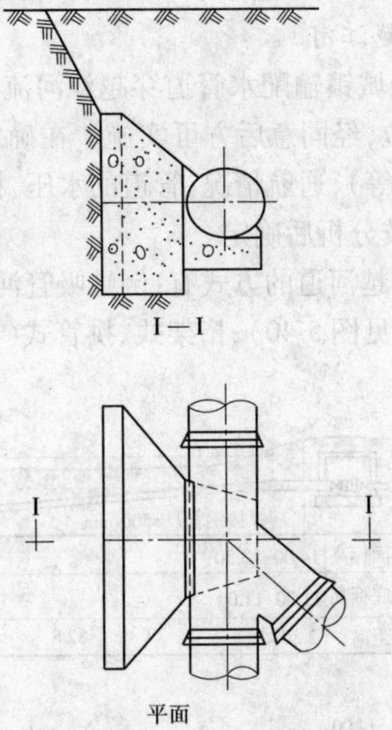

图5-38　水平叉管支墩

(1)在一般土壤地区当采用石棉水泥接口的球墨铸铁管管径小于等于350 mm，且试验压力不大于1.0 MPa时，在弯头、三通处可不设支墩；但在松软土壤地区，则应根据管中试验压力和土壤条件，计算确定是否需要设置支墩。其余形式的承插接口管道，应根据其接口允许承受的内压力和管配件形式、试验压力进行支墩计算。

(2)当弯管管径大于700 mm，且水平敷设时，应尽量避免使用90°弯管。若垂直敷设，应尽量避免使用45°以上的弯管。

(3)支墩应砌筑在坚土上。若利用水体做后背墙，则一定要选原状土，并保证支墩和土体紧密接触，如有空隙应用与支墩相同的材料填实。

(4)直线管段隔8～12 m需设一滑动支墩，另设一固定支墩。固定支墩一般可采用60～70 m，最大不超过100 m。

（四）管道穿越障碍物

在城镇管网敷设中，会遇到许多障碍物，如公路、铁路、江河等，穿越这些障碍物时，应采取有效措施，以确保管网工作的安全运行。具体措施如下：

1. 穿越公路

当管网通过主要交通干道或繁忙街道时，应考虑管道除满足规定埋深外，还应加设比安装管道管径大一至二级的钢制或钢筋混凝土套管。施工方案尽可能选用顶管施工，以减轻由于施工对交通的堵塞。在施工前，应将施工方案报当地道路城建及交通警察部门认可。

2. 穿越铁路

对需穿越铁路的管道，在施工前，应确定施工方案，并报经有关铁路部门同意后方可施工。在施工中，除满足相关的给水管道施工规范外，还应遵循有关的铁路技术规程及规范。管道穿越铁路必须加设套管，防护套管管顶至铁路轨底的深度，不得小于1.2 m，管道至路基面高度不应小于0.7 m，且在穿越铁路的两端设置检查井。

3. 穿越江河

（1）当城镇输配水管道穿越江河流域时，应将施工方案报经河道管理部门、环保部门等相关单位，经同意后方可实施。在确定方案时应考虑河道的特性（如河床断面、流量、深度、地质等），通航情况，管道的水压、材质、管径，施工条件，机械设备等情况，并经过技术经济比较分析后确定。

（2）穿越河道的方式有：倒虹吸管河底穿越（见图5-39）；设专用管桥或桥面设有管道专用通道（见图5-40）；桁架式、拱管式（见图5-41）等河面跨越。

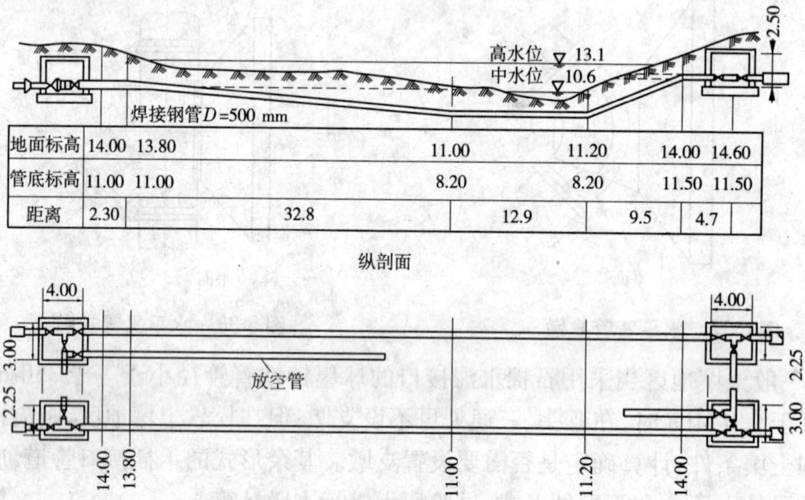

图5-39 倒虹吸管 （单位：mm）

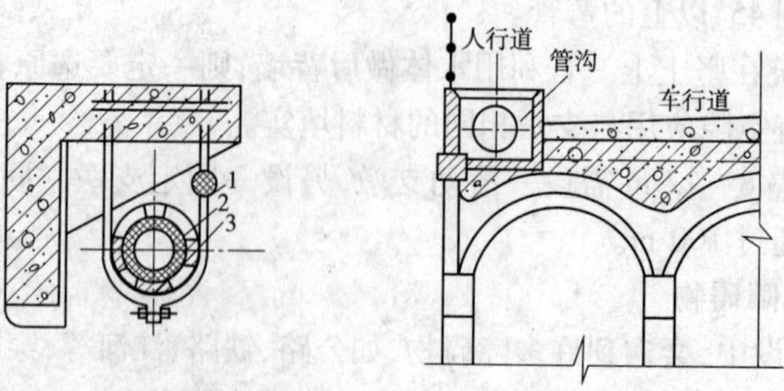

(a)钢筋混凝土桥之水管吊架　(b)桥边人行道下的管沟

1—吊环；2—钢管；3—块木

图5-40 敷设于桥梁上的管道 （单位：mm）

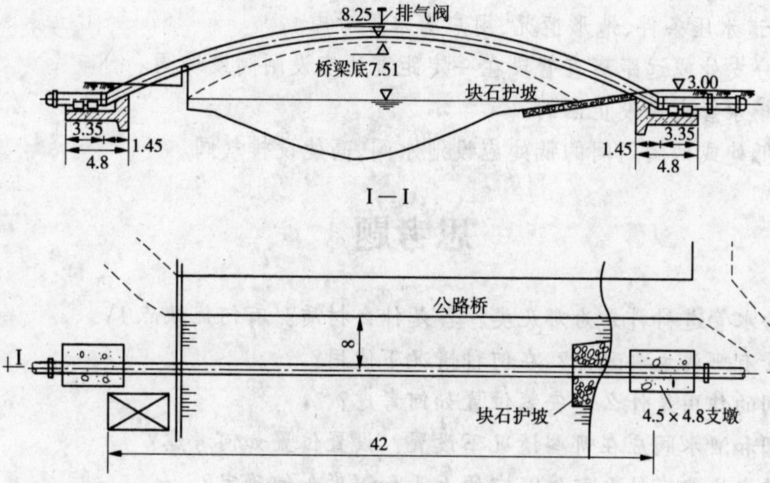

图 5-41 过河拱管 （单位:mm）

小 结

1. 给水管道材料及配件

(1)常用的给水管材有金属、非金属两大类。其中金属管有球墨铸铁管、钢管;非金属管有自应力混凝土管、预应力混凝土管、预应力钢筒混凝土管、聚乙烯管、聚丙烯管、ABS 工程塑料管、玻璃钢管等。

(2)常用的管配件有:弯头、三通、四通、渐缩管、短管、管堵、伸缩节、柔性橡胶接头等。

2. 给水管网附件

(1)阀门类型主要有闸阀、截止阀、蝶阀、球阀和旋塞阀、止回阀、排气阀等。

(2)水锤消除设备。

(3)消火栓。

3. 给水管网附属构筑物

给水管网附属构筑物主要有阀门井、水表井、管道支墩、倒虹管、拱管与管桥等。

4. 给水管材选择应考虑的因素

应考虑的因素有管网的工作压力、外部荷载、土质情况、施工维护、供水可靠性要求、使用年限、价格及管材供应情况等。

(1)长距离大水量输水系统:若所需压力较低,则选用现浇混凝土低压渠道;若所需压力较高,则选用 PCCP 管或 HOBAS 管。

(2)城市输配水管道系统采用球墨铸铁管或 HOBAS。

(3)建筑小区及街区内部采用 PE 管。

(4)穿越障碍物等特殊地段采用钢管。

5. 管网附件及附属构筑物的选设

应结合管道水压条件、地形情况、用户需求等考虑。

(1)管道分支处或远距离直管段在一定距离处应设闸阀或蝶阀。

(2)水泵扬水管上应设止回阀。

(3)管线低处或两阀门间的低处应设泄水阀,高处设排气阀。

思考题

1. 常用给水管道材料分为哪几类?各是什么材质?有何优缺点?
2. 给水管有哪些主要配件?在何种情况下使用?
3. 止回阀的作用是什么?安装位置如何考虑?
4. 排气阀和泄水阀应在哪些情况下设置?设置位置如何考虑?
5. 水表井内主要有什么配件?它的大小和深度如何确定?
6. 在什么情况下应考虑设置给水管支墩?有哪些设置要求?
7. 给水管道穿越铁路或公路时应报哪些相关部门批准?

第六章　城市给水工程实例

学习目标：了解给水工程设计任务和所需设计资料；掌握城市给水管网的设计计算过程；了解工程造价估算。

第一节　设计任务及设计资料

一、设计资料

（一）城市分区及人口情况

A 城市位于辽宁省南部，H 河的中下游。城市分为Ⅰ、Ⅱ、Ⅲ3 个行政区，Ⅰ区 15.054 万人，Ⅱ区15.995 万人，Ⅲ区 12.232 万人；房屋平均层数为Ⅰ区 5 层，Ⅱ区 3 层，Ⅲ区 3 层。

（二）城市工业企业

该城市工业企业的位置见图 6-1，用水量情况见表 6-1。

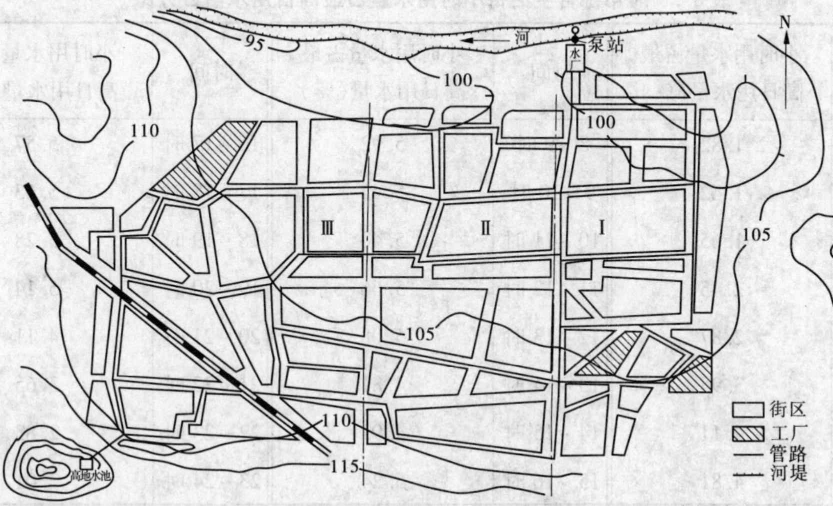

图 6-1　A 城市管网规划图

表 6-1　A 城市工业企业用水量情况

工业企业名称	用水量(m^3/d)	用水时间	备　注
R、P、X	各 3 500	全天均匀使用	水质与生活饮用水相同，水压无特殊要求
Z、W	各 3 000	8 ~ 24 h 均匀使用	
L、B、M	各 2 500	8 ~ 16 h 均匀使用	

（三）城市自然状况

该城市土壤种类为黏质土。地下水水位深度为 15 m。冰冻线深度为 0.9 m。年降水量为 713.5 mm。城市最高温度为 36.9 ℃，最低温度为 -30.4 ℃，年平均温度为 8.8 ℃。夏季主导风向为南风，冬季主导风向为东北风。

（四）水文资料

H 河位于城市的北部，河水自东向西流。H 河历史最高洪水位为 98.40 m；97% 保证率的枯水位为 86.50 m，常水位为 92.30 m；冰冻期水位为 89.70 m。最大流量为 3 500 m^3/s，97% 保证率的枯水期流量为 80 m^3/s，多年平均流量为 340 m^3/s，流速为 1.4 ~ 2.9 m/s。最低水位时河宽 85 m，冰的最大厚度为 0.5 m。河水的水质符合二类水源水的水质指标，水温最高为 25 ℃，最低为 2 ℃，水的浊度见表 6-2，细菌总数为 3 100 个/mL，大肠杆菌数为 35 个/L。

表 6-2　原水浊度

月份	1	2	3	4	5	6	7	8	9	10	11	12
浊度（NTU）	30	20	45	60	130	320	710	940	1 100	360	210	30

（五）城市综合生活用水

城市综合生活用水每小时用水量占最高日用水百分比的情况见表 6-3，用水日变化系数 $K_d = 1.37$。城市规划远期用水量为近期用水量的 150%。

表 6-3　城市综合生活每小时用水量占最高日用水量百分比

时间	小时用水量占最高日用水量（%）	时间	小时用水量占最高日用水量（%）	时间	小时用水量占最高日用水量（%）
0 ~ 1 时	1.82	8 ~ 9 时	5.92	16 ~ 17 时	5.57
1 ~ 2 时	1.62	9 ~ 10 时	5.47	17 ~ 18 时	5.63
2 ~ 3 时	1.65	10 ~ 11 时	5.40	18 ~ 19 时	5.28
3 ~ 4 时	2.45	11 ~ 12 时	5.66	19 ~ 20 时	5.14
4 ~ 5 时	2.87	12 ~ 13 时	5.08	20 ~ 21 时	4.11
5 ~ 6 时	3.95	13 ~ 14 时	4.81	21 ~ 22 时	3.65
6 ~ 7 时	4.11	14 ~ 15 时	4.92	22 ~ 23 时	2.83
7 ~ 8 时	4.81	15 ~ 16 时	5.24	23 ~ 24 时	2.01

（六）城市消防用水

城市消防用水按消防部门的要求考虑，取 80 × 3 L/s，历时 2 h。

二、设计任务

（1）城市给水工程规划。

（2）城市输水管与给水管网设计。

（3）净水厂处理工艺设计。

（4）二级泵站设计。

(5)城市给水工程总概算和成本估计。

(6)图纸:城市给水管网规划总平面渲染图1张;给水处理厂工艺平面图1张;给水厂总平面及高程布置图两张;净水构筑物平、立、剖面图2~3张;二泵站工艺图两张;管网等水压线图1张;其他。

第二节 给水管网布置及水厂选址

A城市的北面有一条自东向西流的水源充沛、水质良好的河流,经勘测和检验,可以作为生活饮用水水源。该城市的地势比较平坦,没有太大的起伏变化。城市的街区分布比较均匀,城市中各工业、企业等用户对水质和水压无特殊要求,因而采用统一给水系统。城市给水管网的布置取决于城市的平面布置、水源、调节构筑物的位置、大用户的分布等。考虑要点如下:

(1)干管延伸方向应和二级泵站到大用户、水塔、水池的方向一致,干管间距采用500~800 m。

(2)干管和干管之间由连接管形成环状网,连接管的间距为800~1 000 m。

(3)干管按照规划道路定线,尽量避免在高级路面或重要道路下通过;尽量少穿越铁路。

(4)干管尽量靠近大用户,以减少分配管的长度。

(5)力求以最短距离铺设管线,降低管网的造价和供水能量费用。

输水管线走向符合城市和工业企业的规划要求,沿现有道路铺设,有利于施工和维护。城市的输水管和配水管采用钢管(管径>1 000 mm时)和球墨铸铁管。

根据有关资料,采用岸边合建式取水工程。

在河流的上游建一地表水净水厂,水厂处不受洪水威胁;土壤为细砂土,承载力较好,便于施工。水厂所处位置不占良田,考虑到远期发展,水厂的面积留有余地,占地4.67 hm^2。水厂距离城区较近,交通便利,靠近电源。

经过多方案分析论证与经济技术比较,利用城市西南边高地建一高地水池,最终选择方案为:采用城市统一给水系统,设置对置的高地水池作为调节构筑物。输配水管路布置见图6-1。

第三节 给水管网设计计算

一、城市用水量计算

(一)最高日用水量

城市用水量包括综合生活用水、工业生产用水、消防用水、浇洒道路和绿地用水、未预见水量和管网漏失水量。

城市综合生活用水量按近期(10年)设计计算,人口自然增长率按12‰考虑,取最高日综合生活用水定额为220 L/(cap·d),用水普及率为90%。

综合生活用水为：

$$Q_1 = 220 \times (15.054 + 15.995 + 12.232) \times (1 + 0.012)^{10} \times 90\% \times 10^4 \times 10^{-3} = 96\ 553(m^3/d)$$

工业用水为：

$$Q_2 = 3\ 500 \times 3 + 3\ 000 \times 2 + 2\ 500 \times 3 = 24\ 000(m^3/d)$$

浇洒道路和绿地用水为：

$$Q_3 = 3\% \times (Q_1 + Q_2) = 3\ 617(m^3/d)$$

未预见和管网漏失水量为：

$$Q_4 = 20\% \times (Q_1 + Q_2 + Q_3) = 24\ 838(m^3/d)$$

最高日用水量为：

$$Q_d = Q_1 + Q_2 + Q_3 + Q_4 = 149\ 004(m^3/d)$$

(二)最高日最高时用水量

城市最高日用水量变化情况计算结果见表6-4。

从表6-4中可以看出8～9时为用水量最高时，其用水量为：

$$Q_h = 9\ 404.94\ m^3/h = 2\ 612.48\ L/s$$

表6-4 城市用水量变化情况

时间	综合生活用水(m^3/h)	工业用水(m^3/h)	绿地用水(m^3/h)	未预见水(m^3/h)	城市每小时用水量	
					(%)	(m^3/h)
0～1时	1 757.26	437.5		1 034.75	2.17	3 229.51
1～2时	1 564.16	437.5		1 034.75	2.04	3 036.41
2～3时	1 593.12	437.5		1 034.75	2.06	3 065.37
3～4时	2 365.55	437.5		1 034.75	2.58	3 837.80
4～5时	2 771.07	437.5		1 034.75	2.85	4 243.32
5～6时	3 813.84	437.5		1 034.75	3.55	5 286.09
6～7时	3 968.33	437.5		1 034.75	3.65	5 440.58
7～8时	4 644.20	437.5	904.25	1 034.75	4.71	7 020.70
8～9时	5 715.94	1 750	904.25	1 034.75	6.31	9 404.94
9～10时	5 281.45	1 750		1 034.75	5.41	8 066.20
10～11时	5 213.86	1 750		1 034.75	5.37	7 998.61
11～12时	5 464.90	1 750		1 034.75	5.54	8 249.65
12～13时	4 904.89	1 750		1 034.75	5.16	7 689.64
13～14时	4 644.20	1 750		1 034.5	4.99	7 428.95
14～15时	4 750.41	1 750		1 034.75	5.06	7 535.16
15～16时	5 059.38	1 750	904.25	1 034.75	5.87	8 748.38
16～17时	5 378.00	812.5	904.25	1 034.75	5.46	8 129.50

续表 6-4

时间	综合生活用水 (m³/h)	工业用水 (m³/h)	绿地用水 (m³/h)	未预见水 (m³/h)	城市每小时用水量	
					(%)	(m³/h)
17～18 时	5 435.93	812.5		1 034.75	4.88	7 283.18
18～19 时	5 098.00	812.5		1 034.75	4.66	6 945.25
19～20 时	4 962.82	812.5		1 034.75	4.57	6 810.07
20～21 时	3 968.33	812.5		1 034.75	3.90	5 815.58
21～22 时	3 524.18	812.5		1 034.5	3.60	5 371.43
22～23 时	2 732.45	812.5		1 034.75	3.07	4 579.70
23～24 时	1 940.72	812.5		1 034.75	2.54	3 787.97
合计	96 553	24 000	3 617	24 834	100	149 004

(三)平均时用水量

$$\overline{Q}_h = 149\ 004/24 = 6\ 208.5(\mathrm{m^3/h})$$

清水池和高地水池调节容积,两泵分级供水情况见表 6-5。

表 6-5 清水池和高地水池调节容积计算

时间	用水量 (%)	二泵供水量 (%)	一泵供水量 (%)	清水池调节容积(%)		水池调节容积 (%)
				无水池时	有水池时	
0～1 时	2.17	3.06	4.17	−2.00	−1.11	−0.89
1～2 时	2.04	3.06	4.17	−2.13	−1.11	−1.02
2～3 时	2.06	3.06	4.17	−2.11	−1.11	−1.0
3～4 时	2.58	3.06	4.17	−1.59	−1.11	−0.48
4～5 时	2.85	3.06	4.17	−1.32	−1.11	−0.21
5～6 时	3.55	3.06	4.17	−0.62	−1.11	0.49
6～7 时	3.65	3.06	4.17	−0.52	−1.11	0.59
7～8 时	4.71	5.10	4.17	0.54	0.93	−0.39
8～9 时	6.31	5.10	4.17	2.14	0.93	1.21
9～10 时	5.41	5.10	4.17	1.24	0.93	0.31
10～11 时	5.37	5.10	4.17	1.20	0.93	0.27
11～12 时	5.54	5.10	4.17	1.37	0.93	0.44

续表 6-5

时间	用水量（%）	二泵供水量（%）	一泵供水量（%）	清水池调节容积（%）		水池调节容积（%）
				无水池时	有水池时	
12～13 时	5.16	5.10	4.17	0.99	0.93	0.06
13～14 时	4.99	5.10	4.17	0.82	0.93	-0.11
14～15 时	5.06	5.10	4.17	0.89	0.93	-0.04
15～16 时	5.87	5.10	4.17	1.70	0.93	0.77
16～17 时	5.46	5.10	4.17	1.29	0.93	0.36
17～18 时	4.88	5.10	4.17	0.71	0.93	-0.22
18～19 时	4.66	5.10	4.17	0.49	0.93	-0.44
19～20 时	4.57	5.10	4.17	0.40	0.93	-0.53
20～21 时	3.90	3.06	4.17	-0.27	-1.11	0.84
21～22 时	3.60	3.06	4.17	-0.57	-1.11	0.54
22～23 时	3.07	3.06	4.17	-1.10	-1.11	0.01
23～24 时	2.54	3.06	4.17	-1.63	-1.11	-0.52
合计	100	100	100	13.78	12.21	4.12

清水池和高地水池总容积设计计算略，其他方案设计计算略。

二、管网水力计算

管网简化计算图及节点编号参见图 6-2。

（一）比流量计算

$$q_s = \frac{Q_h - \sum q}{\sum l} = \frac{2\,612.48 - 486.11}{34\,490} = 0.061\,7(\text{L/s})$$

（二）沿线流量计算

沿线流量计算见表 6-6。

（三）节点流量计算

$q_i = 0.5\sum ql$，其中节点 9、26 有集中流量 127.31 L/s，节点 14 有集中流量 92.59 L/s，节点 19 有集中流量 138.89 L/s，管网中所有节点流量见表 6-7。

（四）管网平差

根据节点流量进行管段流量初次分配，查界限流量表初步确定管径，进行管网平差，确定实际管径。管网平差结果见表 6-8 和图 6-2。

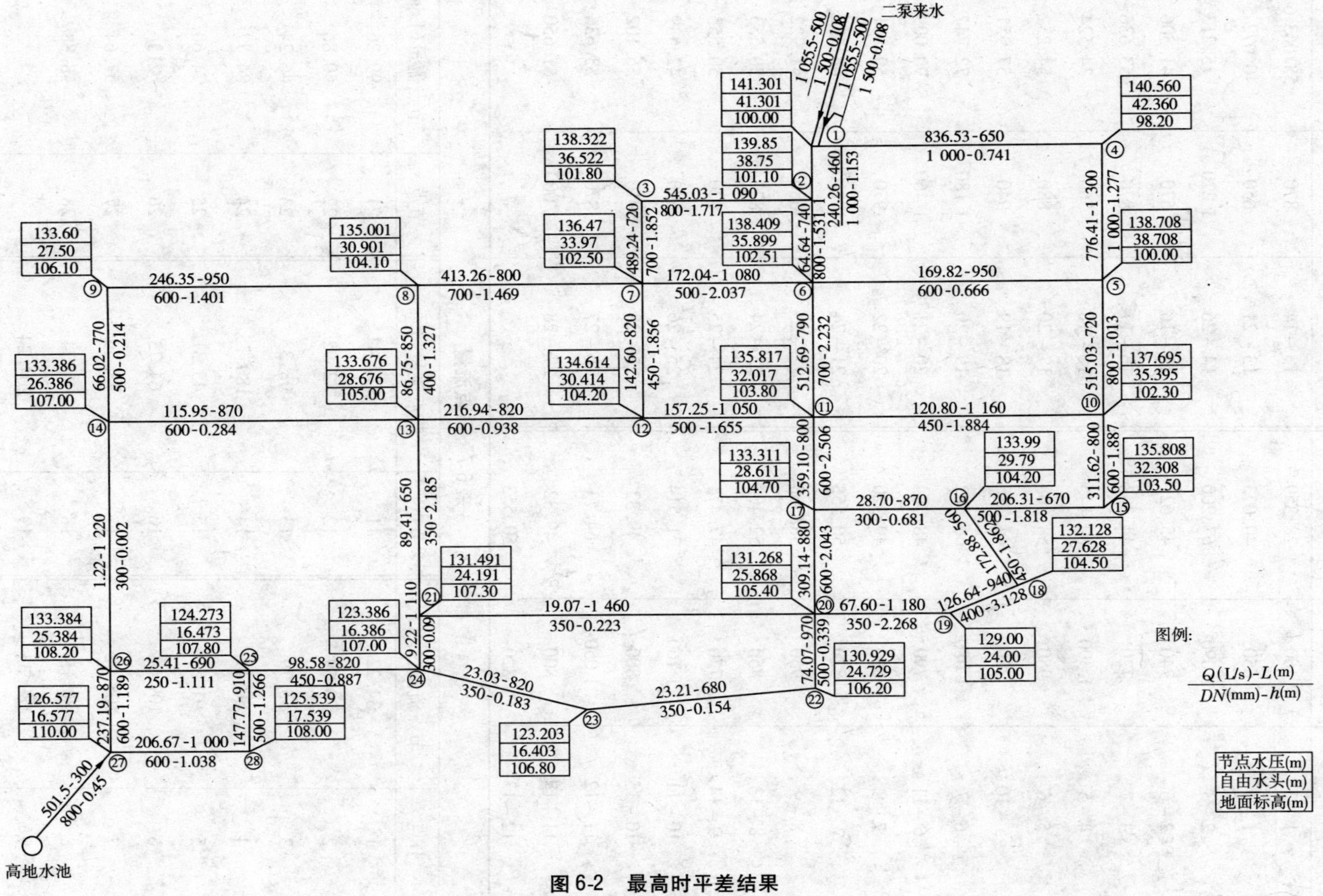
二泵来水
1 055.5-500
1 500-0.108
1 055.5-500
1 500-0.108
高地水池
501.5-300
800-0.45
图例:
Q(L/s)-L(m)
DN(mm)-h(m)
节点水压(m)
自由水头(m)
地面标高(m)
141.301
41.301
100.00
139.85
38.75
101.10
138.322
36.522
101.80
140.560
42.360
98.20
138.409
35.899
102.51
136.47
33.97
102.50
135.001
30.901
104.10
133.60
27.50
106.10
138.708
38.708
100.00
137.695
35.395
102.30
135.817
32.017
103.80
134.614
30.414
104.20
133.676
28.676
105.00
133.386
26.386
107.00
135.808
32.308
103.50
133.99
29.79
104.20
133.311
28.611
104.70
132.128
27.628
104.50
131.268
25.868
105.40
131.491
24.191
107.30
129.00
24.00
105.00
130.929
24.729
106.20
123.386
16.386
107.00
124.273
16.473
107.80
133.384
25.384
108.20
126.577
16.577
110.00
125.539
17.539
108.00
123.203
16.403
106.80
836.53-650
1 000-0.741
240.26-460
1 000-1.153
545.03-1 090
800-1.717
776.41-1 300
1 000-1.277
64.64-740
800-1.531
489.24-720
700-1.852
172.04-1 080
500-2.037
169.82-950
600-0.666
246.35-950
600-1.401
413.26-800
700-1.469
66.02-770
500-0.214
86.75-850
400-1.327
142.60-820
450-1.856
512.69-790
700-2.232
515.03-720
800-1.013
115.95-870
600-0.284
216.94-820
600-0.938
157.25-1 050
500-1.655
120.80-1 160
450-1.884
359.10-800
600-2.506
311.62-800
600-1.887
28.70-870
300-0.681
206.31-670
500-1.818
172.88-560
450-1.869
126.64-940
400-3.128
89.41-650
350-2.185
1.22-1 220
300-0.002
309.14-880
600-2.043
67.60-1 180
350-2.268
19.07-1 460
350-0.223
9.22-1 110
300-0.09
74.07-970
500-0.339
25.41-690
250-1.111
98.58-820
450-0.887
23.03-820
350-0.183
23.21-680
350-0.154
237.19-870
600-1.189
147.77-910
500-1.266
206.67-1 000
600-1.038

图 6-2　最高时平差结果

表 6-6　管段沿线流量

管段编号	管长(m)	沿线流量(L/s)	管段编号	管长(m)	沿线流量(L/s)
1-2	460	28.359	13-14	870	53.063 6
1-4	650	40.073	13-21	650	40.072 5
2-3	1 090	67.200	14-26	1 220	75.213
2-6	740	45.621	15-16	670	41.306
3-7	720	44.388	16-17	870	53.636
4-5	1 300	80.145	16-18	560	34.524
5-6	950	58.568	17-20	880	54.252
5-10	720	44.388	18-19	940	57.951
6-7	1 080	66.582	19-20	1 180	72.747
6-11	790	48.704	20-21	1 460	90.009
7-8	800	49.320	20-22	970	59.801
7-12	820	50.553	21-24	1 110	68.432
8-9	950	58.568	22-23	680	41.922
8-13	850	52.403	23-24	820	50.553
9-14	770	47.471	24-25	820	50.553
10-11	1 160	71.514	25-26	690	42.539
10-15	800	49.32	25-28	910	56.102
11-12	1 050	64.73	26-27	870	53.636
11-17	800	49.32	27-28	1 000	61.650
12-13	820	50.553			

表 6-7　节点流量

节点	节点流量(L/s)	节点	节点流量(L/s)	节点	节点流量(L/s)
1	34.22	11	117.41	21	99.26
2	70.59	12	82.92	22	50.86
3	55.79	13	98.33	23	46.24
4	60.11	14	180.75	24	84.77
5	91.55	15	45.31	25	74.60
6	109.74	16	64.73	26	213
7	105.42	17	78.66	27	57.64
8	80.15	18	46.24	28	58.88
9	180.33	19	204.24		
10	82.61	20	138.40		

表 6-8　最高时管网平差结果

管段编号	管段	管长(m)	管径 (mm)	设计流量 (L/s)	水头损失 (m)	计算流速 (m/s)	小环号	大环号
1	1 - 2	460	1 000	1 240.26	1.153	1.579	-1	0
2	1 - 4	650	1 000	836.53	0.741	1.065	1	0
3	2 - 3	1 090	800	545.03	1.717	1.084	-2	0
4	2 - 6	740	800	624.64	1.531	1.243	-1	2
5	3 - 7	720	700	489.24	1.852	1.271	-2	0
6	4 - 5	1 300	1 000	776.41	1.277	0.989	1	0
7	5 - 6	950	600	169.83	0.666	0.601	1	3
8	5 - 10	720	800	515.03	1.013	1.025	3	0
9	6 - 7	1 080	500	172.04	2.037	0.876	2	4
10	6 - 11	790	700	512.69	2.232	1.332	-3	4
11	7 - 8	800	700	413.26	1.469	1.074	-5	0
12	7 - 12	820	450	142.60	1.856	0.897	-4	5
13	8 - 9	950	600	246.35	1.401	0.871	-6	0
14	8 - 13	850	400	86.75	1.327	0.690	-5	6
15	9 - 14	770	500	66.02	0.214	0.336	-6	0
16	10 - 11	1 160	450	120.80	1.884	0.760	3	7
17	10 - 15	800	600	311.62	1.887	1.102	7	0
18	11 - 12	1 050	500	157.25	1.655	0.801	4	9
19	11 - 17	800	600	359.10	2.506	1.270	-7	9
20	12 - 13	820	600	216.94	0.938	0.767	5	9
21	13 - 14	870	600	115.95	0.284	0.410	6	11
22	13 - 21	650	350	89.41	2.185	0.929	-9	11
23	14 - 26	1 220	300	1.22	0.002	0.017	-11	0
24	15 - 16	670	500	206.31	1.818	1.051	7	0
25	16 - 17	870	300	28.70	0.681	0.406	7	8
26	16 - 18	560	450	172.88	1.862	1.087	8	0
27	17 - 20	880	600	309.14	2.043	1.093	-8	9
28	18 - 19	940	400	126.64	3.128	1.008	8	0
29	19 - 20	1 180	350	67.60	2.268	0.703	-8	0
30	20 - 21	1 460	350	19.07	0.223	0.198	-9	10
31	20 - 22	970	500	74.07	0.339	0.377	10	0
32	21 - 24	1 110	300	9.22	0.090	0.130	10	11
33	22 - 23	680	350	23.21	0.154	0.241	10	0
34	23 - 24	820	350	23.03	0.183	0.239	-10	0
35	24 - 25	820	450	98.58	0.887	0.620	-11	0
36	25 - 26	690	250	25.41	1.111	0.518	-11	12
37	25 - 28	910	500	147.77	1.266	0.753	-12	0
38	26 - 27	870	600	237.19	1.189	0.839	12	0
39	27 - 28	1 000	600	206.67	1.038	0.731	-12	0

(五)管网平差校核

1. 输水管起端处的水压 H_1

净水厂的地面标高为 100 m,从水厂向管网的两条输水管长为 500 m,最高时每条管中流量为 1 055.5 L/s。选 19 为控制点,地面标高为 105 m,自由水头为 24 m。70% $Q_{输}$ 的值为 1 478 L/s,依此每条输水管的管径选为 1 500 mm,查得输水管 1 000i 为 0.215。控制点需服务水头为 24 m。

$$H_1 = \sum h + 24 + 0.215 \times 0.5 + (105 - 100) = 41.912(\text{m})$$

泵站内水头损失取 2.6,则水泵扬程为 44.5 m。用 4 台 20sh－9A 水泵工作。

2. 高地水池底标高 H_2

选 21 点为控制点,地面标高为 107.3 m,自由水头为 16 m。高地水池向管网一条输水管长 300 m,最高时输水管中流量为 501.5 L/s,选管径 800 mm,查得 1 000i = 1.5 m。

$$H_2 = 107.3 + 16 + 0.3 \times 1.5 + \sum h$$
$$= 107.3 + 16 + 0.45 + 3.277 = 127.027(\text{m})$$

3. 最大转输时校核

最大转输时发生在 1 ~ 2 时,水厂向管网的每条输水管中流量为 633 L/s,查得 1 000i = 0.06。输入高地水池的水量为 422.32 L/s,查得 1 000i = 1.06。高地水池水深 4 m。平差结果见表 6-9 和图 6-3。

表 6-9 最大转输时平差结果

管段编号	管段	管长(m)	管径(mm)	设计流量(L/s)	水头损失(m)	计算流速(m/s)	小环号	大环号
1	1－2	460	1 000	795.00	0.474	1.012	－1	0
2	1－4	650	1 000	459.95	0.224	0.586	1	0
3	2－3	1 090	800	391.05	0.884	0.778	－2	0
4	2－6	740	800	381.14	0.570	0.758	－1	2
5	3－7	720	700	373.03	1.077	0.969	－2	0
6	4－5	1 300	1 000	440.53	0.411	0.561	1	0
7	5－6	950	600	133.22	0.410	0.471	1	3
8	5－10	720	800	277.74	0.295	0.553	3	0
9	6－7	1 080	500	142.28	1.393	0.725	2	4
10	6－11	790	700	336.64	0.962	0.875	－3	4
11	7－8	800	700	361.05	1.121	0.938	－5	0
12	7－12	820	450	120.21	1.319	0.756	－4	5
13	8－9	950	600	243.18	1.365	0.860	－6	0
14	8－13	850	400	91.98	1.492	0.732	－5	6

续表 6-9

管段编号	管段	管长 (m)	管径 (mm)	设计流量 (L/s)	水头损失 (m)	计算流速 (m/s)	小环号	大环号
15	9 - 14	770	500	184. 93	1. 678	0. 942	-6	0
16	10 - 11	1 160	450	91. 48	1. 080	0. 575	3	7
17	10 - 15	800	600	159. 58	0. 495	0. 564	7	0
18	11 - 12	1 050	500	161. 97	1. 756	0. 825	4	9
19	11 - 17	800	600	227. 77	1. 008	0. 806	-7	9
20	12 - 13	820	600	255. 40	1. 299	0. 903	5	9
21	13 - 14	870	600	271. 15	1. 554	0. 959	6	11
22	13 - 21	650	350	44. 47	0. 541	0. 462	-9	11
23	14 - 26	1 220	300	81. 66	4. 732	1. 155	11	0
24	15 - 16	670	500	144. 94	0. 897	0. 738	7	0
25	16 - 17	870	300	29. 13	0. 702	0. 412	7	8
26	16 - 18	560	450	94. 91	0. 561	0. 597	8	0
27	17 - 20	880	600	232. 03	1. 151	0. 820	-8	9
28	18 - 19	940	400	79. 97	1. 247	0. 636	8	0
29	19 - 20	1 180	350	14. 00	0. 048	0. 111	8	0
30	20 - 21	1 460	350	68. 99	1. 442	0. 549	9	10
31	20 - 22	970	500	132. 33	1. 083	0. 674	10	0
32	21 - 24	1 110	300	81. 40	3. 991	1. 152	-10	11
33	22 - 23	680	350	115. 90	3. 841	1. 205	10	0
34	23 - 24	820	350	100. 96	3. 515	1. 049	10	0
35	24 - 25	820	450	154. 98	2. 192	0. 974	11	0
36	25 - 26	690	250	15. 82	0. 431	0. 322	11	12
37	25 - 28	910	500	146. 70	1. 248	0. 747	12	0
38	26 - 27	870	600	313. 26	2. 074	1. 108	-12	0
39	27 - 28	1 000	600	127. 68	0. 396	0. 452	12	0

最大转输时所需输水管起端处的水压 H_3：

$$H_3 = (127.027 - 100) + 4 + 0.5 \times 0.06 + 0.318 + \sum h$$
$$= 31.375 + 16.676 = 48.051(\text{m}) > H_1$$

在最大转输时，20sh - 9A 型水泵 3 台工作，流量减小，根据水泵的工况曲线可知，水泵能够满足实际所需扬程。

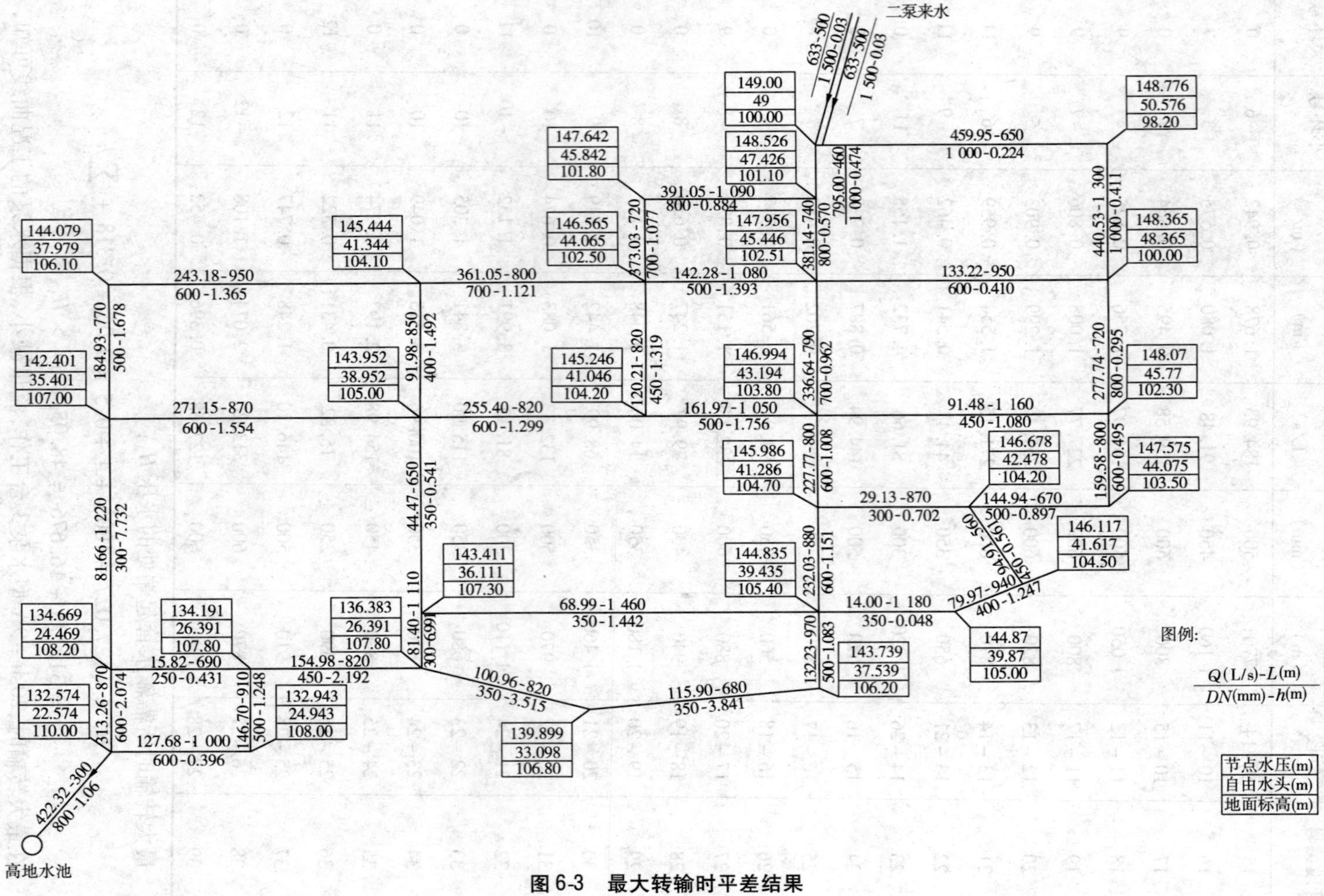

图 6-3　最大转输时平差结果

4. 最高时加消防时校核

在节点 14、24、19 处分别加上 80 L/s 的消防水量,平差结果见表 6-10 和图 6-4。

选 19 点为控制点,查得输水管 $1\,000i=0.23$。最高时+消防时所需输水管起端处的水压为 H_4:

$$H_4=(105-100)+10+0.115+\sum h$$
$$=15.115+17.931=33.046(\mathrm{m})<H_1$$

表 6-10 最高时+消防时管网平差结果

管段编号	管段	管长(m)	管径(mm)	设计流量(L/s)	水头损失(m)	计算流速(m/s)	小环号	大环号
1	1-2	460	1 000	1 389.22	1.446	1.769	-1	0
2	1-4	650	1 000	927.56	0.911	1.810	1	0
3	2-3	1 090	800	617.41	2.204	1.228	-2	0
4	2-6	740	800	701.23	1.930	1.395	-1	2
5	3-7	720	700	561.62	2.441	1.459	-2	0
6	4-5	1 300	1 000	867.45	1.593	1.104	1	0
7	5-6	950	600	194.24	0.871	0.687	1	3
8	5-10	720	800	581.64	1.292	1.157	3	0
9	6-7	1 080	500	198.60	2.715	1.011	2	4
10	6-11	790	700	587.14	2.927	1.526	-3	4
11	7-8	800	700	480.35	1.984	1.248	-5	0
12	7-12	820	450	164.44	2.468	1.034	-4	5
13	8-9	950	600	293.99	1.995	1.040	-6	0
14	8-13	850	400	106.21	1.990	0.845	-5	6
15	9-14	770	500	113.66	0.634	0.579	-6	0
16	10-11	1 160	450	139.34	2.506	0.876	3	7
17	10-15	800	600	359.70	2.515	1.272	7	0
18	11-12	1 050	500	183.37	2.250	0.934	4	9
19	11-17	800	600	425.96	3.526	1.507	-7	9

续表 6-10

管段编号	管段	管长（m）	管径（mm）	设计流量（L/s）	水头损失（m）	计算流速（m/s）	小环号	大环号
20	12 - 13	820	600	274. 89	1. 505	0. 972	5	9
21	13 - 14	870	600	173. 64	0. 637	0. 614	6	11
22	13 - 21	650	350	109. 13	3. 255	1. 134	-9	11
23	14 - 26	1 220	300	26. 56	0. 818	0. 376	-11	0
24	15 - 16	670	500	254. 39	2. 763	1. 296	7	0
25	16 - 17	870	300	30. 15	0. 752	0. 427	7	8
26	16 - 18	560	450	219. 50	3. 002	1. 380	8	0
27	17 - 20	880	600	377. 46	3. 046	1. 335	-8	9
28	18 - 19	940	400	173. 26	5. 855	1. 379	8	0
29	19 - 20	1 180	350	100. 98	5. 060	1. 050	-8	0
30	20 - 21	1 460	350	26. 69	0. 437	0. 277	-9	10
31	20 - 22	970	500	101. 39	1. 110	0. 638	10	0
32	21 - 24	1 110	300	36. 56	1. 410	0. 517	10	11
33	22 - 23	680	350	50. 53	0. 730	0. 525	10	0
34	23 - 24	820	350	4. 29	0. 006	0. 045	-10	0
35	24 - 25	820	450	123. 92	1. 401	0. 779	-11	0
36	5 - 26	690	250	32. 48	1. 816	0. 662	-11	12
37	25 - 28	910	500	166. 04	1. 599	0. 846	-12	0
38	26 - 27	870	600	218. 92	1. 013	0. 774	12	0
39	27 - 28	1 000	600	224. 94	1. 229	0. 796	-12	0

5. 事故时校核

1 - 4 管段断开，70% Q_h（即 1 477. 7 L/s）送向管网，平差结果见图 6-5 和表 6-11。输水管 1 000i = 0. 132，1 - 2 管段 1 000i = 3. 65 m。事故时所需输水管起端的水压为 H_5：

$$H_5 = (105 - 100) + 24 + 0.066 + 1.679 + 9.351 = 40.096(\text{m}) < H_1$$

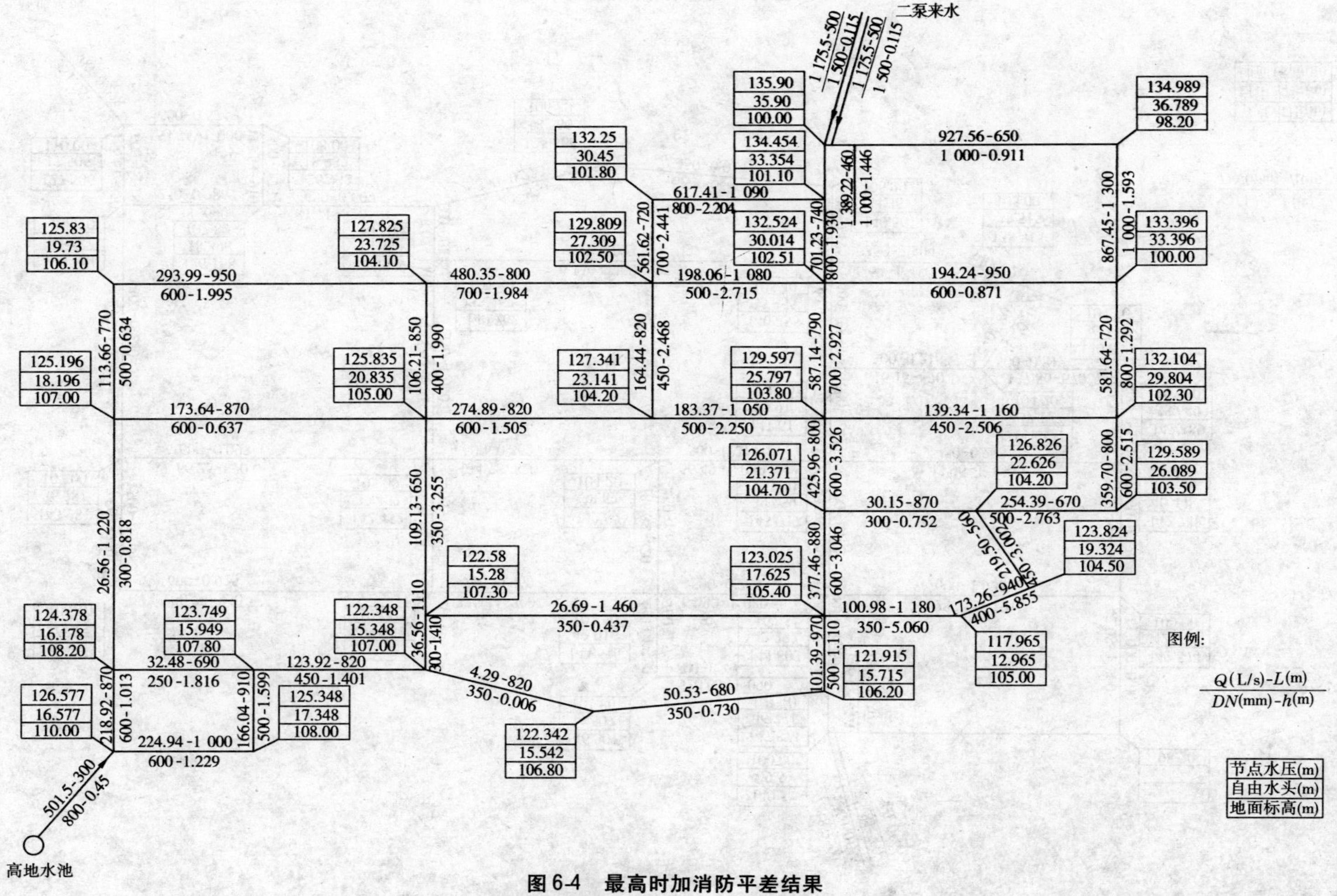

图 6-4　最高时加消防平差结果

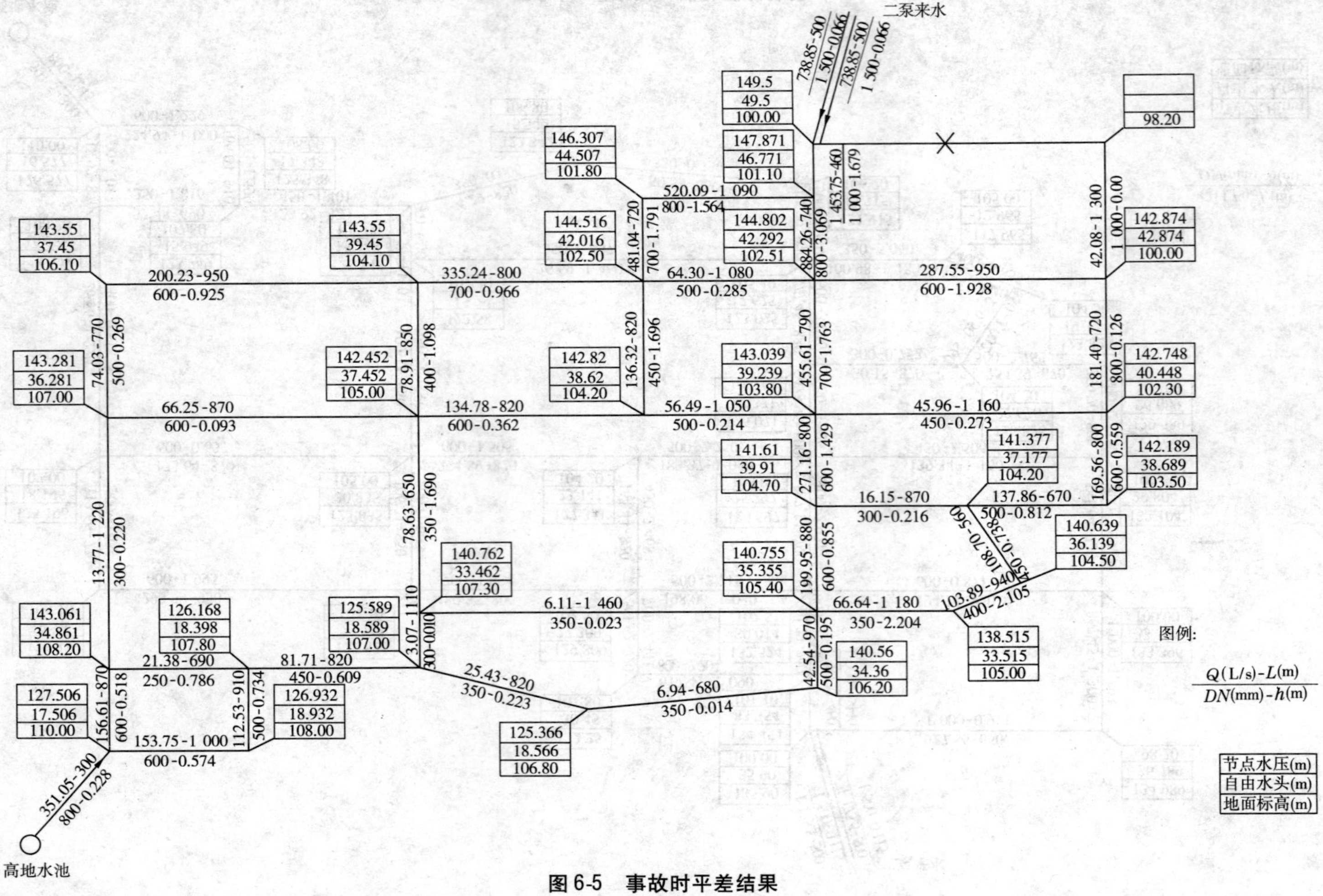
二泵来水
738.85-500
1 500-0.066
738.85-500
1 500-0.066
149.5
49.5
100.00
147.871
46.771
101.10
98.20
146.307
44.507
101.80
1 453.75-460
1 000-1.679
520.09-1 090
800-1.564
42.08-1 300
1 000-0.00
142.874
42.874
100.00
144.516
42.016
102.50
144.802
42.292
102.51
481.04-720
700-1.791
884.26-740
800-3.069
143.55
37.45
106.10
143.55
39.45
104.10
200.23-950
600-0.925
335.24-800
700-0.966
64.30-1 080
500-0.285
287.55-950
600-1.928
74.03-770
500-0.269
78.91-850
400-1.098
136.32-820
450-1.696
455.61-790
700-1.763
181.40-720
800-0.126
143.281
36.281
107.00
142.452
37.452
105.00
142.82
38.62
104.20
143.039
39.239
103.80
142.748
40.448
102.30
66.25-870
600-0.093
134.78-820
600-0.362
56.49-1 050
500-0.214
45.96-1 160
450-0.273
141.61
39.91
104.70
271.16-800
600-1.429
141.377
37.177
104.20
169.56-800
600-0.559
142.189
38.689
103.50
13.77-1 220
300-0.220
78.63-650
350-1.690
16.15-870
300-0.216
137.86-670
500-0.812
108.70-560
450-0.738
140.639
36.139
104.50
140.762
33.462
107.30
140.755
35.355
105.40
199.95-880
600-0.855
103.89-940
400-2.105
143.061
34.861
108.20
126.168
18.398
107.80
125.589
18.589
107.00
3.07-1110
300-0.010
6.11-1 460
350-0.023
66.64-1 180
350-2.204
138.515
33.515
105.00
21.38-690
250-0.786
81.71-820
450-0.609
25.43-820
350-0.223
6.94-680
350-0.014
42.54-970
500-0.195
140.56
34.36
106.20
127.506
17.506
110.00
156.61-870
600-0.518
112.53-910
500-0.734
126.932
18.932
108.00
153.75-1 000
600-0.574
125.366
18.566
106.80
351.05-300
800-0.228
高地水池
图例:
Q(L/s)-L(m)
DN(mm)-h(m)
节点水压(m)
自由水头(m)
地面标高(m)

图 6-5　事故时平差结果

表 6-11　事故时平差结果

管段编号	管段	管长（m）	管径（mm）	设计流量（L/s）	水头损失（m）	流速（m/s）	小环号	大环号
1	1-2	460	1 000	0.00	0.000	0.000	0	0
2	2-3	1 090	800	520.09	1.564	1.035	-1	0
3	2-6	740	800	884.26	3.069	1.759	1	0
4	3-7	720	700	481.04	1.791	1.250	-1	0
5	4-5	1 300	1 000	0.00	0.000	0.000	0	0
6	5-6	950	600	287.55	1.928	1.017	2	0
7	5-10	720	800	181.40	0.126	0.361	2	0
8	6-7	1 080	500	64.30	0.285	0.327	1	-3
9	6-11	790	700	455.61	1.763	1.184	-2	3
10	7-8	800	700	335.24	0.966	0.871	-4	0
11	7-12	820	450	136.32	1.696	0.857	-3	4
12	8-9	950	600	200.23	0.925	0.708	-5	0
13	8-13	850	400	78.91	1.098	0.628	-4	5
14	9-14	770	500	74.03	0.269	0.377	-5	0
15	10-11	1 160	450	45.96	0.273	0.289	2	-6
16	10-15	800	600	169.56	0.559	0.600	6	0
17	11-12	1 050	500	56.49	0.214	0.288	3	-8
18	11-17	800	600	271.16	1.429	0.959	-6	8
19	12-13	820	600	134.78	0.362	0.477	4	-8
20	13-14	870	600	66.25	0.093	0.234	5	-10
21	13-21	650	350	78.63	1.690	0.817	-8	10
22	14-26	1 220	300	13.77	0.220	0.195	-10	0
23	15-16	670	500	137.86	0.812	0.702	6	0
24	16-17	870	300	16.15	0.216	0.228	6	7
25	16-18	560	450	108.70	0.736	0.683	7	0
26	17-20	880	600	199.95	0.855	0.707	-7	8
27	18-19	940	400	103.89	2.105	0.827	7	0
28	19-20	1 180	350	66.64	2.204	0.693	-7	0
29	20-21	1 460	350	6.11	0.023	0.063	-8	9
30	20-22	970	500	42.54	0.195	0.267	-9	0
31	21-24	1 110	300	3.07	0.010	0.043	-9	10
32	22-23	680	350	6.94	0.014	0.072	-9	0
33	23-24	820	350	25.43	0.223	0.264	-9	0
34	24-25	820	450	81.71	0.609	0.514	-10	0
35	25-26	690	250	21.38	0.786	0.435	-10	11
36	25-28	910	500	112.53	0.734	0.573	-11	0
37	26-27	870	600	156.61	0.518	0.554	11	0
38	27-28	1 000	600	153.75	0.574	0.540	-11	0

三、给水工程造价初步估算

(一)管道造价

管道造价见表6-12。

表6-12　管道造价

管径(mm)	管长(m)	管道指标(元/100 m)	造价(元)	管径(mm)	管长(m)	管道指标(元/100 m)	造价(元)
1 500	1 000	262 319. 15	2 623 191. 5	450	3 360	32 542. 11	1 093 414. 896
1 000	2 410	110 704. 29	2 667 973. 389	400	1 790	27 935. 60	500 047. 24
800	2 850	73 971. 54	2 108 188. 89	350	4 790	23 752. 61	1 137 750. 019
700	2 310	61 159. 57	1 412 786. 067	300	2 200	19 564. 41	430 417. 02
600	7 940	49 321. 87	3 916 156. 478	250	690	15 470. 76	106 748. 244
500	5 450	38 277. 08	2 086 100. 86	合计			18 082 775

(二)取水工程造价

采用一般岸边式取水工程,综合指标取50 元/(m^3 · d),取水工程造价为7 450 200 元。

(三)净水工程造价

综合指标取325 元/(m^3 · d),净水工程造价为48 426 300 元。

(四)水池造价

(1)清水池造价:两座圆形清水池,每座清水池的容积为14 955. 2 m^3,造价指标取15 300 元/100 m^3,清水池造价为4 576 291 元。

(2)高地水池造价:一座圆形高地水池,容积为6 741 m^3,造价指标25 200 元/100 m^3,高地水池造价为1 698 732 元。

(五)二级泵房造价

选5 台20sh - 9A($Q = 520$ L/s,$H = 49$ m H_2O)水泵,4 用1 备,设备造价为66 000 元。

采用半地下式泵房,建筑体积指标取40 860 元/100 m^3,建筑体积为3 000 m^3,则结构造价为1 225 800 元。

二级泵房总造价为1 291 800 元。

(六)建筑直接费

建筑直接费为前5 项之和,即81 526 098 元。

(七)建筑间接费

建筑间接费为建筑直接费的20%,即16 305 220 元。

(八)建筑工程总造价

建筑工程总造价为直接费用与间接费用之和,即97 831 318 元。

(九)常年运转费

常年运转费包括以下几项。

(1)水资源费 E_1:据有关资料知单价为0. 27 元/m^3,水厂的用水量按6%,取水量约158 000 m^3/d,则

$$E_1 = 0.27 \times 365 \times 15.8 \times 10^4 = 15\ 570\ 900(\text{元})$$

(2)动力费 E_2(电价为0.75 元/kWh):

$$E_2 = 0.75 \times 365 \frac{QgHd}{3\,600\eta} = 0.75 \times 365 \times \frac{158\,000 \times 9.8 \times (44.5 + 26)}{3\,600 \times 0.75} = 11\,067\,834(\text{元})$$

(3)药剂费:

$$E_3 = 365 \times 158\,000 \times (14.3 \times 3\,000 + 1 \times 3\,000)/10^6 = 2\,647\,053(\text{元})$$

(4)工资福利费:

$$E_4 = 10\,000 \times 100 = 1\,000\,000(\text{元})$$

(5)折旧提成费:

$$E_5 = 4.7\% \times 97\,831\,318 = 4\,598\,072(\text{元})$$

(6)大修和检修维护费:

$$E_6 = 2.5\% \times 97\,831\,318 = 2\,445\,783(\text{元})$$

(7)其他费用:

$$E_7 = (E_1 + E_2 + E_3 + E_4 + E_5 + E_6) \times 10\% = 3\,732\,964(\text{元})$$

常年费用为以上几项之和,即 $\sum E = 41\,062\,606$ 元

(十)制水成本

年制水量为 $365 \times 158\,000 = 57\,670\,000(m^3)$。

制水成本为 $41\,062\,606/57\,670\,000 = 0.712$(元/$m^3$)

小　结

1. 城市给水工程设计资料

城市给水工程设计一般需要以下资料:城市分区及人口情况、工业企业用水资料、城市现有给水工程资料、城市自然地理水文资料等。

2. 城市给水工程设计方案确定

城市给水工程设计应进行分析论证,进行多方案技术、经济比较后确定。

3. 城市给水管网设计计算步骤

(1)调查研究,熟悉设计资料;

(2)分析论证,确定整体设计方案;

(3)进行管网布置,确定管网计算草图,确定计算管段;

(4)按最高日最高时流量逐步计算节点流量,合理分配管段流量,按经济流速确定管段管径。

(5)进行管网平差计算,计算管段水头损失,确定水泵扬程、水塔高度;

(6)绘制城市管网规划总平面图。

思考题

1. 城市给水工程规划设计应考虑哪些因素?
2. 城市给水管网布置应考虑哪些因素?
3. 清水池和高地水池总容积设计应考虑哪些因素?

第二篇　城市排水工程

第七章　城市排水工程概述

学习目标：通过本章学习，了解排水系统主要组成部分及其作用；熟悉排水系统一般布置形式，能根据具体城镇规划图进行排水体制选择和布置排水系统；掌握污水类别、特点及最终处置方法，应重点掌握不同排水体制的特点及排水体制选择的原则。

第一节　排水体制及选择

一、排水系统

人们在生产和日常生活中会产生大量的污水，如城镇住宅、工业企业和各种公共建筑中会不断排出各种各样的污水和废水，这些污水和废水需要及时妥善地排除、处理和利用，如不加控制，任意直接排入水体或土壤中，会使水体和土壤受到污染，破坏原有的生态环境，引起各种环境问题。为保护环境，现代城镇需要建设一整套工程设施来收集、输送、处理和处置污水，这种工程设施称为排水工程，这一整套用来收集、输送、处理和排放污废水的工程设施就构成了排水系统。

排水工程的基本任务是保护环境免受污染，以促进工农业生产的发展和保障人民的健康与正常生活。其主要作用是收集各种污水并及时输送至适当地点；将污水妥善处理后排放或再利用。

排水工程是城市基础设施之一，在城市建设中起着十分重要的作用。排水工程对保护环境、促进工农业生产和保障人民的健康，具有巨大的现实意义和深远的影响。应当充分发挥排水工程在我国经济建设中的积极作用，使经济建设、城乡建设与环境建设同步规划、同步实施、同步发展，以达到经济效益、社会效益和环境效益的统一。

二、污水的分类

按来源的不同，污水可分为生活污水、工业废水和降水3类。

(1)生活污水：是指人们在日常生活中用过的水，包括从厕所、淋浴室、盥洗室、厨房、食堂和洗衣房等处排出的水。生活污水含有大量腐败性的有机物，如蛋白质、动植物脂肪、碳水化合物、尿素等，还含有许多人工合成的有机物如各种肥皂和洗涤剂等，以及常在粪便中出现的病原微生物，如寄生虫卵和肠系传染病菌等。此外，生活污水中也含有为植物生长所需要的氮、磷、钾等肥分。这类污水需要经过处理后才能排入水体、灌溉农田或再利用。

(2)工业废水：是指在工业生产中排出的废水，来自车间或矿场。由于各种工厂的生产类别、工艺过程、使用的原材料以及用水成分的不同，工业废水的水质变化很大，按照污染程度的不同，可分为生产废水和生产污水两类。

生产废水是指在使用过程中受到轻度污染或水温稍有增高的水。如冷却水便属于这类水，通常经简单处理后即可在生产中重复使用，或直接排放入水体。

生产污水是指在使用过程中受到较严重污染的水。这类水多具有危害性。例如，有的含大量有机物，有的含氰化物、铬、汞、铅、镉等有害和有毒物质，有的含多氯联苯、合成洗涤剂等合成有机化学物质，有的含放射性物质等。这类污水大都需经适当处理后才能排放，或在生产中再利用。废水中有害或有毒物质往往是宝贵的工业原料，对这种废水应尽量回收利用，为国家创造财富，同时也减轻污水的污染。

工业废水也可按所含污染物的主要成分进行分类，如酸性废水、碱性废水、含氰废水、含铬废水、含汞废水、含油废水、含有机磷废水和放射性废水等。

(3)降水：包括雨水和冰雪融化水。降落雨水一般比较清洁，但其形成的径流量大，若不及时排泄，则将积水为害，妨碍交通，甚至危及人们的生产和日常生活。天然雨水一般比较清洁，但初期降雨时所形成的雨水径流会挟带大气中、地面和屋面上的各种污染物质，使其受到污染，所以初期径流的雨水，往往污染严重，应予以控制排放。有的国家对污染严重地区雨水径流的排放作了严格要求，如工业区、高速公路、机场等处的暴雨雨水要经过沉淀、撇油等处理后才可以排放。近年来由于水污染加剧，水资源日益紧张，雨水的作用被重新认识。长期以来雨水直接径流排放，不仅会加剧水体污染和河道洪涝灾害，同时也是对水资源的一种浪费。

在城镇的排水管道中接纳的既有生活污水也有工业废水。这种混合污水称之为城市污水。在合流制排水系统中，还包括生产废水和截流的雨水。由于城市污水是一种混合污水，其性质变化很大，随着各种污水的混合比例和工业废水中污染物质的特性不同而异。在某些情况下可能是生活污水占多数，而在另一些情况下又可能是工业废水占多数。这类污水需经过处理后才能排入水体、灌溉农田或再利用。

生活污水量和用水量相近，而且所含污染物的数量和成分也比较稳定。工业废水的水量和污染物质浓度差别很大，取决于工业生产过程和工艺过程。

三、废水、污水的最终处理

根据实际条件的不同，经处理后的污水最终去向包括①排放水体；②灌溉农田；③重复利用。

排放水体是污水的自然归宿。水体对污水有一定的稀释与净化能力，也称为水体的自净作用，这是最常用的一种处置方法。灌溉农田是污水利用的一种方式，也是污水处理的一种方法，称为污水的土地处理法。重复利用是最合适的污水处置方式。污水经处理达到无害化再排放并重复利用，是控制水污染、保护水资源的重要手段，也是节约用水的重要途径。城市污水重复利用的方式有以下几种：

(1)自然复用。一条河流往往既作给水水源,也受纳沿河城市排放的污水。流经河流下游城市的污水中,总是掺杂有上游城市排入的污水。因而地面水源中的水,在其最后排入海洋之前,实际已被多次重复使用。

(2)间接复用。将城市污水注入地下补充地下水,作为供水的间接水源,也可防止地下水位下降和地面沉降。

(3)直接复用。可将城市污水直接作为城市饮用水水源、工业用水水源、杂用水水源等重复利用(也称污水回用)。城市污水经过人工处理后直接作为城市饮用水源,这对严重缺水地区来说可能是必要的。

工业废水的循序使用和循环使用也是直接复用。某工序的废水用于其他工序,某生产过程的废水用于其他生产过程,称做循序使用。某生产工序或过程的废水,经回收处理后仍作原用,称做循环使用。不断提高水的重复利用率是可持续发展的必然趋势。

四、排水体制

在城镇和工业企业中通常有生活污水、工业废水和雨水,这些污水既可采用一个管渠系统来排除,又可采用两个或两个以上各自独立的管渠系统来排除。污水的这种不同排除方式所形成的排水系统,称做排水系统的体制(简称排水体制)。排水系统的体制,一般分为合流制和分流制两种类型。

(一)合流制排水系统

合流制排水系统是将生活污水、工业废水和雨水混合在同一个管渠内排除的系统,分为直排式和截流式。直排式合流制排水系统,是将排除的混合污水不经处理直接就近排入水体,国内外很多老城市以往几乎都是采用这种合流制排水系统。但这种排除形式污水未经处理就排放,使受纳水体遭受严重污染。现在常采用的是截流式合流制排水系统(见图7-1)。这种系统是在临河岸边建造一条截流干管,同时在合流干管与截流干管相交前或相交处设置溢流井,并在截流干管下游设置污水处理厂。晴天和初期降雨时所有污水都送至污水处理厂,经处理后排入水体,随着降雨量的增加,雨水径流也增加,当混合污水的流量超过截流干管的输水能力后,就有部分混合污水经溢流井溢出,直接排入水体。截流式合流制排水系统比直排式大大前进了一步,但仍有部分混合污水未经处理就直接排放,从而使水体遭受污染,这是它的不足之处。国内外在改造老城市的合流制排水系统时,通常采用这种方式。

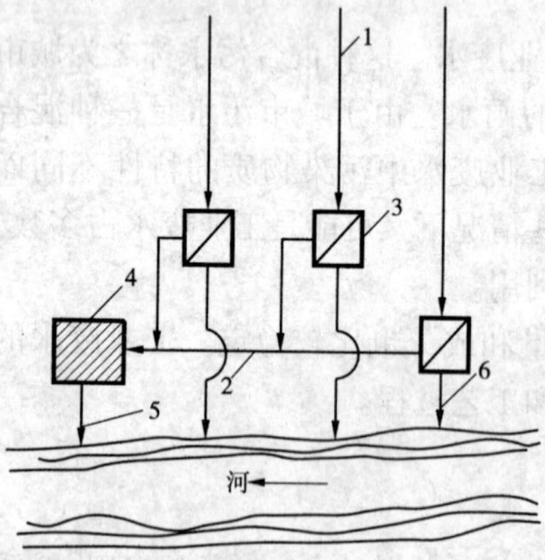

1—合流干管;2—截流主干管;3—溢流井;4—污水处理厂;5—出水口;6—溢流出水口

图7-1 截流式合流制排水系统

(二)分流制排水系统

分流制排水系统是将生活污水、工业废水和雨水分别在两个或两个以上各自独立的管渠内排除的系统(见图7-2)。

排除生活污水、城市污水或工业废水的系统称为污水排水系统;排除雨水的系统称为雨水排水系统。

根据排除雨水的方式,分流制排水系统又分为完全分流制和不完全分流制两种排水系统:①完全分流制排水系统,是污水和雨水分别采用独立的排水系统。②不完全分流制排水系统,只有污水排水系统,未建雨水排水系统,雨水沿天然地面、街道边沟、水渠等原有沟渠系统排泄,或者为了补充原有渠道系统输水能力的不足而修建部分雨水渠道,待城市进一步发展再修建雨水排水系统,使其转变成完全分流制排水系统。

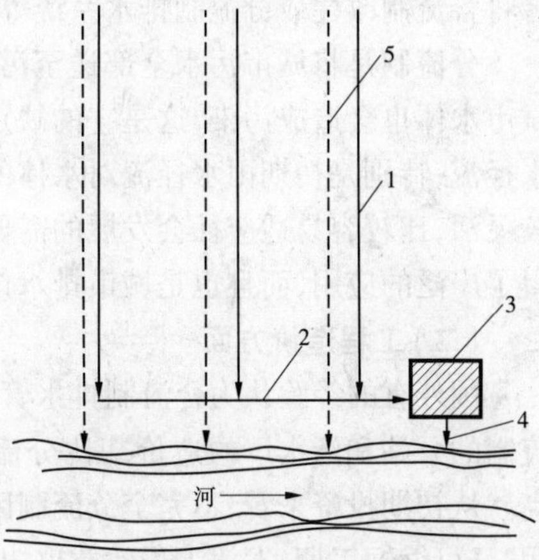

1—污水干管;2—污水主干管;3—污水处理厂;4—出水口;5—雨水干管

图7-2　分流制排水系统

工业企业污水的成分和性质往往很复杂,不但与生活污水不宜混合,而且彼此之间也不宜混合,否则将造成污水和污泥处理复杂化,并对污水重复利用和回收有用物质造成很大困难。所以,在多数情况下,应采用分质分流、清污分流的几种管道系统来分别排除。若生产污水的水质满足有关规定、标准(如《污水排入城市下水道水质标准》(CJ 3082—99))的要求,可将生产污水和生活污水用同一管道系统排放,否则生产污水不许直接排放,应在车间附近设置局部处理设施进行处理、处置。

大多数城市,尤其是较早建成的城市,往往是混合制的排水系统,既有分流制也有合流制。在大城市中,各区域的自然条件以及修建情况可能相差较大,因此应因地制宜地采用不同的排水体制。

五、排水体制的选择

合理地选择排水系统的体制,是城市和工业企业排水系统规划和设计的重要问题。它不仅从根本上影响排水系统的设计、施工、维护管理,而且对城市和工业企业的规划和环境保护影响深远,同时也影响排水系统工程的总投资、初期投资以及维护管理费用。一般来说,排水系统体制的选择应满足环境保护的需要,根据当地条件,通过技术经济比较确定。而环境保护应是选择排水体制时所考虑的主要问题。下面从不同的角度进一步分析各种排水体制的使用情况。

(一)环境保护方面

如果采用合流制将城市生活污水、工业废水和雨水全部截流送往污水厂进行处理,然后再排放,从控制和防止水体污染的角度来看是较理想的;但这时截流主干管尺寸很大,污水厂容量也要增加很多,建设费用相应地提高。采用截流式合流制时,在暴雨径流之初,原沉淀在合流管渠的污泥被大量冲起,经溢流井溢入水体。同时雨天时有部分混合污水溢入水体。实践证明,采用截流式合流制的城市,水体污染日益严重。应考虑将雨天时溢流出的混合污水予以储存,待晴天时再将储存的混合污水全部送至污水厂进行处理,或者将合流制改建成分流制排水系统等。

分流制是将城市污水全部送至污水厂处理，但初期雨水未加处理就直接排入水体，对城市水体也会造成污染，这是它的缺点。近年来，国内外对雨水径流水质的研究发现，雨水径流，特别是初期雨水径流对水体的污染相当严重。分流制虽然具有这一缺点，但它比较灵活，比较容易适应社会发展的需要，一般又能符合城市卫生的要求，所以在国内外获得了广泛的应用，而且也是城市排水体制的发展方向。

（二）工程造价方面

国外有的经验认为合流制排水管道的造价比完全分流制一般要低 20% ~40%，但合流制的泵站和污水厂的造价却比分流制高。从总造价来看完全分流制比合流制可能要高。从初期投资来看，不完全分流制因初期只建污水排水系统，因而既可节省初期投资费用，又可缩短工期，发挥工程效益也快。而合流制和完全分流制的初期投资均大于不完全分流制。

（三）维护管理方面

在合流制管渠内，晴天时污水只是部分充满管道，雨天时才形成满流，因而晴天时合流制管内流速较低，易于产生沉淀。但经验表明，管中的沉淀物易被暴雨冲走，这样合流管道的维护管理费用可以降低。但是，晴天和雨天时流入污水厂的水量变化很大，增加了合流制排水系统污水厂运行管理中的复杂性。而分流制排水系统可以保持管内的流速，不致发生沉淀；同时，流入污水厂的水量和水质比合流制变化小得多，污水厂的运行易于控制。

混合制排水系统的优缺点，介于合流制和分流制排水系统两者之间。

总之，排水系统体制的选择是一项既复杂又很重要的工作。应根据城镇及工业企业的规划、环境保护的要求、污水利用情况、原有排水设施、水量、水质、地形、气候和水体状况等条件，在满足环境保护的前提下，通过技术经济比较综合确定。新建地区一般应采用分流制排水系统。但在特定情况下采用合流制可能更为有利。

第二节　排水系统的主要组成部分

一、城市污水排水系统的主要组成部分

城市污水包括城镇生活污水和工业废水。将工业废水排入城市生活污水排水系统，就组成城市污水排水系统。它由以下几个主要部分组成：①室内污水管道系统及设备；②室外污水管道系统；③污水泵站及压力管道；④污水处理厂；⑤出水口等。

（一）室内污水管道系统及设备

室内污水管道系统及设备的作用是收集生活污水，并将其送至室外居住小区的污水管道中。

在住宅及公共建筑内，各种卫生设备既是人们用水的容器，也是承受污水的容器，还是生活污水排水系统的起端设备。生活污水从这里经水封管、支管、竖管和出户管等室内管道系统流入室外街区或居住小区内的排水管道系统。

(二)室外污水管道系统

室外污水管道系统是分布在地面下,依靠重力流输送污水至泵站、污水厂或水体的管道系统。它又分为街区或居住小区管道系统及街道管道系统。

(1)街区或居住小区污水管道系统。敷设在一个街区或居住小区内,并连接一群房屋出户管或整个小区内房屋出户管的管道系统称街区或居住小区管道系统。

(2)街道污水管道系统。敷设在街道下,用以排除从居住小区管道流来的污水。在一个市区内它由支管、干管、主干管等组成。支管承受街区或居住小区流来的污水。在排水区界内,常按分水线划分成几个排水流域。在各排水流域内,干管是汇集输送由支管流来的污水,也常称流域干管。主干管是汇集输送由两个或两个以上干管流来的污水,并把污水输送至总泵站、污水处理厂或出水口的管道,一般在污水管道系统设置区的范围之外。

(3)管道系统上的附属构筑物有检查井、跌水井、倒虹管等。

(三)污水泵站及压力管道

污水一般靠重力流排除,但往往由于受地形等条件的限制而难以排除,这时就需要设泵站。压送从泵站出来的污水至高地自流管道或至污水厂的承压管段,称为压力管道。

(四)污水处理厂

污水处理厂由处理和利用污水与污泥的一系列构筑物及附属设施组成。城市污水厂一般设置在城市河流的下游地段,并与居民点和公共建筑保持一定的卫生防护距离。

(五)出水口

污水排入水体的渠道和出口称为出水口,它是整个城市污水排水系统的终点设备。事故排出口是指在污水排水系统的中途,在某些易于发生故障的组成部分前面,例如在总泵站的前面所设置的辅助性出水渠,一旦发生故障,污水就通过事故排出口直接排入水体。

二、工业废水排水系统的主要组成部分

在工业企业中用管道将厂内各车间所排出的不同性质的废水收集起来,送至废水回收利用和处理构筑物。经回收处理后的水可再利用、排入水体或排入城市排水系统。

工业废水排水系统,由下列几个主要部分组成:

(1)车间内部管道系统和设备。用于收集各生产设备排出的工业废水,并将其送至车间外部的厂区管道系统中。

(2)厂区管道系统。敷设在工厂内、用以收集并输送各车间排出的工业废水的管道系统。厂区工业废水的管道系统,可根据具体情况设置若干个独立的管道系统。

(3)污水泵站及压力管道。

(4)废水处理站。是厂区内回收和处理废水与污泥的场所。若所排放的工业废水符合《污水排入城市下水道水质标准》(CJ 3082—99)的要求,可不经处理直接排入城市排水管道中,和生活污水一起排入城市污水厂集中处理。工业企业位于城区内时,应尽量考虑将工业废水直接排入城市排水系统,利用城市排水系统统一排除和处理,这样较为经济,能体现规模效益。当然工业废水排入应不影响城市排水管道和污水厂的正常运行,同时以不影响污水处理厂出水以及污泥的排放和利用为原则。当工业企业远离城区,符合排入城市排水管道条件的工业废水,是直接排入城市排水管道或是单独设置排水系统,应

根据技术经济比较确定。

生产废水可直接排入雨水管道或循环重复使用。雨水排水系统由下列几个主要部分组成:

(1)建筑物的雨水管道系统和设备。主要是收集工业、公共或大型建筑的屋面雨水,并将其排入室外的雨水管渠系统中。

(2)街区或厂区雨水管渠系统。

(3)街道雨水管渠系统。

(4)排洪沟。

(5)出水口。

收集屋面的雨水由雨水口和天沟,并经雨落管排至地面;收集地面的雨水经雨水口流入街区或厂区以及街道的雨水管渠系统。雨水排水系统的室外管渠系统基本上和污水排水系统相同,而且也设有检查井等附属构筑物。

合流制排水系统的组成与分流制相似,同样有室内排水设备、室外居住小区以及街道管道系统。雨水经雨水口进入合流管道。在合流管道系统的截流干管处设有溢流井。

当然,上述各排水系统的组成不是固定不变的,须结合当地条件来确定排水系统内所需要的组成部分。

第三节　排水系统的布置形式

排水系统的布置形式应结合地形、竖向规划、污水厂的位置、土壤条件、河流位置以及污水的种类和污染程度而定。在实际情况下,较少单独采用一种布置形式,通常是根据当地条件,因地制宜地采用综合布置形式。以下介绍几种主要考虑地形因素的布置形式。

一、正交式

在地势适当向水体倾斜的地区,各排水流域的干管以最短距离沿与水体垂直相交的方向布置,称为正交式布置(见图7-3(a))。正交布置的干管长度短、管径小,因而较经济,污水排出也迅速。但是,由于污水未经处理就直接排放,会使水体遭受严重污染。故这种布置形式在现代城市中仅用于排除雨水。若沿河岸再敷设主干管,并将各干管的污水截流送至污水厂,这种布置形式称为截流式布置(见图7-4(b)),所以截流式是正交式发展的结果。

二、平行式

在地势向河流方向有较大倾斜的地区,为避免因干管坡度及管内流速过大,使管道受到严重冲刷,可使干管与等高线及河道基本上平行、主干管与等高线及河道成一定角度敷设,称为平行式布置(见图7-3(c))。

三、分区式

在地势高差相差很大的地区,当污水不能靠重力流流至污水厂时,可采用分区布置形式(见图7-3(d))。这时,可分别在高区和低区敷设独立的管道系统。高区的污水靠重力流直接流入污水厂,而低区的污水用水泵抽送至高区干管或污水厂。这种布置只能用于个别阶梯地形或起伏很大的地区，它的优点是充分利用地形排水，节省电力，如果将高区的污水排至低区，然后再用水泵一起抽送至污水厂是不经济的。

四、环绕式及分散式

在城市周围有河流，或城市中心部分地势高并向周围倾斜的地区，各排水流域的干管常采用辐射状分散布置（见图 7-3(e)），各排水流域具有独立的排水系统。这种布置具有干管长度短、管径小、管道埋深可能浅、便于污水灌溉等优点，但污水厂和泵站（如需要设置时）的数量将增多。在地形平坦的大城市，采用辐射状分散布置可能是比较有利的。但考虑到规模效益，不宜建造数量多、规模小的污水厂，而宜建造规模大的污水厂，所以由分散式发展成环绕式布置（见图 7-3(f)）。这种布置形式是沿四周布置主干管，将各干管的污水截流送往污水厂。

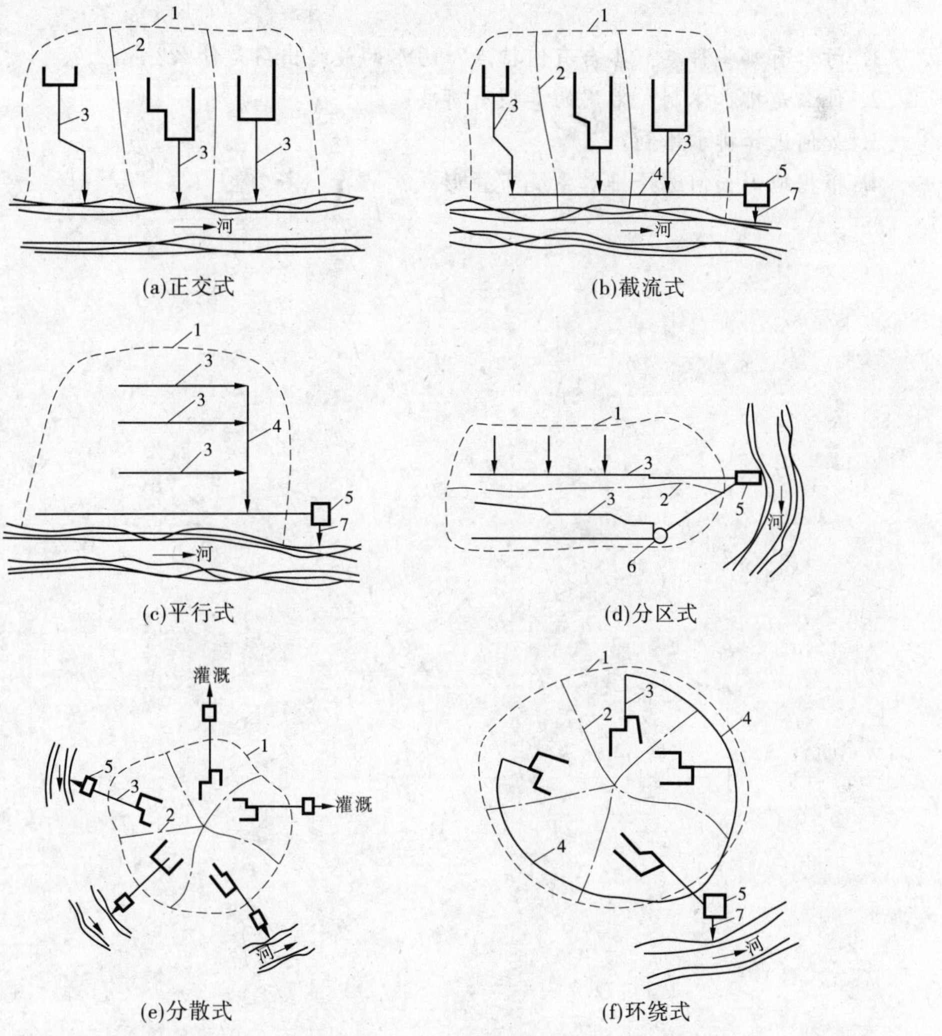

1—排水区域边界；2—流域分界线；3—干管；4—主干管；5—污水厂；6—污水泵站；7—出水口

图 7-3　排水系统的布置形式

小　结

本章主要讲述了城市排水系统的基本组成、排水体制和排水系统的布置形式。

(1)城市污水排水系统又分为城市污水排水系统和工业废水排水系统,其各自又有具体的组成部分(此处略)。

(2)排水体制应从环保、工程造价、维护管理等方面结合实际进行选择。

(3)排水系统布置形式:应根据地形、城市规划等进行确定,常用的主要考虑地形因素的布置形式有正交式、平行式、分区式、环绕式等。

思考题

1. 污水有哪些种类?各自有何特点?污水的最终出路是什么?
2. 什么是排水体制?常用的类型有哪些?
3. 如何选择排水体制?
4. 根据地形如何选择排水系统布置形式?

第八章　城市污水管渠系统设计计算

学习目标：通过本章的学习，了解和熟悉城市污水管渠系统设计计算的一般原理、方法和步骤；掌握污水设计流量的确定方法、污水管渠系统的布置原则及污水管渠水力计算控制数据的确定方法；能够进行污水管道设计流量计算、设计管段水力计算、绘制管道系统平面图和纵剖面图，从而熟练掌握城市污水管渠系统的设计方法。

第一节　污水设计流量的确定

污水设计流量的确定是污水管渠系统设计的重要内容。城市污水流量是城市污水排水系统管渠及设备和各附属构筑物在单位时间内保证通过的最大污水量。在管渠系统中，通常以一年中最大日最大时流量作为城市污水设计流量，包括城市生活污水设计流量和工业废水设计流量两部分。

生活污水量的大小取决于生活用水量的大小，在城市人民生活中，绝大多数用过的水都成为污水流入污水管道。根据某些城市的实测资料统计，污水量占用水量的80% ~ 100%，生活污水量和生活用水量的这种关系符合大多数城市的实际情况。如果已知城市用水量，在城市污水管道系统规划设计时，可以根据当地的具体条件取城市生活用水量的80% ~100%作为城市生活污水量。在详细规划中可以根据城市规模、污水量标准和污水量的变化情况计算生活污水量。

工业废水量则与工业企业的性质、工艺流程、技术设备等有关。

一、生活污水设计流量

城市生活污水设计流量包括居住区生活污水设计流量和工业企业职工生活污水设计流量。

（一）居住区生活污水设计流量 Q_1

居住区生活污水设计流量按下式确定：

$$Q_1 = \frac{nNK_z}{24 \times 3\ 600} \tag{8-1}$$

式中　Q_1——居住区生活污水设计流量，L/s；

n——平均日生活污水排水定额，L/(cap · d)；

N——设计人口数，cap；

K_z——总变化系数。

1. 设计人口

设计人口是污水排除系统设计期限终期的计划人口数，它取决于城乡或工业企业的发展规模。设计时应按近期和远期的发展规模，分期估算出各期的设计人口，在设计分期建设的工程项目时,应采用各个分期的计算人口作为该项目的设计人口。

在城乡总体规划中,人口分布以人口密度表示。人口密度是住在单位面积上的居民数,常以 cap/hm^2 表示。如果测算人口密度所用的地区面积包括街道、公园、运动场和水体等在内时,该人口密度称为总人口密度;如果所用面积为街区内的建筑面积,所得的人口密度称为街区人口密度。在规划或作初步设计时,常根据总人口密度计算;当进行技术设计或扩大初步设计时,需要计算各管段所承受的污水量,需根据街区人口密度来求得设计人口。

2. *居住区生活污水排水定额*

居住区生活污水排水定额是指城镇居民每人每日所排入排水系统的平均污水量,它与生活用水量定额、室内卫生设备设置情况、所在地区气候、生活水平等因素有关。在确定污水量定额时应根据城市排水现状资料,按城市的规划年限并综合考虑各方面的因素来确定,并应注意与本城市采用的居民用水定额相协调。《室外排水设计规范》(GB 50014—2006)建议根据生活用水定额的80% ~90%确定生活污水排水定额。对于新建城市应参照条件相似的城市生活污水排水定额确定,一般可采用表 8-1 中的规定。

表 8-1 居住区生活污水排水定额(平均日)

卫生设施情况	生活污水排水定额(L/(cap·d))				
	第一分区	第二分区	第三分区	第四分区	第五分区
室内无排水卫生设备,从集中给水龙头取水,由室外排水管道排水	10 ~ 20	10 ~ 25	20 ~ 35	25 ~ 40	10 ~ 25
室内有给排水卫生设备,但无水冲式厕所	20 ~ 40	30 ~ 45	40 ~ 65	40 ~ 70	25 ~ 40
室内有给排水卫生设备,但无淋浴设备	55 ~ 90	60 ~ 95	65 ~ 100	65 ~ 100	55 ~ 90
室内有给排水卫生设备和淋浴设备	90 ~ 125	100 ~ 140	110 ~ 150	120 ~ 160	100 ~ 140
室内有给排水卫生设备,并有淋浴和集中热水供应	130 ~ 170	140 ~ 180	145 ~ 185	150 ~ 190	140 ~ 180

注:1. 第一分区包括黑龙江、吉林、内蒙古的全部,辽宁的大部分,河北、山西、陕西偏北的一小部分,宁夏偏东的一部分。

2. 第二分区包括北京、天津、河北、山东、山西、陕西的大部分,甘肃、宁夏、辽宁的南部,河南的北部,青海偏东和江苏偏北的一小部分。

3. 第三分区包括上海,浙江全部,江西、安徽、江苏的大部分,福建北部,湖南、湖北的东部,河南南部。

4. 第四分区包括广东、台湾的全部,广西的大部分,福建、云南的南部。

5. 第五分区包括贵州的全部,四川、云南的大部分,湖南、湖北的西部,陕西和甘肃在秦岭以南的地区,广西偏北的一小部分。

表 8-1 所列数值包括居住区内小型公共建筑的污水量。大型公共建筑及某些污水量较大的公共建筑,如洗衣房、公共浴室、饭店、学校、影剧院等作为集中污水量单独计算。公共建筑内每人每日的生活污水量定额可以按《建筑给水排水设计规范》(GB 50015—2003)中的生活用水量定额确定;高层建筑用水量较大,且水源不一,因此应根据实际调查资料来确定。

3. 总变化系数

城市生活污水排水定额是一个平均值，而生活污水量实际上是不均匀的，逐月、逐日、逐时都在变化。一年之中，冬季和夏季的污水量不同；一日之中，白天和夜间的污水量不一样；各小时的污水量也有很大变化；即使在一小时内污水量也是变化的。但在城市污水管道规划设计中，通常都假定在一小时内污水量是均匀的。污水量的变化程度常用变化系数来表示，变化系数有日变化系数 K_d、时变化系数 K_h 和总变化系数 K_z。

一年中最大日污水量与平均日污水量的比值称为日变化系数，即：

$$K_d = \frac{\text{最大日污水量}}{\text{平均日污水量}} \tag{8-2}$$

一年中最大时污水量与平均时污水量的比值称为时变化系数，即：

$$K_h = \frac{\text{最大日最大时污水量}}{\text{最大日平均时污水量}} \tag{8-3}$$

最大日最大时污水量与平均日平均时污水量的比值，称为总变化系数，即：

$$K_z = K_d \cdot K_h \tag{8-4}$$

污水管道应按最大日最大时的污水量来进行设计，因此需要求出总变化系数。用式(8-4)计算总变化系数一般都难以做到，因为城市中关于日变化系数和时变化系数的资料都较缺乏。但通常服务面积愈大，服务人口愈多，污水量就愈大，而变化幅度愈小，也就是变化系数愈小；反之则变化系数愈大。也可以说总变化系数一般与污水量有关，其流量变化幅度与平均流量之间的关系可按下式计算：

$$K_z = \frac{2.7}{Q^{0.11}} \tag{8-5}$$

式中 Q——平均日平均时污水流量，L/s。

公式经多年应用总结后我们认为 K_z 不宜小于 1.3。居住区生活污水量总变化系数也可按表 8-2 计算。当居住区有实际生活污水量总变化系数值时，可按实测资料确定。

表 8-2 生活污水量总变化系数

污水平均日流量(L/s)	5	15	40	70	100	200	500	≥1 000
总变化系数 K_z	2.3	2.0	1.8	1.7	1.6	1.5	1.4	1.3

根据以上方法分别确定设计人口、居民区污水排水定额和总变化系数后，就可以按式(8-1)计算居民区生活污水设计流量。

(二)工业企业生活污水及淋浴污水设计流量 Q_2

工业企业生活污水及淋浴污水的设计流量按下式计算：

$$Q_2 = \frac{q_1 N_1 K_1 + q_2 N_2 K_2}{3\,600T} + \frac{q_3 N_3 + q_4 N_4}{3\,600} \tag{8-6}$$

式中 Q_2——工业企业生活污水及淋浴污水设计流量，L/s；

N_1——一般车间最大班职工人数，cap；

N_2——热车间及严重污染车间最大班人数，cap；

q_1——一般车间职工生活污水量定额，以 25 L/(cap·班)计；

q_2——热车间及严重污染车间职工生活污水量定额，以 35 L/(cap·班)计；

N_3——一般车间最大班使用淋浴的职工人数，cap；

N_4——热车间及严重污染车间最大班使用淋浴的职工人数，cap；

q_3——一般车间的淋浴污水量定额，以 40 L/(cap·班)计；

q_4——热车间及严重污染车间淋浴污水量定额，以 60 L/(cap·班)计；

T——每班工作时数，h；

K_1——一般车间职工生活污水总变化系数，一般取 3.0；

K_2——热车间及严重污染车间职工生活污水总变化系数，一般取 2.5，淋浴时间按 1 h 计。

二、工业废水设计流量

在工业企业中，工业废水设计流量一般按日产量或单位产品排水量定额计算。公式如下：

$$Q_3 = \frac{mMK_g}{3\ 600T} \tag{8-7}$$

式中 Q_3——工业废水设计流量，L/s；

m——生产过程中单位产品的废水量定额，L；

M——每日的产品数量；

K_g——工业废水总变化系数；

T——工业企业每日工作时数，h。

在新建工业企业时，可参考与其生产工艺过程相似的已有工业企业的数据来确定。各工厂的工业废水量标准有很大差别，即使生产同样的产品，由于生产过程不同，其废水量标准也有很大差异。若采用循环给水，废水量较直流给水时大为减少，在生产工艺改造革新的情况下也会使工业废水量减少。因而工业废水量取决于生产种类、生产过程、单位产品用水量等。

工厂中工业废水的排出情况很不相同，有的比较均匀，有的排水量变化很大，因此工业废水的变化系数变化很大，它随着工业的性质和生产工艺过程而不同。表 8-3 列出一些工业企业的工业废水量时变化系数。

表 8-3 工业企业的工业废水量时变化系数

工业类别	冶金	化工	纺织	食品	皮革	造纸
时变化系数	1.0~1.1	1.3~1.5	1.5~2.0	1.5~2.0	1.5~2.0	1.3~1.8

一般情况下，工业企业工业废水量由该企业提供，设计人员经调查核实后采用。

三、城市污水设计总流量

城市污水设计总流量 Q 为上述三项设计流量之和，即：

$$Q = Q_1 + Q_2 + Q_3 \tag{8-8}$$

在上述计算所求得的污水设计总流量中,每项都是按最大时流量计算,污水管网设计就是根据各项污水最大时流量之和来计算的,这种方法称为最大流量累加法。但在污水泵站和污水处理厂的设计中,如果也采用各项污水最大时流量之和作为设计依据,将是很不经济的。因为所有各项最大时污水量同时发生的可能性极小,采用这样估算的设计流量来设计泵站和污水厂,显然是过大的。各种污水汇合时,可能相互错开而得到调节,因而使流量高峰降低。为了正确、合理地计算污水泵站和污水厂的最大污水设计流量,就必须考虑各种污水流量的逐时变化,从而求出一日内最大时流量作为总设计流量,这种方法称为综合流量法。按这种方法求得泵站和污水厂的设计总流量,是较为经济合理的。但逐时污水量的变化资料往往是难于取得的,因此限制了这种方法的使用。

第二节　污水管渠系统的布置

一、污水管渠系统的平面布置

在城镇和工业企业进行污水管渠系统规划设计时,首先要在总平面图上进行污水管渠系统的平面布置,一般有以下内容:确定排水区界,划分排水区域;确定污水处理厂及出水口的位置;进行污水主干管、干管、支管的定线及污水排水泵站位置的选择等。

(一)确定排水区界,划分排水流域

排水区界是指排水系统设置的边界,排水界限之内的面积,即为排水系统的服务面积,它是根据城镇规划的建筑界限确定的。在排水区界内,根据地形及城市和工业区的竖向规划,划分排水流域,即在排水区界内按等高线或地形划出分水线。在地势平坦,无明显分水线的地区,应使干线在合理的埋深情况下,尽量使绝大部分污水能够重力排水。每个流域中往往有一个或一个以上的干管,根据流域地势标明污水流向和污水需要提升的地区。

(二)污水厂及出水口数目及位置

污水厂及出水口数目和位置直接影响主干管的数目和定向,它涉及排水系统是分散布置还是集中布置的问题。所谓分散布置,就是每个排水区域的排水系统自成体系,单独设置污水厂和出水口;集中布置是各区域形成一个排水系统,所有区域的污水汇集到一个污水厂进行处理后排放。一般来说,采用分散布置时,主干管长度短,管道埋深可能较小,但需设多个污水处理厂;采用集中布置时,主干管长,管道埋深可能较大,但只需建一个大型污水处理厂。具体采用分散布置还是集中布置形式,主要取决于城市地形的变化情况、城市规模和布局、污水的水量和水质以及污水利用情况等。一般来说,在大城市由于面积大,地形复杂,布局分散,易于分散布置,需设几个污水厂和排水口。

污水出水口一般位于城市河流下游,特别应设在城市给水系统取水构筑物和河滨浴场下游,并保持一定距离,出水口应避免设在回水区,防止回水污染。污水处理厂位置一般与出水口靠近,以减少排放渠道的长度。污水厂一般也在河流下游,并要求在城市夏季最小频率风向的上风侧,与居住区或公共建筑有一定的卫生防护距离。当采取分散布置,设有几个污水厂与出水口时,将使污水厂位置的选择复杂化,可采取以下措施弥补:控制设在上游污水厂的污水排放量，将处理后的污水引至灌溉田或生物塘；延长排放渠道长度，将污水引至下游再排放；提高污水处理程度，进行二级处理等。另外，因城市建设用地紧张，土地也将对污水厂选址产生影响。

（三）排水管道定线

在城市总平面图上进行污水管道的平面布置，称为管道定线。管道定线一般按主干管、干管、支管的顺序进行。在总体规划中，只决定污水主干管、干管的走向与平面位置；在详细规划中，还要决定污水支管的走向及位置。管道定线应遵循的主要原则是：充分利用地形，在管线较短、埋深较小的情况下，使污水能够自流排除。

1. 污水干管的布置形式

按干管与地形等高线的关系分为平行式和正交式两种。平行式布置是污水干管与等高线平行，而主干管则与等高线基本垂直，适应于城市地形坡度很大时，可以减少管道的埋深，避免设置过多的跌水井，改善干管的水力条件（见图 8-1（a））。正交式布置是干管与地形等高线垂直相交，而主干管与等高线平行敷设，适应于地形平坦略向一边倾斜的城市。由于主干管管径大，保持自净流速所需的坡度小，其走向与等高线平行是合理的（见图 8-1（b））。

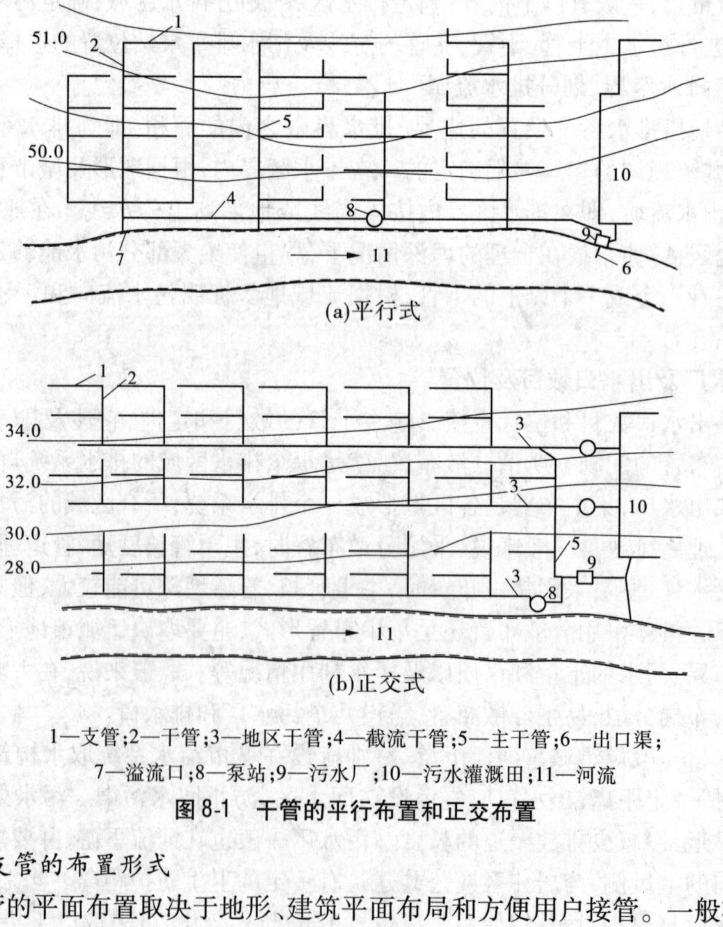

1—支管；2—干管；3—地区干管；4—截流干管；5—主干管；6—出口渠；7—溢流口；8—泵站；9—污水厂；10—污水灌溉田；11—河流

图 8-1　干管的平行布置和正交布置

2. 污水支管的布置形式

污水支管的平面布置取决于地形、建筑平面布局和方便用户接管。一般有 3 种形式：

(1)低边式:将污水支管布置在街道地形较低一边,其管线较短,适于街区狭长或地形倾斜时,如图 8-2(a)所示。

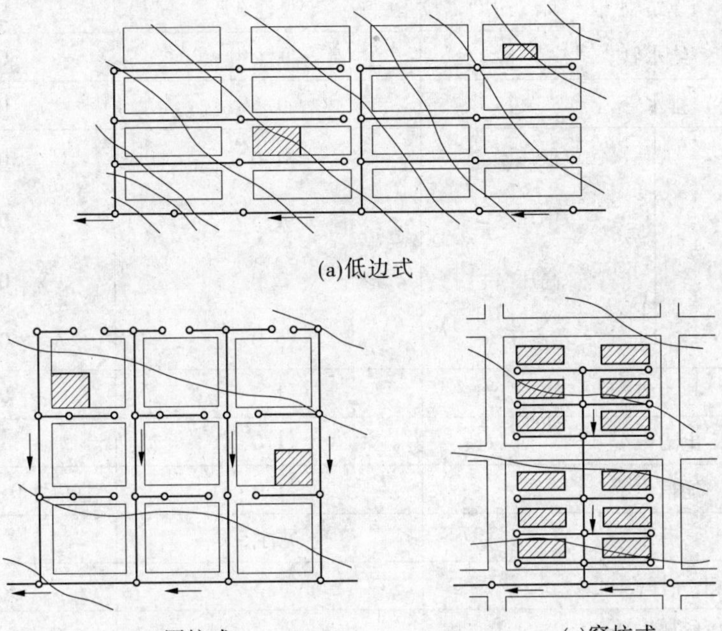

(a)低边式

(b)围坊式

(c)穿坊式

图 8-2　污水支管的布置

(2)围坊式:将污水支管布置在街区四周,适于街区(坊)地势平坦且面积较大时,如图8-2(b)所示。

(3)穿坊式:污水支管穿过街区,而街区四周不设污水管,其管线较短,工程造价低,适于街区内部建筑规划已确定或街区内部管道自成体系时,如图 8-2(c)所示。

二、污水管道的具体位置

(一)污水管道在街道上的位置

污水管道一般沿道路敷设并与道路中心平行。当道路宽度大于 40 m 且两侧街区都需要向支管排水时,常在道路两侧各设一条污水管道。在交通繁忙的道路上应尽量避免污水管道横穿道路以利维护。

城市街道下常有多种管道和地下设施,这些管道和地下设施互相之间,以及与地面建筑之间,应当很好地配合。污水管道与其他地下管线或建筑设施之间的互相位置,应满足下列要求:①保证在敷设和检修管道时互不影响。②污水管道损坏时,不致影响附近建筑物及基础,不致污染生活饮用水。污水管道与其他地下管线或建筑设施的水平和垂直最小净距,应根据两者的类型、标高、施工顺序和管线损坏的后果等因素,按管道综合设计确定,参照表 8-4 采用。

表 8-4 排水管道与其他管线(构筑物)的最小净距

名称		水平净距(m)	垂直净距(m)
建筑物		见注 3	
给水管		见注 4	0.15
排水管		1.5	0.15
煤气管道	低压	1.0	0.15
	中压	1.5	0.15
	高压	2.0	0.15
	特高压	5.0	0.15
热力管沟		1.5	0.15
电力电缆		1.0	0.5
通信电缆		1.0	直接埋 0.5;穿管 0.15
乔木		见注 5	
地上柱杆(中心)		1.5	
道路侧石边缘		1.5	
铁路		见注 6	轨底 1.2
电车路轨		2.0	1.0
架空管架基础		2.0	
油管		1.5	0.25
压缩空气管		1.5	0.15
氧气管		1.5	0.25
乙炔管		1.5	0.25
电车电缆			0.5
明渠渠底			0.5
涵洞基础底			0.15

注:1. 表列数字除注明者外,水平净距均指外壁净距,垂直净距系指下面管道的外顶与上面管道基础间净距。
2. 采取充分措施(如结构措施)后,表列数字可以减小。
3. 与建筑物水平净距:管道基础浅于建筑物基础时,一般不小于 2.5 m(压力管不小于 5.0 m);管道基础深于建筑物基础时,按计算确定,但不小于 3.0 m。
4. 与给水管水平净距:给水管管径小于或等于 200 mm 时,不小于 1.5 m;给水管管径大于 200 mm 时,不小于 3.0 m。与生活给水管道交叉时,污水管道、合流管道在生活给水管道下面的垂直净距不应小于 0.4 m。当不能避免在生活给水管道上面穿越时,必须予以加固。加固长度不应小于生活给水管道外径加 4 m。
5. 与乔木中心距离不小于 1.5 m;如遇高大乔木时,则不小于 2.0 m。
6. 穿越铁路时应尽量垂直通过。沿单行铁路敷设时应距路堤坡脚或路堑坡顶不小于 5 m。

图 8-3 和图 8-4 分别为某城市街道地下管线的布置和某工业区道路地下管线的布置示例。在城市地下管线较多,地面情况复杂的街道下,可以把城市地下管线集中设置在专用隧道内。

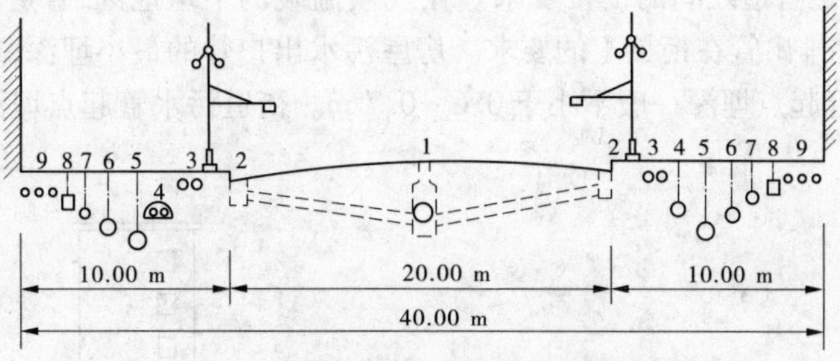

图 8-3　某城市街道地下管线的布置

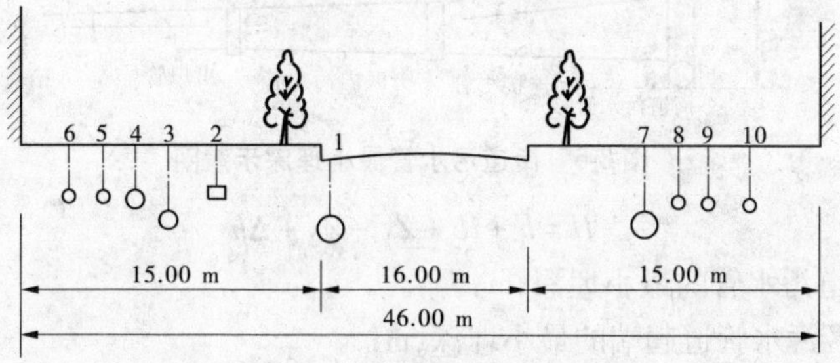

图 8-4　某工业区道路地下管线的布置

(二)污水管道埋深和覆土厚度

管道埋设深度是指管底内壁到地面的距离,如图 8-5 所示。管道的埋设深度对整个管道系统的造价和施工影响很大。管道埋深越大,造价越高,施工期就越长。有的管道埋深增加 2 ~ 3 m,成本将增加 1 倍以上。管道的埋深有一个最大限值,称为最大埋深。一般应根据技术经济指标及施工方法确定。在干燥土壤中,最大埋深一般不超过 7 ~ 8 m;在多水、流砂、石灰岩地层中,一般不超过 5 m。

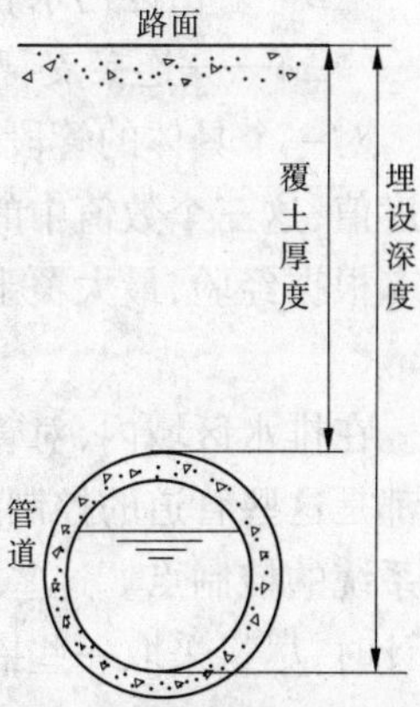

图 8-5　管道埋深与覆土厚度

管道的覆土厚度指管道外壁顶部到地面的距离,如图 8-5 所示。尽管管道埋深越小越好,但管道的覆土厚度有一个最小限值,叫最小覆土厚度,其值取决于以下 3 个因素:

(1)在寒冷地区,必须防止管内污水冰冻和因土壤冰冻膨胀而损坏管道。污水在管道中冰冻的可能性与土壤的冰冻深度、污水水温、流量及管道坡度等因素有关。因污水水温冬季也在4 ℃以上,所以没有必要把各个管道埋在冰冻线下,没有保温措施的生活污水管道或水温与生活污水接近的工业废水管道,管底可埋在冰冻线以上0.15 m。近年来的实践证明,设计时加大一到二号管径,并适当放大坡度,污水管道还可以提高埋深 0.6 ~0.8 m。有保温措施或水温较高的污水管,其管底标高还可加大。

(2)为防止管壁被地面荷载压坏,管顶需有一定的覆土厚度,其取决于管道的强度、荷载的大小及覆土的密实程度等。规定车行道下最小覆土厚度不小于0.7 m。在管道保证不受外部重压损坏时,可适当减小。

(3)必须满足管道之间的衔接要求。在气候温暖的平坦地区,管道的最小覆土厚度往往取决于房屋排出管在衔接上的要求。房屋污水出户管的最小埋深,通常为0.5~0.6 m,所以污水支管起点埋深一般不小于0.6~0.7 m。街道污水管起点埋深(见图8-6),可按下式计算:

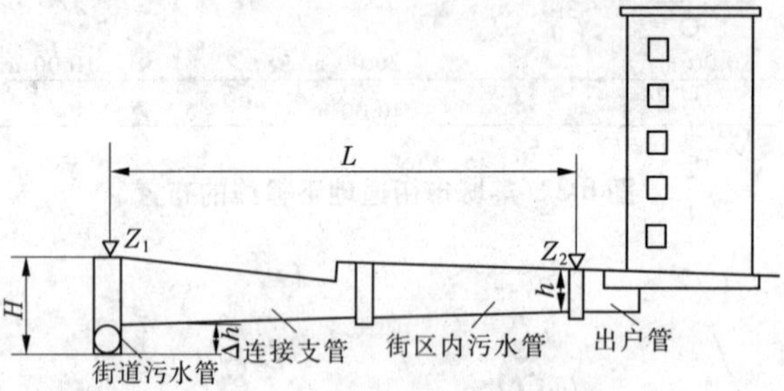

图8-6 街道污水管最小埋深示意图

$$H = h + iL + Z_1 - Z_2 + \Delta h \tag{8-9}$$

式中 H——街道污水管的最小埋深,m;

h——街区污水管道起端的最小埋深,m;

Z_1——街道污水管检查井处地面标高,m;

Z_2——街区污水管起端检查井处地面标高,m;

i——街区污水管和连接支管的坡度,m;

L——街区污水管和连接支管的总长度,m;

Δh——连接支管与街道污水管管内底高差,m。

对一个具体的管段,从上述三个因素出发,可以得到三个不同的管底埋深或管顶覆土厚度值,这三个数值中的最大一个就是这一管道的允许最小覆土厚度。

根据经验,最大覆土不宜大于6 m;在满足各方面要求的前提下,理想覆土厚度为1~2 m。

在排水区域内,对管道系统的埋设深度起控制作用的点称为控制点,各条管道的起点大都是这些管道的控制点。这些控制点中离出水口或污水厂最远或最低的一点,就是整个系统的控制点。这些控制点管道的埋深,往往影响整个污水管道系统的埋深。在规划设计时,尽量采取一些措施来减少控制点管道的埋深,如加强管道强度;填土提高地面高程以保证最小覆土厚度;必要时设置泵站提高管位等。

(三)污水管道的衔接

污水管道在管径、坡度、高程、方向发生变化及支管接入的地方都需设检查井,其中在考虑检查井内上下游管道衔接时应遵循以下原则:

(1)尽可能提高下游管段的高程,以减少埋深,降低造价。

(2)避免上游管段中形成回水而造成淤积。

(3)不允许下游管段的管底高于上游管段的管底。

管道的衔接方法主要有水面平接、管顶平接和跌水衔接三种,见图8-7。

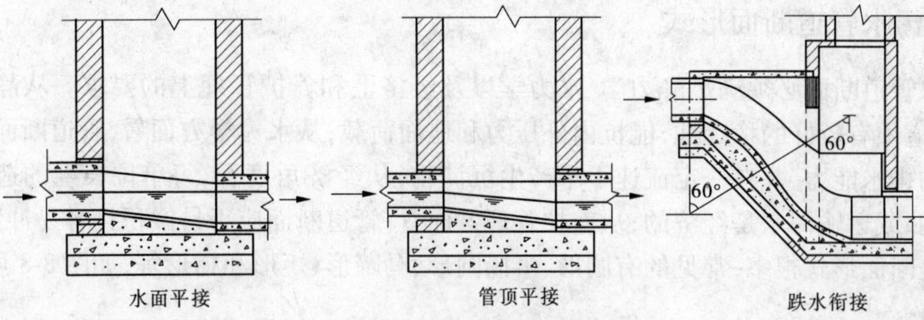

图8-7 管道的衔接

水面平接指污水管道水力计算中,上、下游管段在设计充满度下水面高程相同。同径管段往往使下游管段的充满度大于上游管段的充满度,为避免上游管段回水而采用水面平接。在平坦地区,为减少管道埋深,异管径的管段有时也采用水面平接。但由于小口径管道的水面变化大于大口径管道的水面变化,难免在上游管道中形成回水。

管顶平接指污水管道水力计算中,上、下游管段的管顶内壁位于同一高程。采用管顶平接时,可以避免上游管段产生回水,但增加了下游管段的埋深,管顶平接一般用于不同口径管道的衔接。有时当上、下游管段管径相同而下游管段的充满度小于上游管段的充满度时(如由小坡度转入较陡的坡度时),也应采用管顶平接。

当坡度突然变陡时,下游管段的管径可小于上游管段的管径,但宜采用跌水井衔接,而避免上游管段回水。

城市污水管道一般都采用管顶平接法。在坡度较大的地段,污水管道可采用阶梯连接或跌水井连接。无论采用哪种衔接方法,下游管段的水面和管底部都不应高于上游管段。污水支管与干管交汇处,若支管管底高程与干管管底高程相差较大时,需在支管上设置跌水井,经跌落后再接入干管,以保证干管的水力条件。

第三节 污水管道水力计算

一、污水在管道内的流动特点

污水中含有很多杂质,其中有有机物和无机物,这些物质有的溶于水中,有的混于水中。混于水中的较轻物质浮漂于水面,较重些的悬浮于水中,最重的如泥沙等存于管底部随水移动。当水流速度较小时,这些较重物质即会沉淀,阻碍水流,甚至堵塞管道;如水流过快,水中杂物还可能冲刷磨损管道,这是污水与生活饮用水流动时的不同点。水中虽含有很多杂质,但所占比例很小,生活污水中主要是水,一般水在生活污水中占有99%以上,因此可将污水按一般水看待,符合一般水力学的水流运动规律。

污水在管道中流动,流量是变化的。又由于流动时水流转弯、交叉、变径、跌水等水流状态的变化,流速也在不断变化。因此,污水在管道内流行是不均匀流,流量、流速均发生变化。但在直线管段上,当流量没有很大变化和没有沉淀物时,污水的流动状态接近于均匀流,因此在污水管网设计中采用均匀流计算,使计算工作大为简化。

二、污水管道断面形式

污水管道断面必须满足静力学、水力学以及经济上和养护管理上的要求。从静力学上讲,管道须有较好的稳定性,能抗内外压力和地面荷载;从水力学方面看,管道断面应保证最大的排水能力,并在一定流速下不产生沉淀物;从经济角度看,每单位长度的造价应是最低的,或运输污水是经济的;从养护管理方面看,管道断面应不易淤积且容易冲洗等。

管渠断面形式很多,常见的有圆形、半椭圆形、马蹄形、矩形和梯形等,如图 8-8 所示。

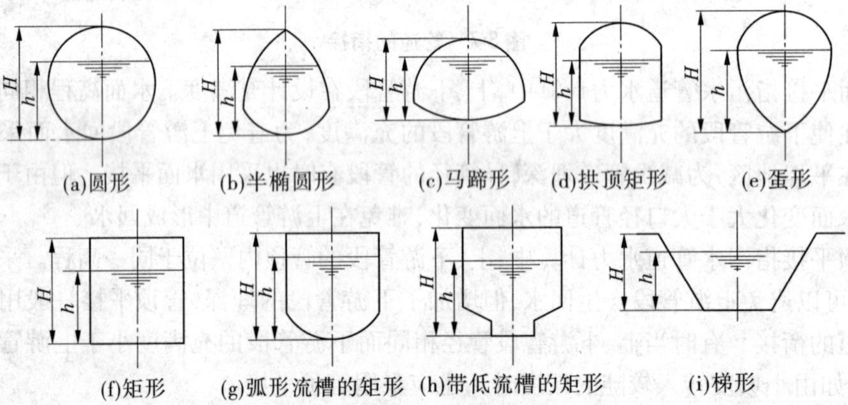

图 8-8　常用管渠断面

三、水力计算基本公式

设计污水管道,必须经过水力计算来决定管道直径和管道坡度,然后由此计算管道的埋设深度及检查井的井底高度等。污水在管道中的流动,可以采用水力学中无压均匀流公式计算。

(一)流量公式

$$Q = \omega \cdot v \tag{8-10}$$

式中　Q——污水流量,m^3/s;

ω——过水断面面积,m^2;

v——过水断面平均流速,m/s。

(二)流速公式

$$v = \frac{1}{n} R^{2/3} i^{1/2} \tag{8-11}$$

式中　n——管材粗糙系数,见表 8-5;

R——水力半径(过水断面面积与湿周的比值),m;

i——管渠坡度(即管渠底起讫点的高差 h 与管段长度 L 之比,$i = h/L$),与水力坡度相同。

表 8-5　管材粗糙系数

管渠类别	粗糙系数	管渠类别	粗糙系数
石棉水泥管、钢管	0.012	浆砌砖渠道	0.015
木槽	0.012～0.014	浆砌块石渠道	0.017
陶土管、铸铁管	0.013	干砌块石渠道	0.020～0.025
混凝土管、钢筋混凝土管水泥砂浆抹面渠道	0.013～0.014	土明渠(包括带草皮)	0.025～0.030

四、污水管道水力计算的设计数据

为了保证排水管渠正常工作,避免在管渠内产生淤积、冲刷、溢流及保证排水通畅,在进行水力计算时,对采用的设计充满度、流速、坡度、管径等在我国《室外排水设计规范》(GB 50014—2006)中作了规定,以此作为设计依据。

(一)设计充满度

在设计流量下,管道中的水深 h 与管径 D 的比值 h/D 称为设计充满度。当 $h/D=1$ 时称为满流;当 $h/D<1$ 时称为不满流。

《室外排水设计规范》(GB 50014—2006)规定,雨水管道及合流管道应按满流计算,污水管道应按不满流计算,其允许最大设计充满度见表 8-6,明渠超高不得小于 0.2 m。

表 8-6　最大设计充满度

管径或渠高(mm)	最大设计充满度
200～300	0.60
350～450	0.70
500～900	0.75
≥1 000	0.80

注:在计算污水管道充满度时,不包括沐浴或短时间突然增加的污水量,但当管径小于或等于 300 mm 时,应按满流复核。

表 8-6 所规定的最大设计充满度是排水管渠设计的最大限值。在进行水力计算时,所选用的实际充满度应不大于表中规定。但是如果所取充满度过小,也是不经济的。一般情况下设计充满度最好不小于 0.5,特别是大尺寸的管渠,设计充满度最好接近最大允许充满度,以发挥最大效益。

(二)设计流速

与管道设计流量、设计充满度相应的水流平均流速称为设计流速。如果污水在管道中流速过小,则污水中的部分杂质就会在重力作用下沉淀在管底,从而造成管道淤积;如果管内流速过大,又会使管壁受到冲刷磨损,而降低管道的使用年限,因此对设计流速应予以限制。《室外排水设计规范》(GB 50014—2006)规定,污水管道在设计充满度下,最小设计流速为 0.6 m/s,含有金属矿物固体或重油杂质的生产污水管道,流速应适当加大;雨水管道及合流管道在满流时最小设计流速为 0.75 m/s,明渠为 0.4 m/s。

排水管渠的最大设计流速与管渠材料有关,《室外排水设计规范》(GB 50014—2006)中规定:金属管道为 10 m/s;非金属管道为 5 m/s。

明渠最大设计流速,当水深 h 为 0.4～1.0 m 时,按表 8-7 确定;当水深 h 在 0.4～

1.0 m以外时，按表中最大流速乘以下列系数：$h<0.4$ m 时，系数为 0.85；$1.0\text{ m}<h<2.0$ m时，系数为 1.25；$h\geq 2.0$ m 时，系数为 1.40。

表 8-7 明渠最大设计流速

明渠类别	最大设计流速(m/s)
粗砂或贫亚黏土	0.3
亚黏土	1.0
黏土	1.2
石灰岩或中砂岩	4.0
草皮护面	1.3
干砌块石	2.0
浆砌块石或浆砌砖	3.0
混凝土	4.0

规定的最小设计流速，是保证管内不致发生淤积的流速。在这个流速下，污水中的杂质能够随水流一起运动，所以又称自净流速。从实际运行情况看，流速是防止管渠水中杂质沉淀的重要因素，但不是唯一因素，管渠内水深的大小对杂质沉淀也有很大影响，因此选用较大的充满度对防止管渠淤积有一定的意义。

(三)最小管径

城市污水管道系统中，起端管段的设计流量很小，所以计算所得的管径就很小。管径过小的管道极易阻塞，且不易清通。调查表明，在同等条件下，管径 150 mm 管道的阻塞次数是管径 200 mm 管道阻塞次数的两倍，而两种管径的工程总造价相当。据此经验，《室外排水设计规范》(GB 50014—2006)规定了污水管道的最小管径，见表 8-8。当按设计流量计算确定的管径小于最小管径时，应按表 8-8 中的最小管径采用。

(四)最小设计坡度和不计算管段

流速和坡度间存在一定关系，相应于最小允许流速的坡度就是最小设计坡度。最小设计坡度也与水力半径有关，而水力半径是过水断面面积与湿周的比值。所以，不同管径的污水管道，由于水力半径不同，应有不同的最小设计坡度。相同直径的管道因充满度不同，其水力半径也不同，所以也应有不同的最小设计坡度。但是通常对同一直径的管道只规定一个最小坡度，以充满度为 0.5 时的最小坡度作为最小设计坡度，见表 8-8。

表 8-8 最小管径与相应最小设计坡度

管道类别	最小管径(mm)	最小设计坡度
污水管	300	塑料管 0.002，其他管 0.003
雨水管和合流管	300	塑料管 0.002，其他管 0.003
雨水口连接管	200	0.01
压力输泥管	150	—
重力输泥管	200	0.01

注：1. 管道坡度不能满足上述要求时，可酌情减少，但应有防淤、清淤措施。
2. 自流输泥管道的最小设计坡度宜采用 0.01。

在污水管渠设计中，由于管网系统起端管段的服务面积较小，所以计算的设计流量较小。如果设计流量小于最小管径的最小设计坡度，在充满度为0.5的流量时，这个管段可不进行水力计算，而直接采用最小管径和相应的最小坡度，故这种管段称为不计算管段，这些管段在日常维护中要有必要的冲洗设施，可设置冲洗井进行冲洗。

五、排水管渠水力计算图表

排水管道采用公式(8-10)、公式(8-11)进行水力计算，在这两个公式中含有参数流量 Q、流速 v、管材粗糙系数 n、管道水力半径 R(与管道充满度 h/D 和管道直径有关)和坡度 i。两个方程中含有6个参数，通常只有流量 Q 和管材粗糙系数 n 已知，其余4个参数是未知的。因此，必须先假定两个参数，才能求出另外两个参数。直接应用公式(8-10)、公式(8-11)进行水力计算比较麻烦，为了简化计算，可直接使用水力计算图表。水力计算图表是按公式(8-10)、公式(8-11)编制的。附录1为钢筋混凝土圆管(不满流 $n=0.014$)水力计算图，每一张图的管径 D 和粗糙系数 n 值是一定的，图中有流量 Q、流速 v、充满度 h/D、坡度 i 4个参数，在使用时知道其中两个，便可从图中查得另外两个参数。

六、污水管渠的水力计算方法

污水管渠的水力计算，须在污水管渠平面布置图完成后进行。首先根据平面布置图进行管段的划分；再从管道的上游至下游依次进行各个管段污水设计流量的计算；然后依次进行各个设计管段的水力计算。

(一)设计管段的划分

我们把两个检查井之间的管段采用相同的设计流量，并且采用相同的管径和坡度时，称为一个设计管段，以便采用均匀流公式进行水力计算。为了简化计算，没有必要把每个检查井都作为设计管段的起讫点(因为维护管理的需要，在一定距离处需要设置检查井)，采用同样的管径和坡度的连续管段，就可以划作一个设计管段。划分时主要以流量的变化和地形坡度的变化为依据。一般来讲，有街区支管接入的位置、有大型公共建筑和工业企业集中流量接入处及有旁侧管道接入的检查井，均可作为设计管段的起止点。如果流量没有大的变化，而管道通过的地面坡度发生变化的地点也要作为设计管段的起止点。

从经济方面讲，设计管段划分不宜过长；从排水安全角度讲，设计管段划分不宜太短。为便于计算，设计管段划分完后，应依次进行管段编号。

(二)设计管段设计流量的确定

在排水管网系统中，流入每一设计管段的设计流量包括居住区生活污水设计流量和集中流量两部分。集中流量是指从工业企业或产生大量污水的建筑物流来的最高日最高时污水量。

从排水管道汇集污水的方式来看，无论是居住区生活污水量还是集中流量都可以划分为本段流量和转输流量。本段流量是指从设计管段沿途街区或工业企业、大型公共建筑流来的污水；转输流量是指从上游管段或旁侧管段流来的污水量。

对于某一设计管段来讲，本段流量是沿途变化的，因为本段服务面积上的污水实际上沿管段长度分散接入设计管段中,即从管段起点流量为零逐渐增加到终点的全部流量。但为了计算上的方便,我们假定本段流量从设计管段起端的检查井集中进入设计管段。

本段居住区生活污水量,在人口密度一定的情况下,与设计管段对应的服务面积成正比。设计管段的服务面积与所在街区的地形及管网的布置形式有关系。如果街区管网按围坊式布置,通常以街区四周管线的角平分线,将一块街区面积分成 4 个部分,并设每一部分面积上的污水排入相邻的污水管道。如果街区管网按低边式布置,则一般将整个街区面积的污水都排入低侧污水管道。

本段居住区生活污水平均流量可用下面两个公式计算:

$$q_1 = F \cdot q_b \tag{8-12}$$

$$q_b = \frac{n \cdot N_0}{24 \times 3\ 600} \tag{8-13}$$

式中 q_1——本段居住区生活污水平均流量,L/s;

F——设计管段本段服务的街区面积,hm^2;

q_b——街区比流量,$L/(s \cdot hm^2)$;

N_0——设计地区人口密度,cap/hm^2;

n——居住区生活污水排水定额, $L/(cap \cdot d)$。

本段集中流量是指沿该设计管段接入的工业企业或大型公共建筑最高日最高时污水流量,可按式(8-6)、式(8-7)进行计算。

设计管段的转输流量分为转输居住区生活污水流量和转输集中流量。设计管段中居住区生活污水设计流量计算时,应取转输平均流量与本段平均流量之和作为该设计管段的居住区生活污水平均流量,以此来计算该管段的生活污水设计流量;取转输集中流量及本段集中流量之和作为该设计管段的集中流量。设计管段的总设计流量为居住区生活污水设计流量和集中流量之和。

七、城市污水管道纵剖面图的绘制

污水管道纵剖面图反映管道沿线高程位置,它应和管道平面布置对应。在剖面图上应画出地面高程线、管道高程线(常用双线表示管顶与管底)。画出设计管段起讫点处、检查井及主要支管的接入位置与管径。在管道纵剖面图的下方应注明检查井的编号、管径、管段长度、管道坡度、地面高程和管底高程等。

污水管道纵剖面图常用的比例尺为横向 1∶500～1∶1 000,纵向 1∶50～1∶100。

八、污水管渠水力计算示例

【例 8-1】 图 8-9 为某市区污水管道平面布置图。该城市居住区街区人口密度 N_0 = 300 人/hm^2,各街区面积见表 8-9。设计管段及服务面积的划分如图 8-9 所示。居住区生活污水量定额 n = 140 L/(cap · d)。火车站设计污水量为 3 L/s,公共浴池每日容量为 600 人次,浴池开放 10 h/d,每人每次用水量为 150 L/s(浴池总变化系数取 1.5)。工厂甲和工厂乙的工业废水经过局部处理后,排入城市排水管网,其设计流量分别为 25 L/s 和 6 L/s。工厂甲工业废水排出口的管底埋深为 2.5 m。地区冰冻深度为 1.5 m,管材均采用混凝土管和钢筋混凝土管($n=0.014$)。试进行各干管污水设计流量的计算,并进行主干管的水力计算。

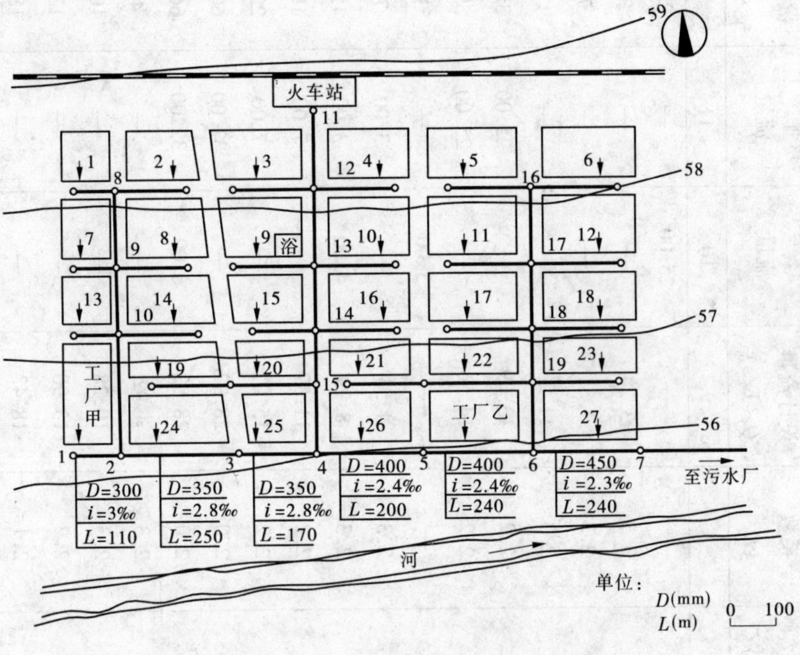

图 8-9 某市区污水管道平面布置图(初步设计)

解:污水管渠水力计算一般按以下方法和步骤进行。

1. 划分设计管段,计算设计流量

(1)据城市污水管道平面布置图,绘制污水管道计算草图,以便在计算中使用。按照设计管段的划分原则进行设计管段的划分,并依次进行管段编号。

(2)进行街区编号,并计算各街区面积(见表 8-9)。划分各设计管段的本段服务面积(在计算草图中用箭头表示)。

表 8-9 街区面积

街区编号	1	2	3	4	5	6	7	8	9	10	11
街区面积(hm^2)	1.20	1.71	2.05	2.01	2.20	2.20	1.40	2.24	1.86	2.14	2.40
街区编号	12	13	14	15	16	17	18	19	20	21	22
街区面积(hm^2)	2.40	1.31	2.18	1.55	1.60	2.00	1.80	1.66	1.23	1.63	1.70
街区编号	23	24	25	26	27						
街区面积(hm^2)	1.71	2.20	1.38	2.04	2.40						

(3)计算各个设计管段的设计流量。为了便于计算,可列表进行。在初步设计中只计算干管和主干管的设计流量(见表 8-10)。水量计算从上游至下游依次进行。设计流

表 8-10　污水管道设计流量计算

管段编号	居住区生活污水量 Q_1								集中流量 Q_2(L/s)		设计流量(L/s)
	本段平均流量 q_1				转输平均流量(L/s)	合计平均流量(L/s)	总变化系数 K_z	生活污水设计流量 Q_1(L/s)	本段集中流量	转输集中流量	
	街区编号	街区面积 F(hm^2)	比流量 q_b (L/($s \cdot hm^2$))	流量 q_1(L/s)							
1	2	3	4	5	6	7	8	9	10	11	12
1-2	—	—	—	—	—	—	—	—	25.00	—	25.00
8-9	—	—	—	—	1.41	1.41	2.3	3.24	—	—	3.24
9-10	—	—	—	—	3.18	3.18	2.3	7.31	—	—	7.31
10-2	—	—	—	—	4.88	4.88	2.3	11.23	—	—	11.23
2-3	24	2.20	0.486	1.07	4.88	5.95	2.2	13.09	—	25.00	38.09
3-4	25	1.38	0.486	0.67	5.95	6.62	2.2	14.56	—	25.00	39.56
11-12	—	—	—	—	—	—	—	—	3.00	—	3.00
12-13	—	—	—	—	1.97	1.97	2.3	4.53	—	3.00	7.53
13-14	—	—	—	—	3.91	3.91	2.3	8.99	4.00	3.00	15.99
14-15	—	—	—	—	5.44	5.44	2.2	11.97	—	7.00	18.97
15-4	—	—	—	—	6.85	6.85	2.2	15.07	—	7.00	22.07
4-5	26	2.04	0.486	0.99	13.47	14.46	2.0	28.92	—	32.00	60.92
5-6	—	—	—	—	14.46	14.46	2.0	28.92	6.00	32.00	66.92
16-17	—	—	—	—	2.14	2.14	2.3	4.92	—	—	4.92
17-18	—	—	—	—	4.47	4.47	2.3	10.28	—	—	10.28
18-19	—	—	—	—	6.32	6.32	2.2	13.90	—	—	13.90
19-6	—	—	—	—	8.77	8.77	2.1	18.42	—	—	18.42
6-7	27	2.40	0.486	1.17	23.23	24.40	1.9	46.36	—	38.00	84.36

量计算方法如下：

①将各设计管段编号、本段街区服务面积及街区编号，分别填入表 8-10 中第 1、3、2 项。

②计算街区比流量，按公式(8-13)，有：

$$q_b=\frac{n\cdot N_0}{24\times 3\ 600}=\frac{140\times 300}{24\times 3\ 600}=0.486(\mathrm{L/(s\cdot hm^2)})$$

将比流量 $q_b=0.486$ 填入表 8-10 中第 4 项。

③计算本段居住区生活污水平均流量。按式(8-12)计算(即表中第 4 项与第 3 项的乘积)，将计算值填入表中第 5 项。例如 2－3 管段，$q_1=0.486\times 2.2=1.07$(L/s)。

④将从上游及旁侧管段转输到本设计管段的转输生活污水平均流量，填入表中第 6 项。例如 2－3 管段转输 10－2 管段流来的生活污水平均流量为 4.88 L/s。

⑤将设计管段居住区生活污水本段平均流量与转输平均流量相加(第 5 项与第 6 项相加)，即为设计管段居住区生活污水平均流量(合计平均流量)填入表中第 7 项。例如 2－3 管段的生活污水平均流量为 1.07＋4.88＝5.95(L/s)。

⑥据设计管段居住区生活污水平均流量值(第 7 项)，查表 8-2，确定总变化系数 K_z，并填入表中第 8 项，例如 2－3 管段生活污水平均流量为 5.95 L/s，取变化系数 K_z 为 2.2。

⑦居住区生活污水合计平均流量(第 7 项)与总变化系数 K_z(第 8 项)的乘积，即为该设计管段居住区生活污水设计流量 Q_1，将该值填入表中第 9 项。例如 2－3 管段居住区生活污水设计流量为 $Q_1=5.95\times 2.2=13.09$(L/s)。

⑧将本段集中流量填入表中第 10 项，转输集中流量填入表中第 11 项。例如管段 2－3，没有本段集中流量，只有转输上游 1－2 管段流来的工厂甲的工业废水量，即转输集中流量 Q_2 为 25 L/s。

⑨设计管段总设计流量为生活污水设计流量(第 9 项)与集中流量(第 10、11 项)3 项之和，填入表中第 12 项。例如 2－3 管段的设计流量为 13.09＋25＝38.09(L/s)。其他管段的设计流量计算方法与上述相同。

2. 污水主干管水力计算

在确定了设计流量之后，即可从上游开始依次进行各管段的水力计算。为了计算方便，水力计算列表进行，其表格形式见表 8-11。

本例题只对主干管进行水力计算。

水力计算的方法和步骤如下：

(1)将各设计管段的编号、设计管段长度、管段设计流量、各设计管段起讫点检查井地面高程分别填入表 8-11 第 1、2、3、10、11 项中。设计管段的长度及检查井处地面高程，可根据管道布置平面图和地形图来确定。

(2)计算出各设计管段的地面坡度，作为确定设计管段坡度的参考。

$$地面坡度=\frac{管段起讫点地面高差}{管段长度}$$

例如管段 1－2：$地面坡度=\frac{56.20-56.10}{110}=0.000\ 9$。

表 8-11　污水管道水力计算

管段编号	管段长度 L(m)	设计流量 Q(L/s)	管径 D(mm)	坡度 i(‰)	流速 v(m/s)	充满度		降落量 iL(m)
						h/D	h(m)	
1	2	3	4	5	6	7	8	9
1－2	110	25.00	300	0.003 0	0.70	0.51	0.153	0.330
2－3	250	38.09	350	0.002 8	0.75	0.52	0.182	0.700
3－4	170	39.56	350	0.002 8	0.75	0.53	0.186	0.476
4－5	220	60.92	400	0.002 4	0.80	0.58	0.232	0.528
5－6	240	66.92	400	0.002 4	0.82	0.62	0.248	0.576
6－7	240	84.36	450	0.002 3	0.85	0.60	0.270	0.552

管段编号	标高(m)						埋设深度(m)	
	地面标高		水面标高		管内底标高			
	上端	下端	上端	下端	上端	下端	上端	下端
1	10	11	12	13	14	15	16	17
1－2	56.200	56.110	53.853	53.523	53.700	53.370	2.50	2.73
2－3	56.100	56.050	53.502	52.802	53.320	52.620	2.78	3.43
3－4	56.050	56.000	52.802	52.326	52.616	52.140	3.43	3.86
4－5	56.000	55.900	52.322	51.794	52.090	51.562	3.91	4.34
5－6	55.900	55.800	51.794	51.218	51.546	50.970	4.35	4.83
6－7	55.800	55.700	51.190	50.638	50.920	50.368	4.88	5.33

(3)依据管段的设计流量，参考地面坡度，按照水力计算有关规定进行水力计算。查水力计算表，确定出管径 D、流速 v、设计充满度 h/D 及管道坡度 i 值。例如管段 1－2 的设计流量为 25 L/s，地面参考坡度为 0.000 9，查水力计算表（见附录），若采用最小管径 200 mm，当 $h/D=0.6$（最大设计充满度）时，$v=1.25$ m/s，$i=0.016$。起始管段坡度太大，会增大整个管道系统的埋深，这是不利的。若放大管径，采用 250 mm 的管径，充满度不超过最大设计充满度 0.6，则坡度需采用 0.004 7，比本管段的地面坡度还大很多。为了使管道埋深不致增加过多，宜采用较小坡度、较大管径。故采用 $D=300$ mm 管径的管道，查附录 1，当 $Q=25$ L/s，$v=0.7$ m/s（最小设计流速），则 $h/D=0.51$，$i=0.003$，均符合设计数据的要求。把确定的管径、坡度、流速、充满度 4 个数据分别填入表中第 4、5、6、7 各项。

其余各设计管段的管径、坡度、流速、充满度的计算方法同上。

(4)根据求得的管径和充满度确定管道中水深 h。例如管段 1－2 的水深 $h=D\cdot h/D=0.3\times0.51=0.153$(m)，并填入表中第 8 项。

(5)根据求得的管段坡度和长度计算管段的降落量 iL 值，例如管段 1－2 降落量 $iL=0.003\times110=0.33$(m)，填入表中第 9 项。

(6)确定管段起点管内底标高。首先需要确定出管网系统控制点。一般来说距污水厂最远的干管起点有可能是系统控制点。本例中有8、11、16和工厂甲排出口1点都可能成为系统控制点。8、11、16三点的埋设深度可采用最小覆土厚度的限值来确定。在平面图上可以看到,这3条干管与等高线垂直布置,干管坡度可与地面坡度近似,因此埋深不会增加太多。整个管线上又无个别低洼点,所以8、11、16的埋深不能控制主干管的埋设深度。1点为工厂甲的排出口,工厂甲出口埋深较大,同时主干管与等高线平行,地面坡度很小,由此看来,1点对主干管的埋深起主要控制作用,所以1点为管网系统的控制点。

1点的埋设深度为2.5 m,将该值填入表中第16项。由1点的地面标高减去1点管道埋设深度,即为1点管道的管内底标高,即为56.200 - 2.50 = 53.700(m),将该值填入表中第14项。

(7)根据管段起点管内底标高和降落量计算管段终点管内底标高。例如管段1 - 2中2点的管内底高程等于1点管内底高程减去管段降落量,即为53.700 - 0.330 = 53.370(m),填入表中第15项。

(8)据管段终点地面标高和管底标高确定管段终点管底埋深。例如管段1 - 2中,2点管底埋深等于2点地面标高减去2点管内底标高,即为56.100 - 53.370 = 2.73(m),填入表中第17项。

(9)据各点管内底标高和管道中水深 h,确定管段起点和终点的水面标高,分别填入表中第12、13项。例如管段1—2中1点的水面标高等于1点的管内底标高与管段1 - 2中水深 h 之和,即为53.700 + 0.153 = 53.853(m),2点的水面标高为53.370 + 0.153 = 53.523(m)。

(10)检查井下游管段管内底标高根据管道在检查井内采用的衔接方法来确定。例如,管段1 - 2与管段2 - 3的管径不同,可采用管顶平接,即1 - 2中的2点与管段2 - 3中的2点管顶标高应相同。所以管段2 - 3中的2点的管内底标高为53.370 + 0.3 - 0.35 = 53.320(m)。求出2点的管内底标高后,按照前面讲的方法即可求出3点的管内底标高及2、3点的水面标高及埋设深度。又如管段2 - 3与管段3 - 4管径相同,可采用水面平接。即管段2 - 3与管段3 - 4中的3点的水面标高相同。然后用3点的水面标高减去降落量,求得4点的水面标高,将3、4点的水面标高减去水深求出相应点的管底标高,再进一步求出3、4点的埋深。

(11)将求得的管径、坡度等数据标在管道平面图上。在水力计算的同时绘制主干管的纵剖面图(见图8-10)。

九、污水管道水力计算时应注意的问题

(1)计算设计管段的管底高程时,要注意各管段在检查井中的衔接方式,要保证下游管道上端的管底不得高于上游管道下端的管底。

(2)在水力计算过程中,污水管道的管径与水流速度一般不应沿程减小。但当管道穿过陡坡地段时,由于管道坡度增加很多,根据水力计算,管径可以由大变小。当管径为250 ~ 300 mm时,只能减小一级;管径等于或大于300 mm时,按水力计算确定,但不得超过两级。当管径由大变小时最好采用跌水衔接。

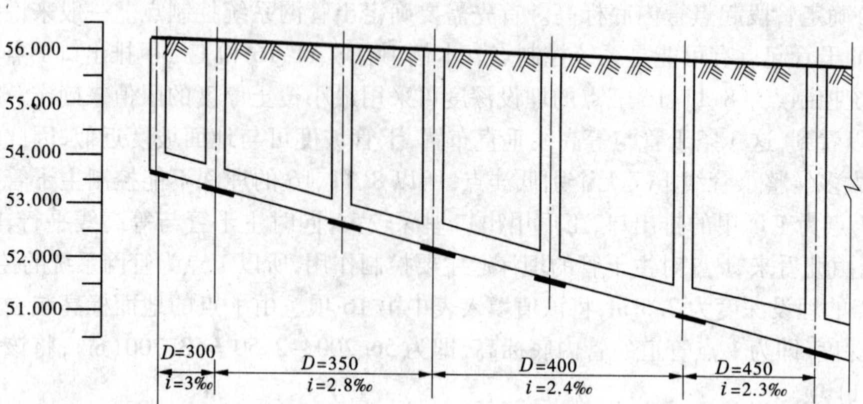

地面标高(m)	56.200	56.100	56.050	56.000	55.900	55.800	55.700
埋设深度(m)	2.50	2.73 2.78	3.43 3.43	3.86 3.91	4.34 4.35	4.83 4.88	5.33
管内底标高(m)	53.700	53.370 53.320	52.620 52.616	52.140 52.090	51.562 51.546	50.970 50.920	50.368
管道长度(m)	110	250	170	220	240	240	
检查井号	1	2	3	4	5	6	7

图 8-10　污水主干管纵剖面图(初步设计)

(3)在支管与干管的连接处,要使干管的埋深保证支管的接入要求。

(4)当地面高程有剧烈变化或地面坡度太大时,可采用跌水井,以采用适当的管道坡度,防止因流速太大冲刷损坏管壁。通常当污水管道的跌落差大于 1 m 时,应设跌水井;跌落差小于 1 m 时,只需把检查井中的流槽做成斜坡即可。

小结

1. 城市污水设计流量

城市污水设计流量包括城市生活污水设计流量、工业企业职工生活污水及淋浴污水和工业废水设计流量。城市污水管道的设计流量应采用最大时流量。

2. 城市污水管渠系统平面布置

城市污水管渠系统平面布置内容包括确定排水区界、划分排水区域、确定污水处理厂及出水口位置、进行污水主干管、干管、支管的定线等。

3. 污水管道水力计算规定

污水管道水力计算时应考虑最大设计充满度、最小设计流速、最小设计坡度、最小管径。

4. 污水管渠水力计算方法

污水管渠水力计算内容包括设计管段的划分、设计管段设计流量的确定、污水管道管径与坡度的确定、污水管段纵剖面图的绘制。

思考题

1. 如何进行污水管道系统的平面布置？应遵循的原则是什么？
2. 排水支管的布置形式通常有哪几种？
3. 排水管道与其他地下管道和建筑物、构筑物的相互位置应满足哪些要求？
4. 如何计算污水管道的设计流量？
5. 试述污水管道水力计算的方法和步骤？

习　题

1. 江苏省某城市一居住区，设计人口为15万人，建筑为6～7层，室内设有给水排水设备，有淋浴设备，试计算该居住区生活污水设计总流量。

2. 某工厂最大班职工人数为1 150人，其中40%在热车间工作，使用淋浴人数按90%计算，在一般车间工作的职工有30%下班后淋浴。每班工作8 h；最大班生产废水量为1 230 m^3/班，均匀排出。试计算该厂污水设计总流量。

3. 图8-11为某厂区污水管道平面图。已知生产污水设计流量为35 L/s，厂内污水经局部处理后允许与生活污水混合排入城市污水管道；城市污水管线接管点的管径 D 为500 mm，管底高程为50.500 m；管道1点为工厂污水管道接管点，该点埋深定为2.0 m；职工住宅生活污水量标准为120 L/(人·d)，街区人口数如图8-11中标注，各管段长度如表8-12所示。试进行污水管道系统水力计算（从管段1－2至管段5－6），并根据计算结果绘制污水管道系统纵剖面图。

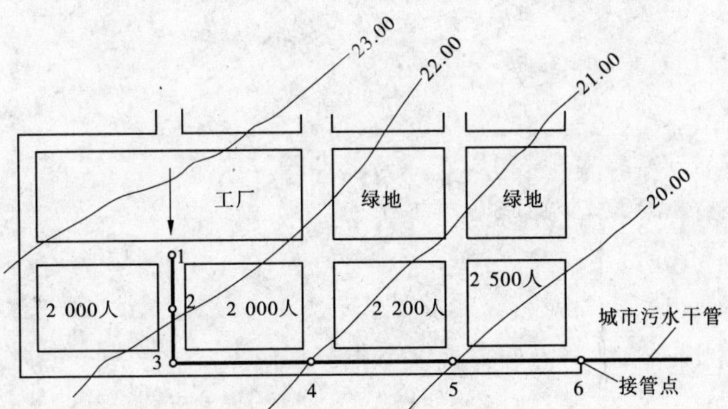

图8-11　某厂区污水管道系统平面图

表8-12

管段编号	1－2	2－3	3－4	4－5	5－6
管段长度(m)	100	100	350	360	320

4. 试根据图 8-12 所示的街区平面图，布置污水管道，并从工厂接管点至污水厂进行管段的水力计算，绘出管道平面图和纵剖面图。

已知：(1)人口密度为 350 人/hm^2；

(2)污水量标准为 120 L/(cap · d)；

(3)工厂的生活污水和淋浴污水设计流量分别为 9.24 L/s 和 6.84 L/s，生产污水设计流量为 26.4 L/s，工厂排出口地面标高为 45.5 m，管底埋深不小于 2 m，土壤冰冻深为 1.8 m。

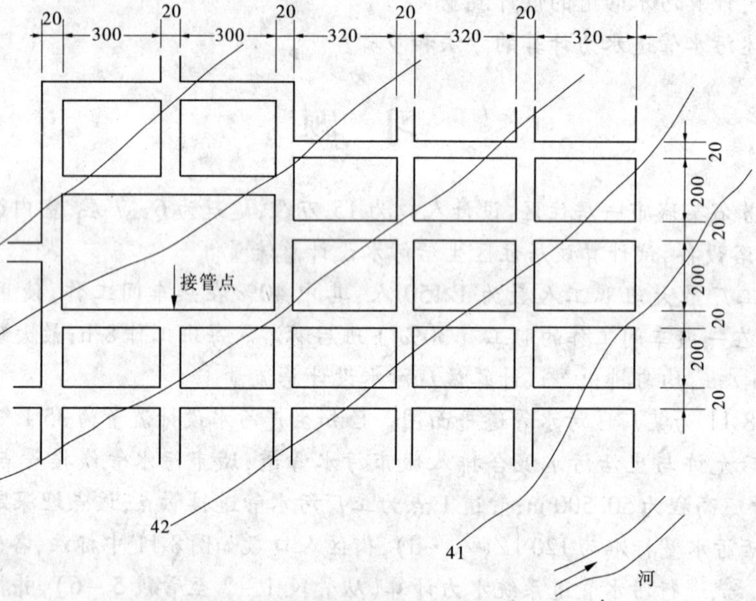

图 8-12 街区平面图 (单位:m)

第九章　城市雨水管渠系统设计计算

学习目标:通过本章的学习,了解和熟悉城市雨水管渠系统设计计算的一般原理、方法和步骤以及城市防洪工程规划的原则、设计洪水的计算方法。掌握雨水管渠设计流量的确定方法、雨水管渠系统的布置原则,雨水管渠水力计算设计数据的确定方法,能够划分排水流域,进行管渠定线、雨水管道设计流量计算、设计管段水力计算、绘制管段系统平面图和纵剖面图,从而熟练掌握城市雨水管渠系统的设计方法。

降落在地面上的雨水,只有一部分沿地面流入雨水管渠和水体,这部分雨水称为地面径流,在排水工程中常简称为径流量。雨水径流的总量并不大,即使在我国长江以南的一些大城市中,在同一面积上,全年的雨水总量也不过和全年的日常生活污水量相近,而径流量还不到雨水量的一半。但是,全年雨水的绝大部分常在极短的时间内降下,这种短时间内强度猛烈的暴雨,往往形成数十倍、上百倍于生活污水流量的径流量,若不及时排除,将造成巨大的危害。

雨水管渠系统主要由雨水口、雨水管渠、检查井、出水口等构筑物组成,图 9-1 为雨水管渠系统组成示意图。

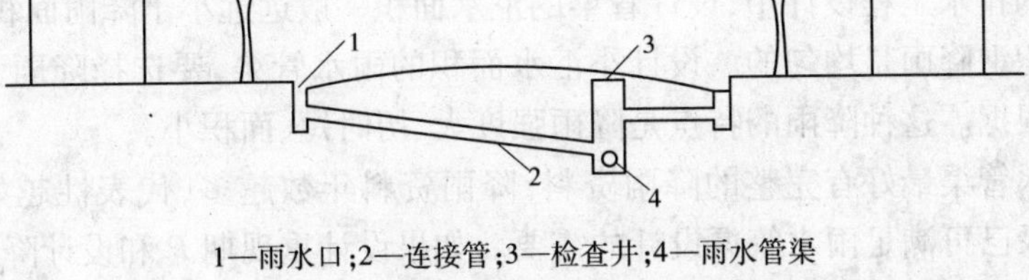

1—雨水口;2—连接管;3—检查井;4—雨水管渠

图 9-1　雨水管渠系统组成示意图

第一节　雨水管渠设计流量的确定

降落在地面上的雨水,在经过地面植物和洼地的截留、地面蒸发、土壤下渗以后,剩余雨水在重力作用下形成地面径流,进入附近的雨水管渠。雨水管渠的设计流量与地区降雨强度、地面情况、汇水面积等因素有关,合理地确定雨水设计流量是雨水管渠设计的重要内容。

一、雨水管渠设计流量公式

由于城市雨水管渠的汇水面积较小,一般属于水文学中的小汇水面积范畴,因此雨水

管渠设计流量,可以采用小汇水面积暴雨径流推理公式计算,即:

$$Q=\psi \cdot q \cdot F \tag{9-1}$$

式中 Q——雨水设计流量,L/s;

Ψ——径流系数;

q——设计暴雨强度,$L/(s \cdot hm^2)$;

F——汇水面积,hm^2($1\ hm^2=10^4\ m^2$)。

式(9-1)是在做了假定后推求的,与实际有一定的差异,因此是一个半经验、半理论性公式,但基本上能满足工程计算上的要求,因此得到广泛应用。

二、降雨强度

降雨量是指一定时段内降落在地面上的水量,用深度(mm)表示。单位时间内降落在地面(假设为水平面)上的雨水深度称为降雨强度,计算公式如式(9-2)所示:

$$i=\frac{h}{t} \tag{9-2}$$

式中 i——降雨强度,mm/min;

t——降雨历时,min;

h——相应于降雨历时的降雨量,mm。

降雨强度也可用单位时间单位面积上的降雨体积 q($L/(s \cdot hm^2)$)表示。q 和 i 之间的关系如下:

$$q=\frac{1\times 1\ 000\times 10\ 000}{1\ 000\times 60}i=166.7i \tag{9-3}$$

降雨所笼罩的面积称为降雨面积,降雨面积上各点的降雨强度是不相等的。但在城市和工业区的排水工程设计中,设计管渠的汇水面积一般远远小于降雨面积,可以假定在整个汇水面积上降雨是均匀的。设计小汇水面积的雨水管渠,要选择降雨强度最大的降雨作为设计根据。这种降雨的特点是降雨强度大、历时短、面积小。

设计雨水管渠最好有完整的降雨资料,降雨资料年数越多,代表性越好,10 年或 10 年以上的记录已可满足雨水管渠设计的需要。如果设计重现期 P 和设计降雨历时 t 已确定,就可根据由降雨资料绘制的降雨强度曲线或《给水排水设计手册》第五册中列出的各城市暴雨强度公式,求得设计暴雨强度 $i(q)$。

设计暴雨强度公式:

$$q=\frac{167A_1(1+C\lg P)}{(t+b)^n}$$

式中 q——设计暴雨强度,$L/(s \cdot hm^2)$;

P——重现期,a;

t——降雨历时,min;

A_1、C、b、n——地方参数,由统计方法计算确定。

(一)设计降雨历时 t 的确定

在设计中采用汇水面积上最远点雨水流达设计断面的集流时间作为设计降雨历时。

对于雨水管渠某一设计断面来说，集流时间 t 由两部分组成，如图 9-2 所示：

(1)从汇水面积最远点流到第 1 个雨水口的时间称为地面集水时间 t_1。

(2)从第 1 个雨水口流到设计断面的时间称为管渠内雨水流行时间 t_2。设计降雨历时可由式(9-4)计算：

$$t = t_1 + mt_2 \tag{9-4}$$

式中 t——集水时间或设计降雨历时，min；

t_1——地面集水时间，min；

t_2——管渠内雨水流行时间，min；

m——折减系数，管道采用 2.0，明渠采用 1.2。

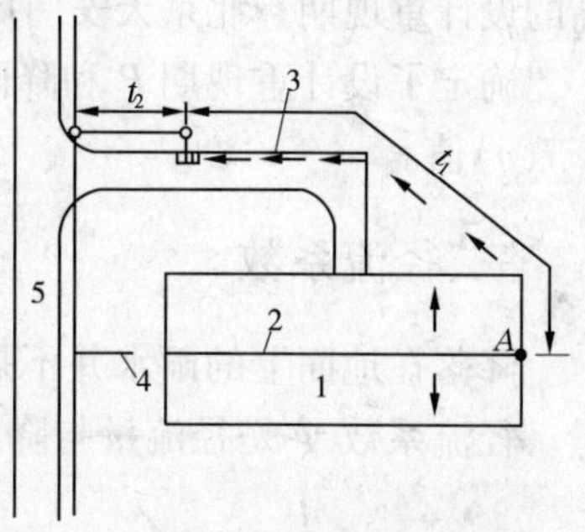

1—房屋；2—屋面分水线；3—道路边沟；4—雨水管道；5—道路

图 9-2 设计断面集水时间示意图

地面集水时间受地形、地面铺砌、地面种植情况和街区大小等因素的影响。《室外排水设计规范》(GB 50014—2006)建议：地面集水时间 t_1 一般取 5 ~ 15 min。雨水在上游管段内的流行时间 t_2 可用式(9-5)计算：

$$t_2 = \sum \frac{L}{60v} \tag{9-5}$$

式中 L——上游各管段的长度，m；

v——上游各管段的设计流速，m/s；

t_2——上游各管段中的流行时间之和，min。

但是管渠中水流并不是一开始就达到设计流速 v，雨水在管渠中流行的时间按式(9-5)计算出来的数值偏小，同时在降雨时管渠中往往有一部分无水的空间(称为管渠自由容积)可以利用。利用管渠自由容积暂时容纳一部分雨水，设计流量可以降低，也就是可以采用较大的 t_2。《室外排水设计规范》(GB 50014—2006)规定：设计暗管时，采用集水时间 $t = t_1 + 2t_2$；设计明渠时，采用 $t = t_1 + 1.2t_2$。显然各管段的集水时间是不同的，上游小，下游大。

(二)设计重现期的确定

雨水管渠设计的任务是及时地排除地面雨水，最理想的情况是能排除当地的最大暴雨径流量。但这是不现实的，因为用这种最大暴雨径流量作为管渠设计的依据，管渠断面尺寸就会很大，工程造价会相当高，而且平时管渠又不能充分发挥作用。所以雨水管渠的设计应该按若干年内出现一次的降雨量来进行。这个若干年出现一次的期限就称为重现期。

降雨重现期 P 是指相等的或更大的降雨强度发生的时间间隔的平均值，一般以年为单位。如果按重现期为 10 a 的降雨强度设计雨水管渠，雨水管渠平均 10 a 满流或溢流一次；按重现期为 1 a 的降雨强度设计，平均每年满流或溢流一次。

积水造成的损害是不同的。对工厂区、市中心、重要干道和广场，由于积水造成的损失较大，设计时这些地区采用较高的设计重现期。《室外排水设计规范》(GB 50014—2006)规定：工厂区、广场及干道的雨水管渠采用的设计重现期一般为 0.5 ~ 3 a，居住区一般为 0.33 ~ 2 a，对于重要干道或地区及短期积水即能引起较严重损失的地区，可采用更高的设计重现期。北京天安门广场的雨水管道，是按设计重现期等于 10 a 进行设计的。

确定了设计重现期 P 和降雨历时 t 后，就可以运用降雨强度曲线或降雨强度公式计算 $i(q)$ 值。

三、径流系数

降落在地面上的雨水并不是全部流入雨水管渠，沿着地面流入管渠的部分称为径流量。径流系数 Ψ 是径流量与降雨量的比值：

$$\Psi = \frac{\text{径流量}}{\text{降雨量}} \tag{9-6}$$

影响径流系数的因素很多，最主要的是排水面积内的地面性质。地面上的植物生长和分布情况、地面上的建筑面积或道路路面的性质等对径流系数影响很大。地面坡度愈陡，流入雨水管渠的水量愈大，径流系数也愈大。

径流系数也受降雨历时的影响，降雨历时愈长，地面下泥土的湿度愈大，渗入地下的水量愈小，流入雨水管渠的水量就愈多。同时，径流系数还受降雨强度的影响，暴雨的径流系数小，小雨的径流系数大。

表 9-1 列出了《室外排水设计规范》(GB 50014—2006)中不同地面种类条件下的径流系数 Ψ 值。排水面积的平均径流系数按加权平均法计算。

表 9-1　径流系数 Ψ 值

地面种类	Ψ 值	地面种类	Ψ 值
各种屋面、混凝土和沥青路面	0.90	干砌砖石和碎石路面	0.40
沥青表面处理的碎石路面	0.60	非铺砌土地面	0.30
级配碎石路面	0.45	公园或草地	0.15

第二节　雨水管渠系统的布置原则

雨水管渠布置的主要任务，是要使雨水能顺利的从建筑物、车间、工厂区或居住区内排泄出去，既不影响生产，又不影响人民生活，达到既合理又经济的要求，布置中应遵循下列原则。

一、充分利用地形，就近排入水体

雨水水质虽然与它流经的地面情况有关，但一般来说，是比较清洁的，可以直接排入湖泊、池塘、河流等水体。一般不至于破坏环境卫生和水体的经济价值。所以，管渠的布置应尽量利用自然地形的坡度，以较短的距离，以重力流方式排入水体。当地形坡度较大时，雨水管道宜布置在地形较低处；当地形较平坦时，宜布置在排水区域中间。应尽可能扩大重力流排除范围，避免设置雨水泵站。当必须设置时，应力求使通过泵站的流量减小到最低限度，以降低泵站的造价和运行费用。

雨水管渠接入池塘或河道的出水口构造一般比较简单，造价不高，增多出水口不致大量增加基建费用,而由于雨水就近排放,管线较短,管径也较小,可以降低工程造价。因此,雨水干管的平面布置宜采用分散式出水口的管道布置形式,这在技术上、经济上都是较合理的,如图 9-3 所示。

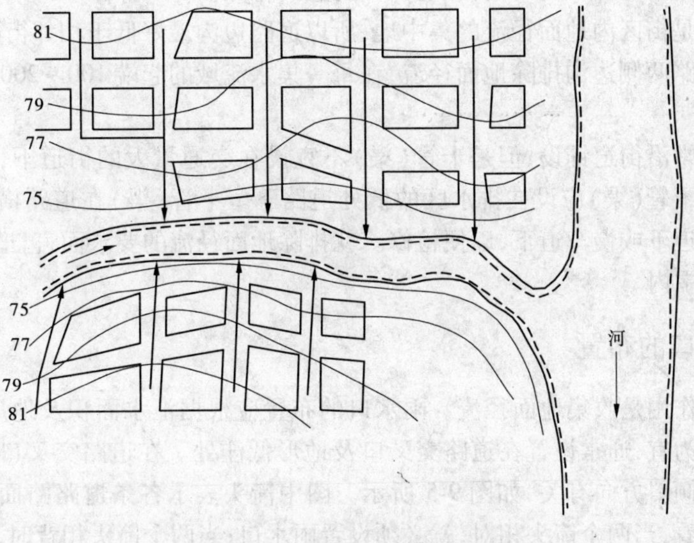

图 9-3　分散式出水口雨水管道布置

当河流的水位变化很大,管道出水口离水体很远时,出水口的建造费用很大,这时不宜采用过多的出水口,而应考虑集中式出水口的管道布置形式,如图 9-4 所示。

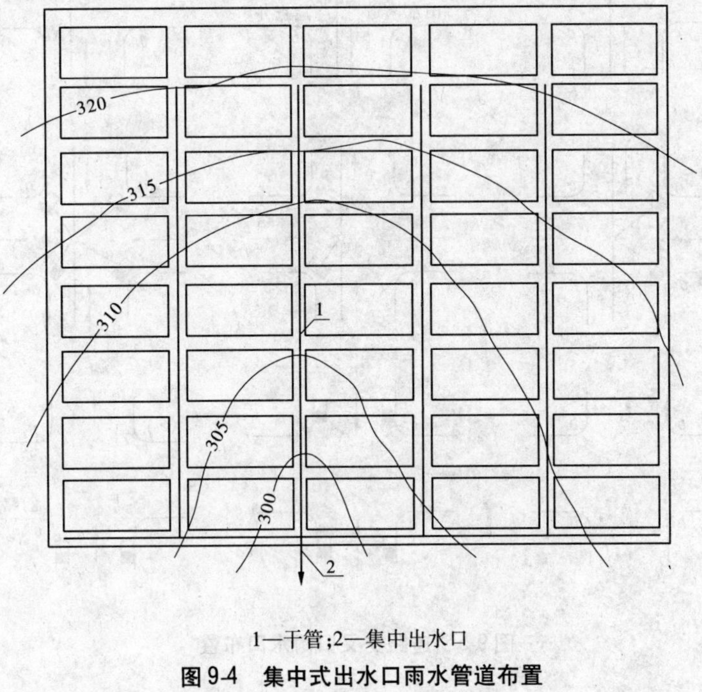

1—干管;2—集中出水口

图 9-4　集中式出水口雨水管道布置

二、结合城市规划布置雨水管道

街区内部的地形、道路布置和建筑物的布置是确定街区内部雨水地面径流分配的主要因素。街区内的地面径流可沿街、巷两侧的边沟排除。

道路通常是街区内地面径流的集中地，所以道路边沟最好低于相邻街区的地面标高。应尽量利用道路两侧边沟排除地面径流，在每一集水流域的起端 100 ~ 200 m 可以不设置雨水管渠。

雨水管渠常沿街道铺设，但是干管（渠）不宜设在交通量大的街道下，以免积水时影响交通。雨水干管（渠）应设在排水区的低处道路下。干管（渠）在道路横断面上的位置最好位于人行道下或慢车道下，以便检修。就排除地面径流的要求而言，道路纵坡最好在 0.3% ~6% 范围内。

三、雨水口的布置

雨水口的作用是收集地面径流。雨水口的布置应根据汇水面积及地形确定，以雨水不致漫过路面为宜，通常设置在道路交叉口及地形低洼处。在道路交叉口设置雨水口的位置与路面的倾斜方向有关，如图 9-5 所示。图中箭头表示各条道路路面倾斜方向。从每一个街角来看，当两个箭头相对，就必须设置雨水口；当两个箭头相背时，则不需要设置雨水口。

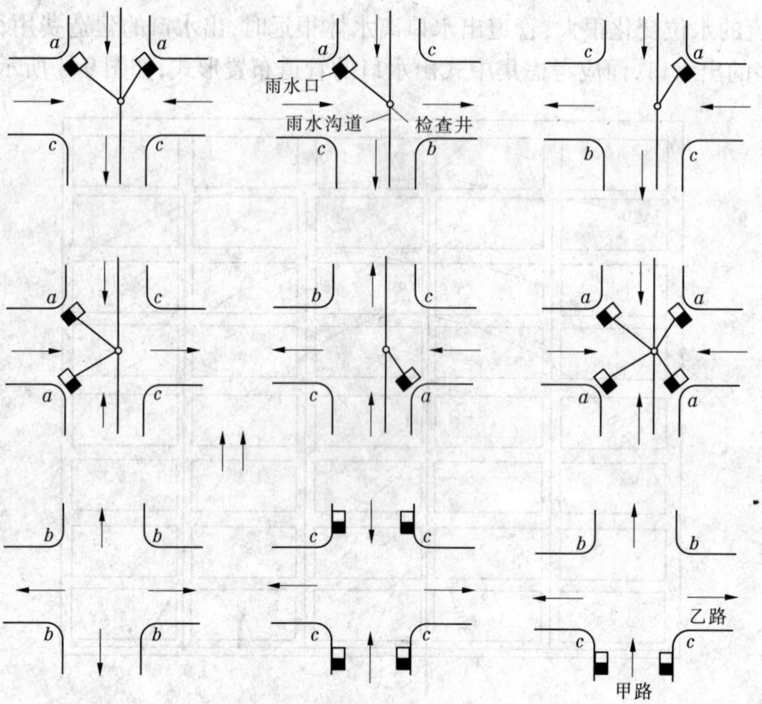

图 9-5 道路交叉口雨水口布置

四、雨水管渠系统中管道和明渠的选用

雨水管渠系统是采用管道还是采用明渠，直接涉及工程投资、环境卫生及管道养护等方面的问题，应因地制宜，结合具体条件确定。

采用明渠可以降低工程造价，但在市区和厂区内，由于建筑物密度大，交通量大，会给生产和生活带来诸多不变；另外，明渠与道路交叉点多，使之增建许多桥涵，如果管理不善，容易淤积，滋生蚊蝇，影响环境卫生。所以，在市区街道上一般应采用管道排出雨水。在城市郊区或新建的工业区及建筑密度较低，交通量较小的地方，可以采用明渠，以节省工程费用，降低造价。

第三节 雨水管渠的水力计算

一、雨水管渠水力计算的设计数据

雨水管道一般采用圆形断面，但当直径超过 2 m 时，也可采用矩形、半椭圆形或马蹄形。明渠一般采用矩形或梯形，断面底宽一般小于 0.3 m。边坡视土壤及护面材料不同而不同。用砖石或混凝土块铺砌的明渠，一般采用 1∶0.75 ~ 1∶1的边坡。其主要设计数据如下。

(一) 设计充满度

水利计算中，雨水管渠是按满流进行设计的，即 $h/D=1$。雨水明渠的超高不得小于 0.2 m。

(二) 设计流速

由于雨水管渠内的沉淀物一般是砂、煤屑等。为了防止沉淀，需要较高的流速。《室外排水设计规范》(GB 50014—2006) 规定：雨水管渠（满流时）的最小设计流速为 0.75 m/s。明渠内发生沉淀后容易清除，所以可采用较低的设计流速。《室外排水设计规范》(GB 50014—2006) 规定：明渠的最小设计流速为 0.4 m/s。为了防止管壁和渠壁的冲刷损坏，雨水管渠暗管最大允许流速为 5 m/s。当明渠水深 h 为 0.4 ~ 1.0 m 时，明渠的最大允许流速根据不同构造按表 9-2 确定。

表 9-2 明渠最大允许流速

明渠构造	最大允许流速(m/s)
粗砂及贫砂质黏土	0.8
砂质黏土	1.0
黏土	1.2
石灰岩或中砂岩	4.0
草皮护面	1.6
干砌块石	2.0
浆砌块石	4.0
浆砌砖	3.0
混凝土	4.0

(三)最小坡度

为了保证管渠内不发生淤积,雨水管渠的最小坡度应按最小设计流速计算确定。《室外排水设计规范》(GB 50014—2006)规定:当管径为 300 mm 时,最小设计坡度为 0.003,雨水口连接管的最小坡度为 0.01,明渠的最小坡度为 0.000 5。

(四)最小管径

为了保证管道养护上的便利,防止管道发生阻塞,《室外排水设计规范》(GB 50014—2006)规定雨水管道的最小管径为 300 mm 雨水口连接管的最小管径为 200 mm。

二、满流管道的水力计算图表

混凝土和钢筋混凝土雨水管道的管壁粗糙系数 n 一般采用 0.013。可按有关满流圆形管道水力计算图进行圆形雨水管道的水力计算(见附录 2)。对每一个管段讲,通过水力计算主要确定 5 个水力因素:管径 D、粗糙系数 n、水力坡降 i、流量 Q、流速 v。一般 n 是已知数,图表上由曲线表示 Q、v、i、D 之间的关系。这 4 个因素中只要知道两个就可以查出其他两个。现举例来说明水力计算图表的用法(见图 9-6)。

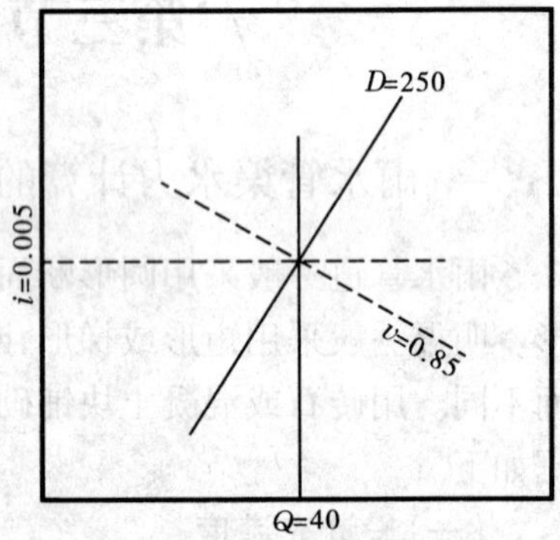

图 9-6　水力计算图表示意

【例 9-1】　已知:$n = 0.001\ 3$, $D = 250$ mm, $Q = 40$ L/s,求 i 和 v。

解:(1)找出代表 $Q = 40$ L/s 的横线。

(2)找出代表 $D = 250$ mm 的斜线。

(3)它们的交点落在 $i = 0.005$ 和 $v = 0.85$ m/s 处,如图 9-6 所示。

三、雨水管渠系统的设计步骤

雨水管渠系统设计通常按以下步骤进行。

(一)进行雨水管渠系统的平面布置

根据城镇或工业企业地形图、规划图或总平面布置图,按设计地区的地形分水线划分成几个排水流域。如地形平坦无明显分水线时,按城市主要街道的汇水面积划分排水流域。

按照雨水管渠系统的布置原则,确定雨水管渠系统的布置形式、雨水出路以及雨水支、干管渠的具体平面位置。

(二)划分设计管段

根据管道的具体位置,在管道转弯处、管径或坡度改变处、有支管接入处或管道交汇处以及超过一定距离的直线管段上,都应设置检查井。把两个检查井之间的流量没有变化、且预计管径和坡度也没有变化的管段定为设计管段,并从管段上游向下游依次进行编号。

雨水管渠设计管段的划分方法与污水管渠设计管段的划分方法相同。

(三)划分并计算各设计管段的汇水面积

各设计管段汇水面积的划分,应结合地形坡度、汇水面积的大小以及雨水管道布置等情况来确定。当地形较平坦时,可按就近排入附近雨水管道的原则来划分汇水面积;当地形坡度较大时,应按地面雨水径流的水流方向划分汇水面积,并计算各管段的汇水面积。

(四)确定暴雨强度公式及平均径流系数值

按《给水排水工程设计手册》确定当地暴雨强度公式;按排水区域内的地面性质确定各类地面径流系数,按加权平均法求整个汇水区的平均径流系数;根据区域性质、汇水面积、地形及管渠溢流后的损失大小等因素,确定设计降雨重现期;根据街区面积的大小、地面种类、坡度、覆盖情况以及街区内部雨水管渠的完善情况,确定地面集水时间 t_1。

(五)列表进行水力计算

水力计算从上游向下游依次进行,通过计算求得各管段的雨水设计流量,并确定出各管段的管渠断面尺寸、管渠坡度、流速、管底标高及管道埋深等数值。

在划分各设计管段的汇水面积时,应尽可能使各设计管段的汇水面积均匀增加,否则会出现下游管段的设计流量小于上游管段设计流量的情况。这是因为下游管段的集水时间大于上游管段的集水时间,故下游管段的设计暴雨强度小于上游管段的暴雨强度,而总汇水面积增加很小的缘故。若出现了这种情况,应取上游管段的设计流量作为该管段的设计流量。

雨水管道设计流量与管道水力计算应同时进行。

(六)绘制雨水管渠纵剖面图

根据管渠水力计算结果,绘制雨水管渠平面图及纵剖面图。

四、雨水管渠水力计算示例

【例9-2】 某居住区部分雨水管道平面布置如图9-7所示。该地区暴雨强度公式 $q=\dfrac{500(1+1.47\lg T)}{t^{0.65}}$,设计重现期 $P=1$ a,管材采用钢筋混凝土圆管,管道起点1的管底标高定为2.0 m,各类地面面积见表9-3,试进行雨水管道设计计算。

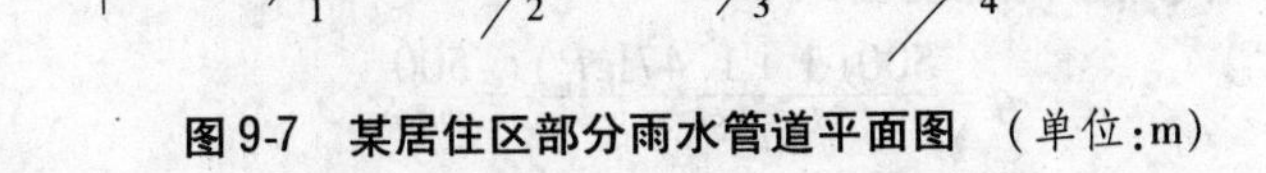

图9-7 某居住区部分雨水管道平面图 (单位:m)

表9-3 径流系数 Ψ 及 ΨF 值

地面种类	面积 F_i(hm²)	径流系数 Ψ_i	$\Psi_i F_i$
屋顶	0.69	0.9	0.621
柏油马路	0.84	0.9	0.756
人行道	0.39	0.9	0.351
草地	1.28	0.15	0.192
合计	3.2		1.920

解:(1)依据地形及管道布置情况,确定各汇水面积的水流方向、划分设计管段、计算各管段汇水面积、量出各管段长度,并将管段编号、各管段汇水面积、管长填入水力计算表中,见表 9-4。例如管段 1-2 的汇水面积 $F_{1-2}=\frac{100\times80}{10\ 000}=0.8(\text{hm}^2)$,管段 1-2 长度从图 9-7 中量得为 100 m。

表 9-4　雨水管道水力计算

管段编号	管段长度 L(m)	管内雨水流行时间(min)		单位面积流量 q_0 (L/(s·hm²))	汇水面积 F (hm^2)			设计流量 Q (L/s)	管径 D (mm)	坡度 i (‰)	流速 v (m/s)
		$\sum t_2$	t_2		沿线	转输	合计				
1-2	100	0	1.85	105	0.8	0	0.8	84.0	350	4	0.9
2-3	100	1.85	1.7	74	0.8	0.8	1.6	118.4	400	4	0.98
3-4	100	3.55	1.38	59	0.8	1.6	2.4	141.6	400	5	1.18

管段编号	输水能力 (L/s)	管底坡度 iL(m)	管底降落 (m)	原地面标高		设计地面标高		管底标高		埋深		
				起点 (m)	终点 (m)	起点 (m)	终点 (m)	起点 (m)	终点 (m)	起点 (m)	终点 (m)	平均 (m)
1-2	86.5	0.4	0.05	150.950	150.450	150.950	150.450	148.950	148.550	2.0	1.90	1.95
2-3	123.5	0.4	0.05	150.450	149.950	150.450	149.950	148.500	148.100	1.95	1.85	1.90
3-4	142.2	0.5	0.05	149.950	149.450	149.950	149.450	148.100	147.600	1.85	1.85	1.85

(2)依据管道平面图和地形图,确定各管段起讫点的地面高程,并填入水力计算表。从图 9-7 中量得 1 号和 2 号检查井的地面高程分别为 150.950 m 和 150.450 m。

(3)求居住区平均径流系数 Ψ_{av}。已知 4 块街区的总面积为 3.2 hm^2,各类面积 F_i 及 Ψ_i 值列入表 9-3 中,根据平均径流系数公式得:

$$\Psi_{av}=\frac{\sum F_i\Psi_i}{F}=\frac{1.920}{3.2}=0.6$$

(4)求单位面积流量 q_0。单位面积径流量即为设计降雨强度 q 与平均径流系数 Ψ_{av} 的乘积:

$$q_0=q\Psi_{av}$$

将重现期 $P=1$ a 代入暴雨强度公式有:

$$q=\frac{500(1+1.47\lg P)}{t^{0.65}}=\frac{500}{t^{0.65}}$$

所以　$q_0=q\cdot\Psi_{av}=\frac{500}{t^{0.65}}\times0.6=\frac{300}{t^{0.65}}$

由于街区面积较小,取地面集水时间 $t_1=5$ min,由于采用暗管,取 $m=2.0$,所以集水时间 $t=t_1+m\sum t_2=5+2\sum t_2$,将其带入上式有:

$$q_0=\frac{300}{(5+2\sum t_2)^{0.65}} \tag{9-7}$$

(5)进行雨水管道流量计算及水力计算。计算可在表 9-4 中进行,先从管道起端开始,依次向下游进行,其方法如下:先根据设计断面上游管段的管内雨水流行时间 $\sum t_2$,按式(9-7)求得单位面积径流量 q_0,然后根据流量计算公式 $Q = qF\psi = q_0F$ 求出设计管段的设计雨水流量。根据管段设计流量 Q,并参考地面坡度,查满流水力计算表确定出管径 D、坡度 i、流速 v,再进一步计算出管段起讫点管底高程及埋设深度,并填入计算表中相应的栏目,其计算方法与污水管道水力计算方法相同。管道在检查井处的衔接方法采用管顶平接。计算结果见表9-4。

(6)根据表9-4的水力计算结果,绘制雨水管道纵剖面图,其方法同污水管纵剖面图的绘制,本例题略。

小 结

1. 雨水管渠设计流量的确定

(1)雨水管渠设计流量

$$Q = \Psi \cdot q \cdot F$$

(2)设计暴雨强度公式:

$$q = \frac{167A_1(1 + C\lg P)}{(t+b)^n}$$

该公式可由《给水排水工程设计手册》查得,其中集水时间或降雨历时 $t = t_1 + mt_2$,重现期 P 由《室外排水设计规范》(GB 50014—2006)确定。

2. 雨水管渠系统的布置原则

(1)充分利用地形,就近排入水体;

(2)根据城市规划布置雨水管道;

(3)合理布置雨水口,保证雨水及时排除;

(4)明渠暗管结合。

3. 雨水管渠系统设计步骤

(1)雨水管渠系统的平面布置;

(2)划分设计管段;

(3)计算各设计管段的汇水面积;

(4)确定暴雨强度公式及平均径流系数值;

(5)列表进行水力计算;

(6)绘制雨水管渠纵剖面图。

思考题

1. 雨水管渠系统由哪些部分组成?
2. 雨水管渠系统布置的原则是什么?
3. 雨水管渠设计流量如何计算?
4. 如何进行雨水管渠的水力计算?

5. 如何确定暴雨强度重现期 P、地面集水时间 t_1、管内雨水流行时间 t_2 及平均径流系数 ψ_{av}?

习　题

1. 某市镇居住区内,屋面面积占该区总面积的23%,沥青道路面积占16%,三合土人行道面积占5%(采用与屋面相同的径流系数值),非铺砌土路面面积占12%,草地面积占44%,试计算该区的平均径流系数 ψ_{av} 值。

2. 天津市某小区面积共28 hm^2,其平均径流系数 $\psi_{av}=0.47$。当采用设计重现期为 $P=5$ a、2 a、1 a 时,计算设计降雨历时 $t=30$ min 时的雨水设计流量各是多少?

3. 北京市某居住区小区部分雨水管道平面布置如图9-8所示,该区平均径流系数0.65,采用钢筋混凝土管材,管道起点1的埋深定为1.6 m,试进行雨水管渠系统的水力计算。

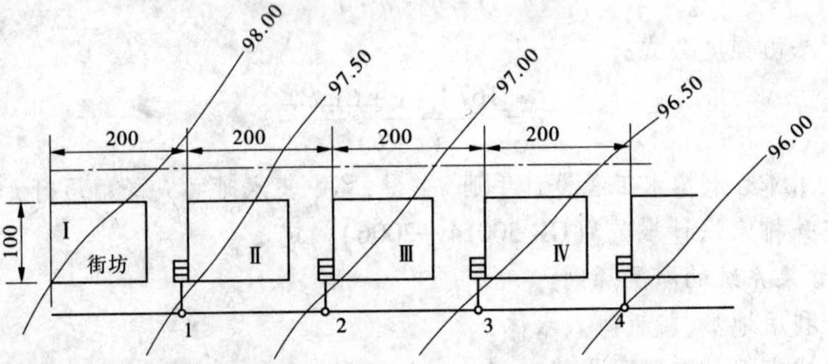

图9-8　某小区部分雨水管道平面图　(单位:m)

第十章　合流制管渠系统

学习目标：通过本章的学习，要求学生掌握合流制管渠系统的特点及设计计算；熟悉城市旧合流制排水管渠系统改造的方法及各自的适用情况。

第一节　合流制管渠系统的特点和设计计算

一、合流制管渠系统的特点

合流制管渠系统是将生活污水、工业废水和雨水汇集到同一管渠内排除的管渠系统。根据混合污水的处理和排放的方式，分直泄式合流制和截流式合流制两种。由于直泄式合流制严重污染水体，因此对于新建排水系统不宜采用。故本节只介绍截流式合流制管渠系统。

截流式合流制管渠系统是在临河敷设的截流管上设置溢流井并收集来自上游或旁侧的生活污水、工业废水及雨水，截流管中的流量是变化的。晴天时，截流管以非满流将生活污水和工业废水送往污水厂处理，然后排入自然水体。雨天时，随着雨水量的增加，截流管以满流将生活污水、工业废水和雨水的混合污水送往污水厂处理。当雨水径流量继续增加到混合污水量超过输水管的设计输水能力时，超过部分通过溢流井溢流到河道，并随雨水径流量的增加，溢流量也增大。当降雨时间继续延长时，由于降雨强度的不断减弱，溢流井处的流量减少，溢流量也减少。最后，混合污水量又重新等于或小于截流管的设计输水能力，溢流井停止溢流。图 10-1 为截流式合流制组成示意图。

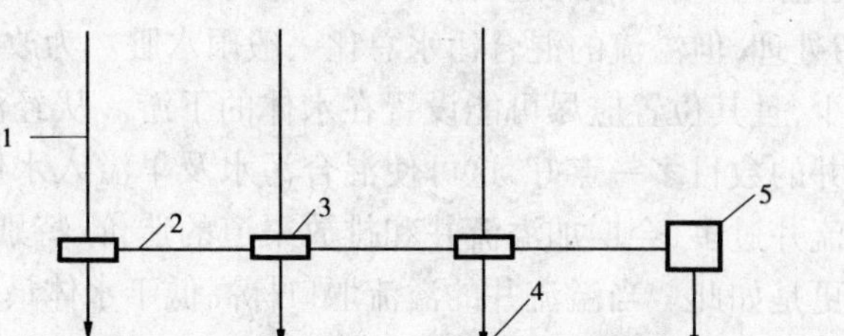

1—合流管道；2—截流管道；3—溢流井；4—出水口；5—污水处理厂

图 10-1　截流式合流制组成示意图

从上述管渠系统的工作情况可知，截流式合流制管渠系统，是在同一管渠内排除所有的污水到污水处理厂处理，从而消除了晴天时城市污水及初期雨水对水体的污染，在一定程度上满足了环境保护方面的要求。但在暴雨期间，则有部分带有生活污水和工业废水的混合污水通过溢流井溢入水体，造成水体周期性污染，另外，由于截流式合流制管渠的过水断面很大，而在晴天时流量很小，流速低，往往在管底形成淤积，降雨时雨水将沉积在管底的大量污物冲刷起来带入水体形成严重的污染。

由于合流制排水系统管线单一，总长度减少，管道造价低，尽管合流制的管径和埋深增大，且泵站和处理厂造价比分流制高，但合流制的总投资仍偏低。通常在下述情形下可考虑采用合流制：

(1)排水区域内的水体水源丰富，水量充沛，其流量和流速都足够大，一定量的混合污水排入后对水体造成的污染危害程度在允许的范围以内。

(2)街区和街道的建设比较完善，而街道横断面又较窄，管道的设置位置受到限制，可考虑选用合流制。

(3)地面有一定的坡度倾向水体，当水体处于高水位时，岸边不受淹没。污水在中途不需要泵站提升。

(4)特别干旱的地区。

(5)水体卫生要求特别高的地区，污、雨水均需要处理。

在考虑采用合流制管渠系统时，首先应满足环境保护的要求，即保证水体所受的污染程度在允许的范围内，同时结合当地城市建设及地形条件合理地选用。

截流式合流制管渠系统除应满足管渠、泵站、处理厂、出水口等布置的一般要求外，还需满足以下要求：

(1)管渠的布置应使所有服务面积上的生活污水、工业废水和雨水都能合理地排入管渠，并尽可能以最短的距离坡向水体。

(2)沿水体岸边布置与水体平行的截流干管，应在其适当位置上设置溢流井，使超过截流干管设计输水能力的那部分混合污水能顺利地通过溢流井就近排入水体。

(3)必须合理地确定溢流井的数目和位置，以尽量减少对水体的污染，减少截留干管的尺寸和缩短排放渠道的长度以降低造价。从对水体的污染情况看，合流制管渠系统中的初期雨水虽被截留处理，但溢流的混合污水总比一般雨水脏。为改善水体卫生，保护环境，溢流井的数目宜少，且其位置应尽可能设置在水体的下游。从经济上讲，为了减小截流干管的尺寸，溢流井的数目多一点好，这可使混合污水及早溢入水体，降低截流干管下游的设计流量，但溢流井过多，会增加溢流井和排放渠道的造价，特别在溢流井离水体较远、施工条件困难时更是如此。当溢流井的溢流堰口标高低于水体最高水位时，需在排放渠道上设置防潮门、闸门或排涝泵站，为减少泵站造价和便于管理，溢流井应适当集中，不宜过多。

(4)在合流制管渠系统的上游排水区域内，如果雨水可沿地面的街道边沟排泄，则该区域可只设置污水管道。只有当雨水不能沿地面排泄时，才考虑布置合流管渠。

目前，我国许多城市的旧市区多采用合流制，而在新建城区和工矿区则多采用分流制，特别是当生产污水中含有毒物质，其浓度又超过允许的卫生标准时，则必须采用分流制，或者预先对这种污水单独进行处理到符合要求后，再排入合流制管渠系统。

二、合流制管渠系统的设计计算

(一)合流制管渠系统设计流量的确定

截流式合流制排水管渠的设计流量,在溢流井上游和下游是不同的。现分述如下。

1. 第一个溢流井上游管渠的设计流量

如图 10-1 所示,第一个溢流井上游合流管渠(1－2 管段)的设计流量 Q_1 为:

$$Q_1 = \overline{Q}_{s1} + \overline{Q}_{g1} + Q_{y1} = \overline{Q}_{h1} + Q_{y1} \tag{10-1}$$

式中 $\overline{Q}_{s1}$——溢流井的上游生活污水日平均流量,L/s;

$\overline{Q}_{g1}$——溢流井的上游最大班工业废水日平均流量,L/s;

Q_{y1}——溢流井的上游雨水设计流量,L/s;

$\overline{Q}_{h_1}$——溢流井上游晴天时管渠的设计流量,又称为旱流流量,L/s。

在实际进行水力计算时,当生活污水与工业废水量之和比雨水设计流量小得多,如生活污水量与工业废水量之和小于雨水设计流量的 5% 时,其流量一般可以忽略不计,因为它们的加入与否往往不影响管径和管道坡度的设定。即使生活污水量和工业废水量较大,也没有必要把三部分设计流量之和作为合流管渠的设计流量,因为这三部分设计流量同时发生的概率很小,可将生活污水量与工业废水量的平均流量加上雨水设计流量作为合流管渠的设计流量。

2. 溢流井下游管渠的设计流量

溢流井下游管渠的设计流量应包括 3 部分,即下游管渠排水服务面积上的旱流量、雨水设计流量和溢流井截留的上游管渠混合污水流量。截留的雨水量通常按旱流量的指定倍数计算,这项倍数称为截流倍数(n)。

因此,溢流井下游管渠(如图 10-1 中的渠段 2－3)的设计流量 Q_2 为:

$$Q_2 = \overline{Q}_{h1} + n\,\overline{Q}_{h1} + \overline{Q}_{h2} + Q_{y2} = (n+1)\overline{Q}_{h1} + \overline{Q}_{h2} + Q_{y2} \tag{10-2}$$

式中 Q_{y2}——溢流井的下游雨水设计流量,L/s;

$\overline{Q}_{h2}$——溢流井下游平均旱流量,L/s。

3. 截流倍数(n)的选用

截流倍数的大小关系到截流管渠的尺寸、溢流堰的尺寸和水体的卫生。从环境保护上来看,为了减少水体污染,应采用较大的截流倍数,但从经济上考虑,截流倍数过大,会大大增加截流干管、提升泵以及污水处理厂的造价。我国《室外排水设计规范》(GB 50014—2006)规定采用 $n=1\sim5$,并规定,采用的截流倍数必须经当地卫生主管部门的同意,目前我国多采用截流倍数 $n=3$。但随着人们环保意识的提高,截流倍数的取值有增大的趋势。例如美国,对于供游泳和游览的河段,采用的 n 值甚至高达 30 以上。

为节约投资和减少水体的污染点,往往不在每条合流管渠与截流干管的交汇点处都设置溢流井。

(二)合流制排水管渠的水力计算

1. 设计数据

合流制排水管渠水力计算的设计数据,包括设计流速、最小坡度和最小管径等,基本上和雨水管渠的设计相同。

(1)设计充满度:合流制排水管渠的设计充满度一般按满流考虑。

(2)设计流速:合流制排水管渠最小设计流速为0.75 m/s。但合流管渠在晴天时只有旱流流量,管内充满度很低,流速很小,易淤积,为改善旱流的水力条件,应校核旱流时管内流速,一般宜控制在0.2~0.5 m/s范围内;同时为防止过分冲刷管道,最大流速的设计同污水管道。

(3)雨水设计重现期:合流管渠的雨水设计重现期一般应比同一情况下雨水管渠的设计重现期适当提高(一般可提高10%~25%),以防止混合污水的溢出,因为一旦溢出,则溢出的混合污水比雨水管道溢出的雨水所造成的危害更为严重,所以应严格掌握合流管渠的设计重现期和允许的积水程度。

(4)截流倍数:截流倍数应根据旱流污水的水质和水量、水体条件及其卫生要求、水文及气象条件等因素确定。

(5)最小管径、最小坡度:同雨水管道。

2. 合流制排水管渠的水力计算

合流制排水管渠水力计算内容主要包括以下几方面:

(1)溢流井上游合流管渠的计算:溢流井上游合流管渠的计算与雨水管渠计算基本相同,只是它的设计流量应包括雨水、生活污水和工业废水3部分。

(2)截流干管和溢流井的计算:截流干管和溢流井的计算主要是合理地确定所采用的截流倍数n值。根据采用的n值确定截流干管的设计流量,然后即可进行截流干管和溢流井的水力计算。溢流井是截流干管上最重要的构筑物,常用的溢流井主要有截流槽式、溢流堰式、跳越堰式溢流井,其构造见第十一章。

(3)晴天旱流流量的校核:关于晴天旱流流量的校核,应使旱流时的流速能满足污水管渠最小流速的要求,一般为0.35~0.5 m/s。晴天时,由于旱流流量相对较小,尤其是上游管段,旱流流速校核时通常难以满足最小流速的要求,在这种情况下可在管渠底部设底流槽以保证旱流时的流速,或者加强养护管理,利用雨天流量冲洗管渠,以防淤塞。

第二节　城市旧合流制管渠系统的改造

城市排水管渠系统随着城市的发展而相应地发展,在城市建设的初期,采用合流明渠排除雨水和少量污水,并将它们直接排入附近水体。随着工业的发展和人口的增加与集中,城市的污水和工业废水量也相应增加,其污水的成分也更加复杂。为改善城市的卫生条件,保证市区的环境卫生,虽然将明渠改为暗管渠,但污水仍基本上直接排入附近水体,并没有改变城市污水对自然水体的污染。也就是说,大多数的老城市,旧的排水管渠系统一般都采用直泄式合流制排水管渠系统。根据有关资料介绍,日本有70%左右、英国有67%左右的城市采用合流制排水管渠系统。我国绝大多数的城市也采用这种系统。但随着工业与城市的进一步发展,直接排入水体的污水量迅速增加,造成水体的严重污染。为此,为保护环境,保护水体,就必须对城市已建的旧合流制排水管渠系统进行改造。

目前,对城市旧合流制排水系统的改造,通常有以下几种方法。

一、改旧合流制为分流制

将旧合流制改为分流制，是一种彻底解决城市污水对水体污染的改造方法。这种方法由于雨水、污水分流，需要处理的污水量将相应减少，进入污水处理厂的污水水质、水量变化也相对减少，所以有利于污水厂的运行管理。

通常，在具有以下条件时，可考虑将合流制改造为分流制：

(1)城市街道的横断面有足够的位置，允许设置由于改建成分流制而需增建的污水或雨水管道，并且在施工过程中不对城市的交通造成很大的影响；

(2)住房内部有完善的卫生设备，便于将生活污水与雨水分流；

(3)工厂内部可清浊分流，便于将符合要求的生产污水直接排入城市管道系统，将清洁的工业废水排入雨水管渠系统，或将其循环、循序使用；

(4)旧排水管渠输水能力基本上已不能满足需要，或管渠损坏渗漏已十分严重，需要彻底改建而设置新管渠。

在一般情况下，住房内部的卫生设备目前已日趋完善，将生活污水与雨水分流比较容易做到。但是，工厂内部的清浊分流，由于已建车间内工艺设备的平面位置和竖向布置比较固定，不太容易做到。由于旧城市街道比较窄，而城市交通量较大，地下管线又较多，使改建工程不仅耗资巨大，而且影响面广，工期相当长，在某种程度上甚至比新建的排水工程更为复杂，难度更大。例如，美国芝加哥市区，若将合流制全部改为分流制，据称需投资22亿美元，为重修因新建污水管道所破坏的道路需延续几年到十几年。因此，将合流制改为分流制往往因投资大、施工困难等原因而较难在短期内做到。

二、保留部分合流管，实行截流式合流制

将合流制改为分流制可以完全控制混合污水对水体的污染，但几乎要改建所有的污水出户管及雨水连接管，要破坏很多路面，需要很长时间，投资也很巨大。所以，目前合流制管渠系统的改造大多采用保留原有合流制，修建合流管渠截流干管，即改造成截流式合流制排水管渠系统的方式。这种改造形式与交通矛盾少，施工方便，易于实施。但从这种系统的运行情况看，并没有完全杜绝雨天溢流的混合污水对水体的污染。根据有关资料介绍，1953～1954年，由伦敦溢流入泰晤士河的混合污水的BOD_5浓度高达221 mg/ L，而进入污水处理厂的BOD_5浓度也只有239～281 mg/ L。可见，溢流混合污水的污染程度仍然是相当高的，足以造成对水体的局部或全局污染。为进一步保护水体，应对溢流的混合污水进行适当的处理。处理措施包括筛滤、沉淀，有时也可加氯消毒后再排入水体。也可建蓄水池或地下人工水库，将溢流的混合污水储存起来，待暴雨过后，再将其抽送入截流干管输送至污水处理厂处理后排放，这样能较彻底地解决溢流混合污水对水体的污染。

三、在截流式合流制的基础上，对溢流的混合污水量进行控制

为减少溢流的混合污水对水体的污染，可结合当地的气象、地质、水体等特点，加强雨水利用工作，增加透水路面；或进行大面积绿地改造，提高土壤渗透系数，即提高地表持水能力和地表渗透能力(根据美国的研究结果，采用透水性路面或没有细料的沥青混合路

面，可削减高峰径流量的83%。这种做法是利用设计地区土壤有足够的透水性，而且地下水位较低的地区采用提高地表持水能力和地表渗流能力的措施减少暴雨径流降低溢流的混合污水量。若采用此种措施时，应定时清理路面，防止阻塞)；或建雨水收集利用系统，以减少暴雨径流，从而降低溢流的混合污水量。当然，这在我国仍有待于雨水利用工作的进一步完善，如排水体制及法规的完善，雨水收集、处理、利用方面的管渠及配套设施的开发研制等。

旧合流制排水管渠系统的改造是一项非常复杂的工程，改造措施应根据城市的具体情况，因地制宜，综合考虑污水水质、水量、水文、气象条件、水体卫生条件、资金条件、现场施工条件等因素，结合城市排水规划，在确保尽可能减少水体污染的同时，充分利用原有管渠，实现保护环境和节约投资的双重目标。

小 结

1. 合流制排水体制

合流制管渠系统是将生活污水、工业废水和雨水汇集到同一管渠内排除的管渠系统。根据混合污水的处理和排放的方式，分直泄式合流制和截流式合流制两种。

2. 截流式合流制管渠系统设计流量的确定

(1)第一个溢流井上游管渠的设计流量

$$Q_1=\overline{Q}_{s1}+\overline{Q}_{g1}+Q_{y1}=\overline{Q}_{h1}+Q_{y1}$$

(2)溢流井下游管渠的设计流量

$$Q_2=\overline{Q}_{h1}+n\,\overline{Q}_{h1}+\overline{Q}_{h2}+Q_{y2}=(n+1)\overline{Q}_{h1}+\overline{Q}_{h2}+Q_{y2}$$

(3)截流倍数(n)的选用。截留的雨水量通常按旱流量的指定倍数计算，这项倍数称为截流倍数(n)。我国《室外排水设计规范》(GB 50014—2006)规定采用$n=1\sim5$。

3. 城市旧合流制排水系统的改造

(1)改旧合流制为分流制；

(2)保留部分合流管，实行截流式合流制；

(3)在截流式合流制的基础上，对溢流的混合污水量进行控制。

思考题

1. 试述合流制管渠的特点和使用场所。
2. 截留倍数的含义是什么？
3. 合流制排水管渠溢流井上、下游管渠的设计流量计算有何不同？
4. 为什么旧合流制排水系统的改造具有必要性，如何进行改造？

第十一章　排水管渠材料及附属构筑物

学习目标：通过本章的学习，应对常用的管渠材料及管道的接口形式有一定的了解；掌握管材的选择原则；掌握排水管渠上附属构筑物的类型及设置原则。

第一节　排水管渠材料、接口和基础

一、排水管渠的材料

（一）管材的选择原则

在进行排水管渠材料选择时，应综合考虑技术、经济等方面的因素，即应满足以下几方面的要求：

（1）应具有足够的强度，以承受埋设土壤的压力及车辆运行造成的外部荷载和内部的水压力。管道的内部水压力是由于管道堵塞冲洗时、雨水管发生溢流时产生的。此外，为保证管道在运输和施工中不至破裂，也必须使管道具有足够的强度。

（2）应具有较好的抗渗性，以防止污水渗出和地下水渗入。如果污水从管渠中渗出，将污染地下水及破坏附近房屋的基础；如果地下水渗入管渠，将影响正常的排水能力，增加排水泵站以及处理构筑物的负荷。

（3）应具有良好的水力性能，管渠内壁表面整齐光滑，以减少水流阻力和淤塞，使水流畅通。

（4）应具有较好的耐磨抗腐性能，能抵抗污水中杂质的冲刷磨损，并能抵抗污水和地下水的侵蚀，经久耐用。

（5）排水管渠的材料，要易于加工且便于就地取材，可提高工程进度，降低管渠的造价，以减少工程总造价。

（二）常用排水管渠材料

1. 混凝土管和钢筋混凝土管

混凝土管和钢筋混凝土管的原材料较易获得，价格较低，制造也比较简便，可在专门的工厂预制，也可在现场浇筑，分为混凝土管、轻型钢筋混凝土管和重型钢筋混凝土管3种。它们的主要缺点是抗腐蚀性较差，不宜输送酸性及碱性较强的废水；抗渗和抗震性能较差；管节较短，接头多，自重大，施工复杂。适用于排除污水、雨水，除用于重力流管外，钢筋混凝土管及预应力钢筋混凝土管还可用做泵站的压力管及倒虹管。图11-1为混凝土管和钢筋混凝土管的管口形式。

混凝土管的管径 D 一般小于450 mm，长度 L 多为1 m，最长可达4～6 m。混凝土排水管的技术条件和规格见表11-1。当排水管道的管径大于500 mm时，为了增强管道强度，通常是加钢筋而制成钢筋混凝土管；管径为700 mm以上时，管道采用内外两层钢筋，

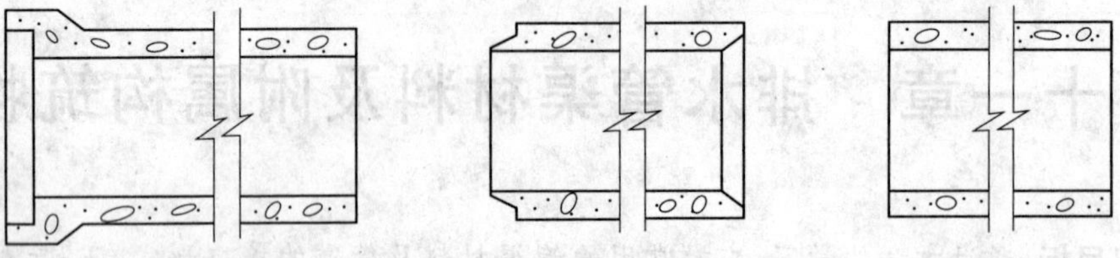

图 11-1 混凝土管和钢筋混凝土管管口形式

且钢筋的混凝土保护层为 25 mm。当管道埋深较大或敷设在土质不良的地段，以及穿越铁路、河流、谷地时都可以采用钢筋混凝土管。钢筋混凝土管的最大管径可达 2 400 mm，其管长为 1 ~ 3 m。钢筋混凝土管的部分管道的技术条件和规格见表 11-2、表 11-3。

表 11-1 混凝土排水管的技术条件和规格

序号	公称内径 (mm)	管体尺寸(mm)		外压试验(kg/m^2)	
		最小管长	最小壁厚	安全荷载	破坏荷载
1	75	1 000	25	2 000	2 400
2	100	1 000	25	1 600	1 900
3	150	1 000	25	1 200	1 400
4	200	1 000	27	1 000	1 200
5	250	1 000	33	1 200	1 500
6	300	1 000	40	1 500	1 800
7	350	1 000	50	1 900	2 200
8	400	1 000	60	2 300	2 700
9	450	1 000	67	2 700	3 200

表 11-2 轻型钢筋混凝土排水管的技术条件和规格

公称内径 (mm)	管体尺寸		套环			外压试验		
	最小管长 (mm)	最小壁厚 (mm)	填缝宽度 (mm)	最小管长 (mm)	最小壁厚 (mm)	安全荷载 (kg/m^2)	裂缝荷载 (kg/m^2)	破坏荷载 (kg/m^2)
100	2 000	25	15	150	25	1 900	2 300	2 700
150	2 000	25	15	150	25	1 400	1 700	2 200
200	2 000	27	15	150	27	1 200	1 500	2 000
250	2 000	28	15	150	28	1 100	1 300	1 800
300	2 000	30	15	150	30	1 100	1 400	1 800
350	2 000	33	15	150	33	1 100	1 500	2 100
400	2 000	35	15	150	35	1 100	1 800	2 400

续表 11-2

公称内径（mm）	管体尺寸		套环			外压试验		
	最小管长（mm）	最小壁厚（mm）	填缝宽度（mm）	最小管长（mm）	最小壁厚（mm）	安全荷载（kg/m^2）	裂缝荷载（kg/m^2）	破坏荷载（kg/m^2）
450	2 000	40	15	200	40	1 200	1 900	2 500
500	2 000	42	15	200	42	1 200	2 000	2 900
600	2 000	50	15	200	50	1 500	2 100	3 200
700	2 000	55	15	200	55	1 500	2 300	3 800
800	2 000	65	15	200	65	1 800	2 700	4 400
900	2 000	70	15	200	70	1 900	2 900	4 800
1 000	2 000	75	18	250	75	2 000	3 300	5 900
1 100	2 000	85	18	250	85	2 300	3 500	6 300
1 200	2 000	90	18	250	90	2 400	3 800	6 900
1 350	2 000	100	18	250	100	2 600	4 400	8 000
1 500	2 000	115	22	250	115	3 100	4 900	9 000
1 650	2 000	125	22	250	125	3 300	5 400	9 900
1 800	2 000	140	22	250	140	3 800	6 100	11 100

表 11-3　重型钢筋混凝土排水管的技术条件和规格

公称内径（mm）	管体尺寸		套环			外压试验		
	最小管长（mm）	最小壁厚（mm）	填缝宽度（mm）	最小管长（mm）	最小壁厚（mm）	安全荷载（kg/m^2）	裂缝荷载（kg/m^2）	破坏荷载（kg/m^2）
300	2 000	58	15	150	60	3 400	3 600	4 000
350	2 000	60	15	150	65	3 400	3 600	4 400
400	2 000	65	15	150	67	3 400	3 800	4 900
450	2 000	67	15	200	75	3 400	4 000	5 200
500	2 000	75	15	200	80	3 400	4 200	6 100
650	2 000	80	15	200	90	3 400	4 300	6 300
750	2 000	90	15	200	95	3 600	5 000	8 200
850	2 000	95	15	200	100	3 600	5 500	9 100
950	2 000	100	18	250	110	3 600	6 100	11 200
1 050	2 000	110	18	250	125	4 000	6 600	12 100
1 350	2 000	125	18	250	175	4 100	8 400	13 200
1 550	2 000	175	18	250	60	6 700	10 400	18 700

2. 陶土管(又称缸瓦管)

陶土管是由塑性黏土制坯,经高温焙烧制成的。为了防止在焙烧过程中产生裂缝,通常加入耐火黏土及石英砂(按一定比例),经过研细、调和、制坯、烘干等过程制成。根据需要可制成无釉、单面釉、双面釉的陶土管。若采用耐酸黏土和耐酸填充物,还可以制成特种耐酸陶土管。

陶土管一般制成圆形断面,有承插式和平口式两种。图 11-2 为陶土管外形示意图。陶土管质脆易碎、强度低、不能承受内压,管节短,接口多。管径一般不超过 600 mm,如果管径过大在烧制过程中易产生变形,废品率高;管长为 0.8 ~ 1.0 m。为了保证接头填料和管壁结合牢固,在平口端和承口端的咬合部分都不上釉。带釉的陶土管内外壁光滑,水流阻力小,不透水性好,耐磨损,抗腐蚀。抗弯抗拉强度低,不宜敷设在松土中或埋深较大的地方。由于陶土管耐酸抗腐蚀性好,适用于排除酸性废水,或管外有浸蚀性地下水的污水管道。陶土管部分规格见表 11- 4。

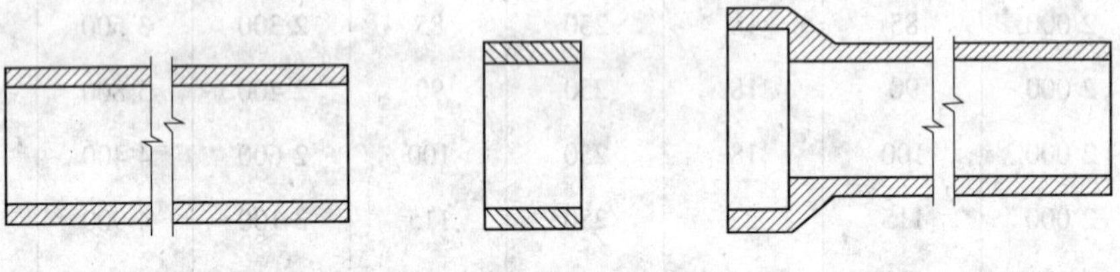

图 11-2 陶土管

表 11- 4 陶土管管材规格

序号	管径 D(mm)	管长 L(mm)	管壁厚 S(mm)	管重(kg/根)	备注
1	150	0.9	19	25	D = 150 ~ 350 mm,安全内压为 29. 4 kPa,吸水率为 11% ~15% ,耐酸度为 95% 以上
2	200	0.9	20	28.4	
3	250	0.9	22	45	
4	300	0.9	26	67	
5	350	0.9	28	76.5	
6	400	0.9	30	84	
7	450	0.7	34	110	
8	500	0.7	36	130	
9	600	0.7	40	180	

3. 金属管

常用的金属管有钢管和铸铁管。金属管抗压、抗震、抗渗性能好,内壁光滑,水流阻力小,管节长,但抗腐蚀性能差,价格昂贵,在城市排水管网中很少使用。只有在外荷载很大或对渗漏要求特别高的场合采用。如排水管穿过水泵的出水管、铁路、高速公路以及靠近给水管道或房屋基础时采用。铸铁管连接方式有承插式和法兰式两种,钢管的连接方式有焊接和法兰式两种。

此外，在倒虹管或严重流沙、地下水位较高以及地震区可采用金属管材，但金属管材抗腐蚀性较差，在应用时要注意采取适当的防腐措施且注意绝缘。

4. 大型排水管渠

当管渠设计断面大于1.5 m时，通常就在现场建造大型排水渠道。建造大型排水渠道常用的建筑材料有砖、石、陶土块、混凝土块、钢筋混凝土块和钢筋混凝土等。其断面形式有圆形、矩形、半椭圆形等。采用钢筋混凝土时，要在施工现场支模浇制，采用其他几种材料时，在施工现场主要是铺砌或安装。在多数情况下，建造大型排水渠道，常采用两种以上材料。

排水管渠断面形式有圆形、半椭圆形、马蹄形、拱顶矩形、蛋形、矩形、弧形及流槽的矩形、梯形等(见图8-8)。

圆形断面有较好的水力性能，在一定的坡度下，指定的断面面积具有最大的水力半径，因此流速大，流量也大。此外，圆形管便于预制，使用材料经济，在运输和施工养护方面也较方便，因此是最常用的一种断面形式。

半椭圆形断面，在土压力和活荷载较大时，可以更好地分配管壁压力，因而可减小管壁厚度。在污水流量无大变化及管渠直径大于2 m时采用此种形式的断面较为合适。

马蹄形断面，其高度小于宽度。在开沟困难或地形平坦，受纳水体水位限制时，需要尽量减少管道埋深以降低造价，可采用此种形式的断面。又由于马蹄形断面的下部较大，对于排除流量无大变化的大流量污水，较为适宜。但马蹄形管对地基的要求较高——承载力要大，变形要小。若土质松软，最好采用带形混凝土或钢筋混凝土基础，否则两侧底部的管壁易产生裂缝。

蛋形断面，由于底部较小，从理论上看，在小流量时可以维持较大的流速，因而可减少淤积，适用于污水流量变化较大的情况，但实际经验证明，这种断面的冲洗和清通工作比较困难，且加工制作和施工较复杂，现已很少使用。

矩形断面可以就地浇制或砌筑，并按需要将深度增加，以增大排水量。某些工业企业的污水管道、路面狭窄地区的排水管道以及排洪沟道常采用这种断面形式。不少地区在矩形断面的基础上，将渠道底部用细石混凝土或水泥砂浆做成弧形流槽，以改善水力条件。也可在矩形渠道内做低流槽。这种组合的矩形断面是为合流制管道设计的，晴天时污水在小矩形槽内流动，以保持一定的充满度和流速，使之能够免除或减轻淤积。

梯形断面适用于明渠，它的边坡取决于土壤性质和铺砌材料。

5. 塑料管

随着新型建筑材料的不断研制，用于制作排水管道的材料也日益增多。比如硬聚氯乙烯管(UPVC)、聚乙烯管(PE)、聚丙烯管(PP)、聚丁烯管(PB)、苯乙烯管(ABS工程塑料)、高密度聚乙烯(HDPE)以及玻璃纤维增强树脂塑料管等，这些管材一般具有重量轻，不漏水，抗腐蚀性好，管壁光滑不易堵塞等优点，但目前还仅限于小口径管道，主要应用于室内排水管。

目前，UPVC管的使用寿命已可达30～50 a之久。UPVC管的优点也越来越多地为人们所知，其使用前景很好。

二、排水管道(渠)的接口形式

排水管道的不透水性和耐久性,在很大程度上取决于敷设管道时接口的质量。管道接口应具有足够的强度、不透水、能抵抗污水或地下水的浸蚀并有一定的弹性。排水管道的接口形式应根据管材、连接方式、排水性质、地下水位以及地质条件等因素确定。

(一)接口形式及适用条件

室外排水管道管口的形状有企口、平口、承插口。根据接口的弹性,可分为柔性、刚性和半柔半刚性3种形式。

1. 柔性接口

柔性接口允许管道纵向轴线交错3~5 mm或交错一个较小的角度,而不致引起渗漏。但柔性接口施工复杂,造价较高,在地震区采用有它独特的优越性。常用的柔性接口有石棉沥青接口、沥青麻布接口、沥青砂浆灌口接口、沥青油膏接口以及橡胶圈接口。

2. 刚性接口

刚性接口不允许管道有轴向的交错,比柔性接口施工简单,造价较低,因此应用较为广泛。但刚性接口抗震性能差,须用在地基较好,有带形基础的无压管道上。常用的刚性接口有水泥砂浆抹带接口、钢丝网水泥砂浆抹带接口、膨胀水泥砂浆接口等。

3. 半柔半刚性接口

半柔半刚性接口介于上述两种接口形式之间,使用条件类似于柔性接口,常用的是预制套环石棉水泥接口。

(二)常用的接口方法

1. 水泥砂浆抹带接口

在管子接口处用1:(2.5~3)的水泥砂浆抹成半椭圆形或其他形状的砂浆带,带宽120~150 mm,带厚30 mm,属于刚性接口。一般适用于地基土质较好的雨水管道,或用于地下水位以上的污水支线上。企口管、平口管、承插管均可采用此种接口,如图11-3所示。

2. 钢丝网水泥砂浆抹带接口

将抹带范围的管外壁凿毛,抹1:(2.5~3)的水泥砂浆一层,厚15 mm,中间用20号10 mm×10 mm的钢丝网一层,两端插入基础混凝土中固定,上面再抹砂浆一层,厚10 mm,带宽200 mm,属于刚性接口。此接口适用于地基土质较好的一般污水管道和内压低于0.05 MPa的管道接口,如图11-4所示。

3. 石棉沥青卷材接口

石棉沥青卷材为工厂加工,采用沥青:石棉:细砂=7.5:1:1.5的质量配比制成。先将接口处管壁刷净烤干,涂上一层冷底子油,再刷沥青油浆作黏合剂(厚3~5 mm),然后包上石棉沥青卷材,外边再涂3 mm厚的沥青砂浆,这叫“三层做法”;若再加卷材和沥青砂浆各一层,便叫“五层做法”。一般适用于无地下水的无压管道。属于柔性接口,如图11-5所示。

4. 橡胶圈接口

橡胶圈接口属柔性接口。接口结构简单,施工方便,适用于施工地段土质较差,地基

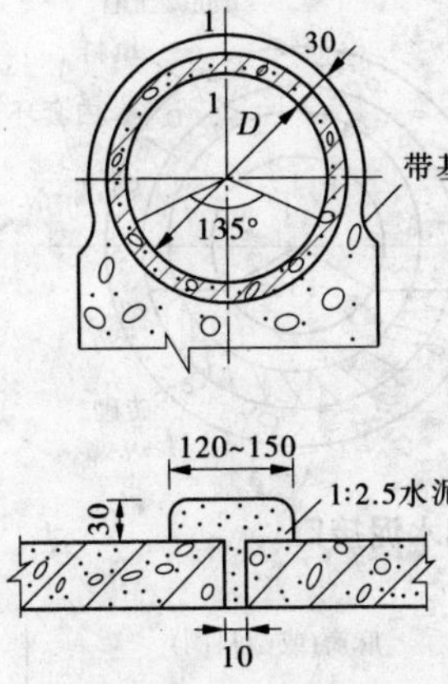

图 11-3　水泥砂浆抹带接口　（单位:mm）

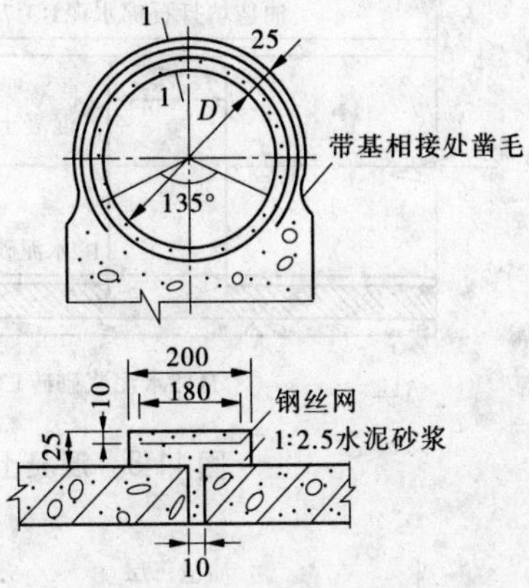

图 11-4　钢丝网水泥砂浆抹带接口　（单位:mm）

硬度不均匀,或地震地区,如图 11-6 所示。

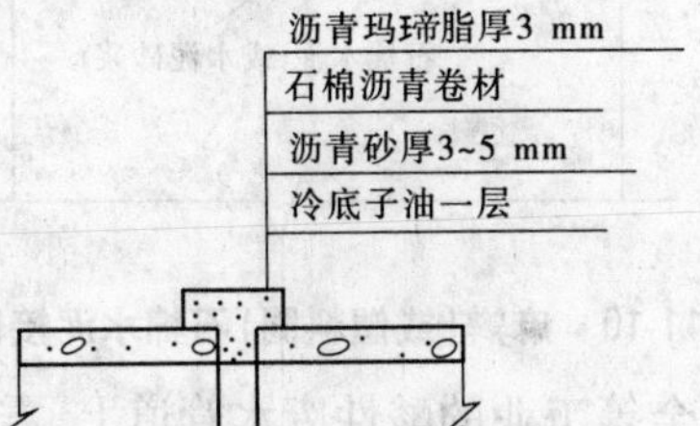

图 11-5　石棉沥青卷材接口

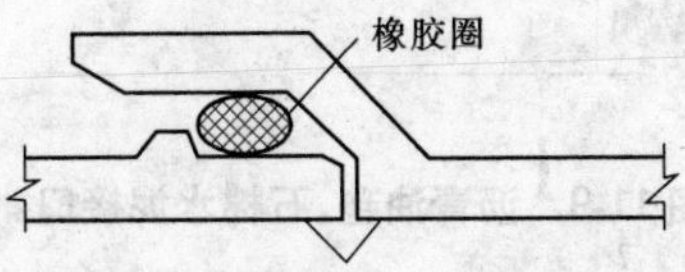

图 11-6　橡胶圈接口

5. 预制套环石棉水泥(或沥青砂)接口

石棉水泥质量比为水∶石棉∶水泥＝1∶3∶7(沥青砂配比为沥青∶石棉∶砂＝1∶0.67∶0.67)。适用于地基不均匀地段,或地基经过处理后管道可能产生不均匀沉陷且位于地下水位以下,内压低于 10 m 的管道上,属于半柔半刚性接口,如图 11-7 所示。

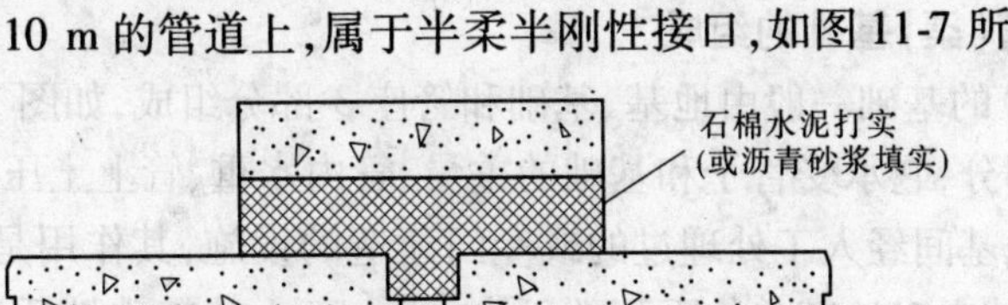

图 11-7　预制套环石棉水泥（或沥青砂）接口

6. 顶管施工中常用的接口形式

(1)混凝土(或铸铁)内套环石棉水泥接口,如图 11-8 所示。一般只用于污水管道。

(2)沥青油毡、石棉水泥接口,如图 11-9 所示。麻辫(或塑料圈)石棉水泥接口,如图 11-10 所示,一般只用于雨水管道。

采用铸铁管的排水管道,接口做法与给水管道相同。常用的有承插式铸铁管油麻石棉水泥接口,如图 11-11 所示。

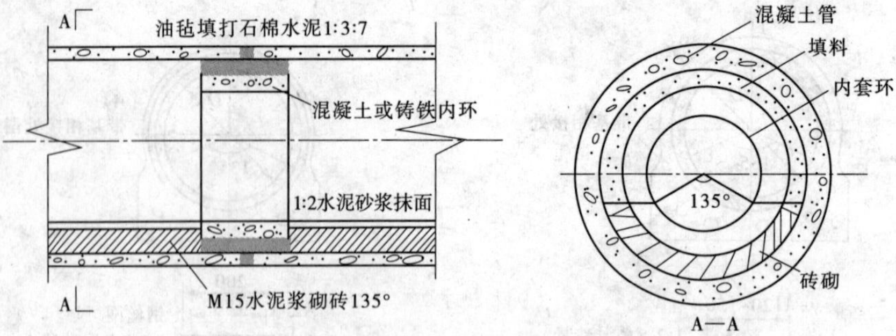

图 11-8　混凝土(或铸铁)内套环石棉水泥接口

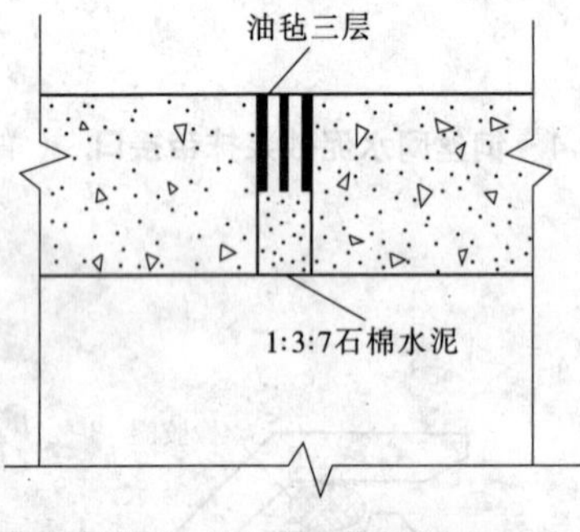

图 11-9　沥青油毡、石棉水泥接口

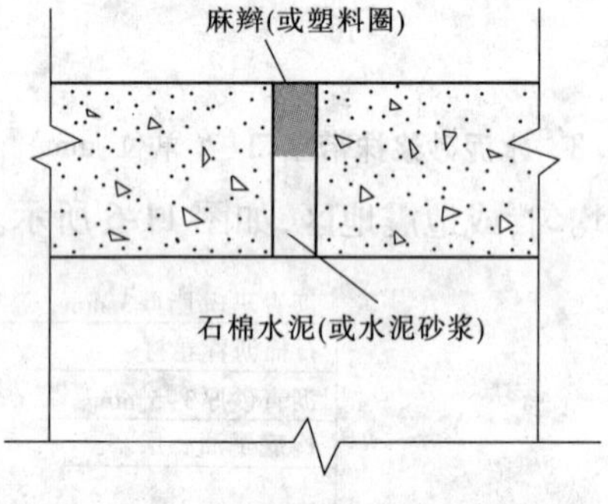

图 11-10　麻辫(或塑料圈)石棉水泥接口

除上述常用的管道接口外,在化工、石油、冶金等工业的酸性废水管道上,需要采用耐酸的接口材料。目前有些单位研制了防腐蚀接口材料——环氧树脂浸石棉绳,使用效果良好,也有试用玻璃布和煤焦油、高分子材料配制的柔性接口材料等。这些接口材料尚未广泛采用。国外目前主要采用承插口加橡皮圈及高分子材料的柔性接口。

三、排水管道(渠)的基础

(一)排水管道(渠)基础的组成

排水管道(渠)的基础一般由地基、基础和管座 3 部分组成,如图 11-12 所示。地基是指沟槽底的土壤部分,它承受管子和基础的重量、管内水重、管上土压力和地面上的荷载。基础是指管子与地基间经人工处理过的或专门建造的设施,其作用是将管道较为集中的荷载均匀分布,以减少对地基单位面积的压力,或由于土的特殊性质的需要,为使管道安全稳定地运行而采取的一种技术措施,如原土夯实、混凝土基础等。管座是管子底侧与基础之间的部分,设置管座的目的在于使管子与基础连成一个整体,以减少对地基的压力和对管子的反力。管座包角的中心角愈大,基础所受的单位面积的压力和地基对管子作用的单位面积的反力愈小。

为保证排水管道系统能安全正常运行,除管道工艺本身设计施工应正确外,管道的地基与基础还要有足够的承受荷载的能力和可靠的稳定性。否则排水管道可能产生不均匀沉陷,造成管道错口、断裂、渗漏等现象,导致对附近地下水的污染,甚至影响附近建筑物的基础。一般应根据管道本身情况及其外部荷载的情况、覆土的厚度、土壤的性质合理的选择管道基础。

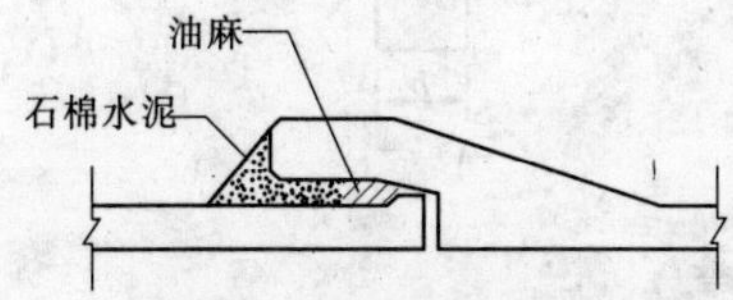

图 11-11　承插式铸铁管油麻石棉水泥接口

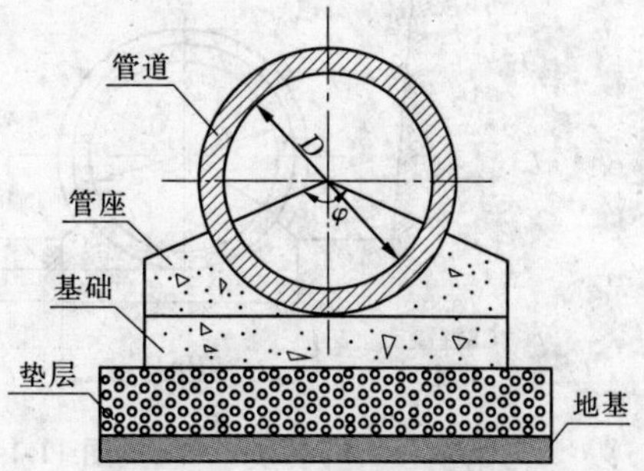

图 11-12　管道基础断面

(二)目前常用的管道基础

1. 砂土基础

砂土基础包括弧形素土基础及砂垫层基础,弧形素土基础是在原土上挖一弧形管槽(通常采用 90°弧形),管子落在弧形管槽里,如图 11-13(a)所示。这种基础适用于无地下水、原土能挖成弧形的干燥土壤,管道直径小于 600 mm 的混凝土管、钢筋混凝土管、陶土管,管顶覆土厚度在 0.77 ~3.0 m 之间的街区污水管道,不在车行道下的次要管道及临时性管道。

砂垫层基础是在挖好的弧形管槽上,用带棱角的粗砂填 10 ~15 cm 厚的砂垫层。如图 11-13(b)所示。这种基础适用于无地下水、岩石或多石土壤,管道直径小于 600 m 的混凝土管、钢筋混凝土管及陶土管,管顶覆土厚度 0.7 ~2 m 的排水管道。

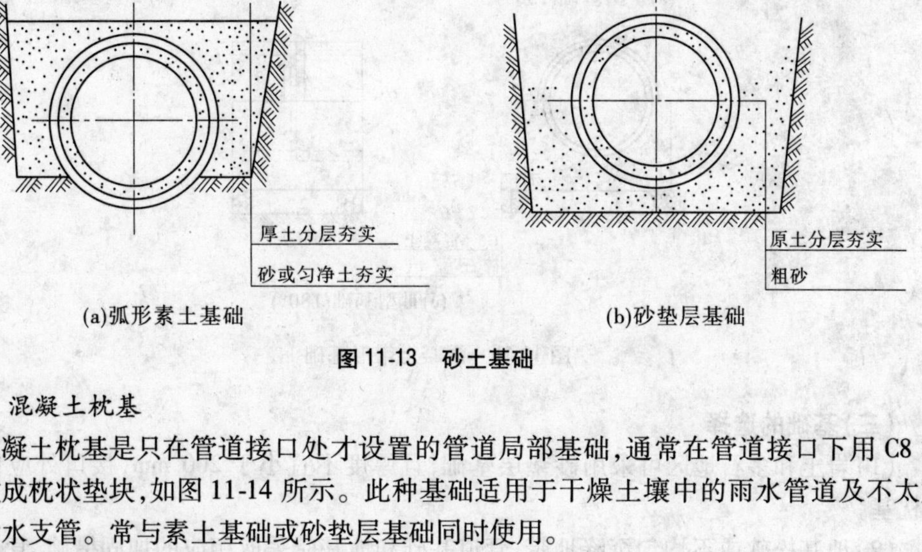

图 11-13　砂土基础

2. 混凝土枕基

混凝土枕基是只在管道接口处才设置的管道局部基础,通常在管道接口下用 C8 混凝土做成枕状垫块,如图 11-14 所示。此种基础适用于干燥土壤中的雨水管道及不太重要的污水支管。常与素土基础或砂垫层基础同时使用。

3. 混凝土带形基础

混凝土带形基础是沿管道全长铺设的基础。按管座的形式不同,根据图 11-15 中的 Φ 值可分为 90°、135°、180°三种管座基础,这种基础适用于各种潮湿土壤,以及地基软硬

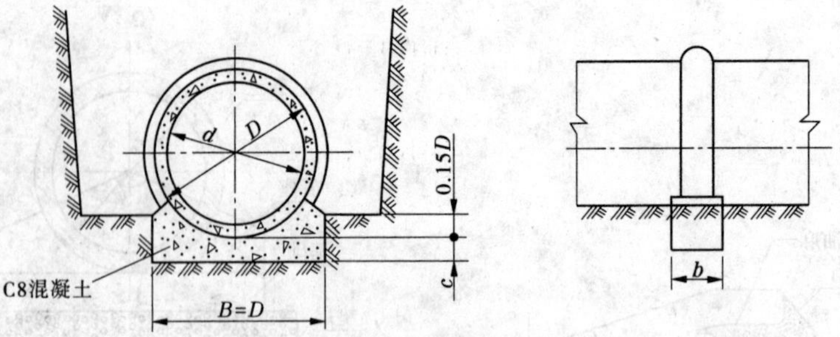

图 11-14 混凝土枕基

不均匀的排水管道,管径为 200~2 000 mm,无地下水时在槽底老土上直接浇混凝土基础;有地下水时常在槽底铺 10~15 cm 厚的卵石或碎石垫层,然后才在上面浇混凝土基础,一般采用强度等级为 C8 的混凝土。当管顶覆土厚度在 0.7~2.5 m 时采用 90°管座基础;管顶覆土厚度为 2.6~4 m 时用 135°基础;覆土厚度在 4.1~6 m 时采用 180°基础。在地震区,土质特别松软,不均匀沉陷严重地段,最好采用钢筋混凝土带形基础。

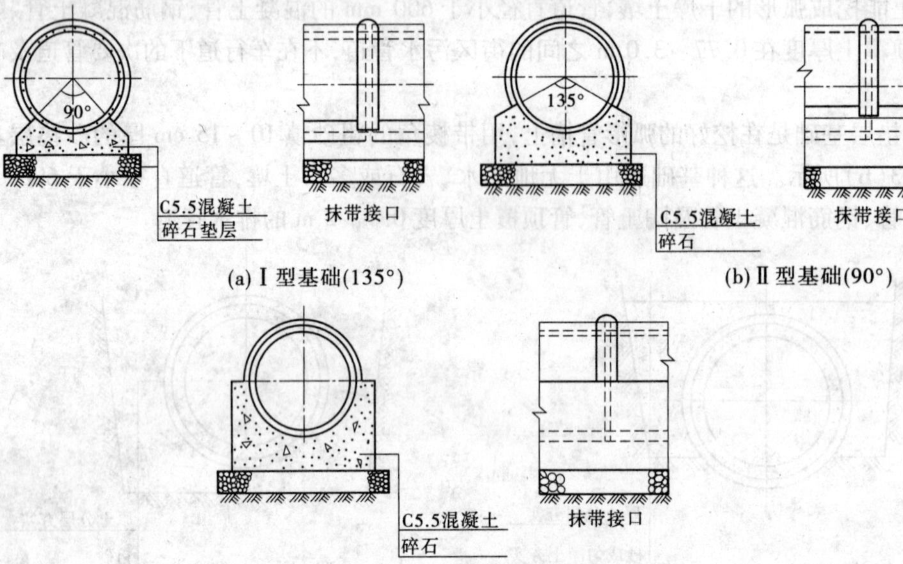

图 11-15 混凝土带形基础

(三)基础的选择

(1)岩土和多石地区可采用砂垫层基础,且厚度不宜小于 200 mm,接口处应做混凝土枕基。

(2)地基松软或不均匀沉降地带,管道基础和地基应采取相应的加固措施,管道接口应采用柔性接口。

(3)一般土层或各种潮湿土层以及车行道下敷设的管道,应根据具体情况,采用混凝土带形基础。基础的选择应根据地质条件、布置位置、施工条件以及地下水位等因素确定。

第二节　排水管渠附属构筑物及设置

为了及时有效地收集、输送、排除城市污水及雨水，保证排水系统正常的工作，除管渠本身外，还需在管渠系统上设置某些附属构筑物，这些构筑物包括检查井、跌水井、水封井、换气井、雨水口、溢流井、倒虹管、冲洗井、出水口等。

管渠系统上的附属构筑物，有些数量很多，它们在管渠系统的总造价中占有相当的比例。例如，为便于管渠的维护管理，通常都应设置检查井，对于污水管道，一般每 50 m 左右设置一个，这样，每千米污水管道上的检查井就有 20 个之多。因此，如何使这些构筑物建造得合理，并能充分发挥其最大作用，是排水管渠系统设计和施工中的一个重要部分。

一、检查井

为便于对管渠系统作定期检查、清通和连接上下游排水管道，须在管道适当位置上设置检查井。当管道发生严重堵塞或损坏时，检修人员可下井进行疏通和检修。

检查井一般设置在管渠的交汇、转弯和管径、坡度及高程变化处；直线管路上每隔一定距离也需设置。一般情况下，检查井的间距按 50 m 左右考虑。表 11-5 为检查井最大间距。

表 11-5　直线管道上检查井最大间距

管径（mm）	最大间距（m）		管径（mm）	最大间距（m）	
	污水管道	雨水（合流）管道		污水管道	雨水（合流）管道
200 ~ 400	30	40	1 100 ~ 1 500	90	100
500 ~ 700	50	60	>1 500，且≤2 000	100	120
800 ~ 1 000	70	80	>2 000	可适当加大	

检查井一般采用圆形，由井底（包括基础）、井身和井盖（包括盖底）3 部分组成，如图 11-16 所示。井基采用碎石、卵石、碎砖夯实或低标号混凝土砌筑。井底一般采用低标号混凝土砌筑，为使水流通过检查井时阻力较小，井底宜设计成半圆形或弧形流槽，流槽直壁向上伸展。直壁高度与下游管道的顶部平或低些，槽顶两肩应有 0.02 ~ 0.05 的坡度坡向流槽，以防淤泥沉积，槽两侧边应有 20 cm 的宽度，以利于维修人员下井操作。在管渠转弯或几条管渠交汇处，为使水流通畅，流槽中心的弯曲半径应按转角大小和管径的大小确定，但不得小于大管的管径。检查井底各种流槽的平面形式如图 11-17 所示。

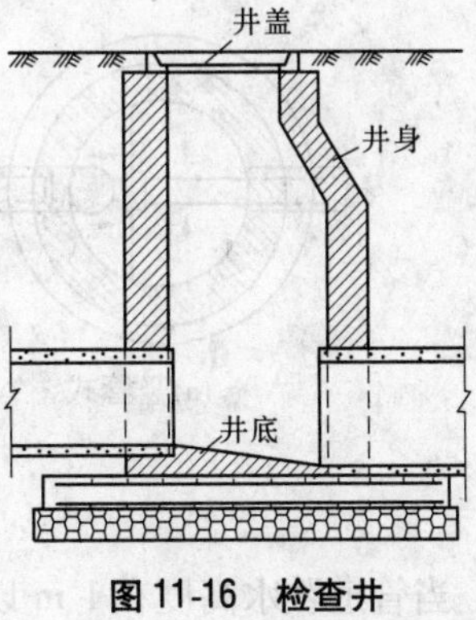

图 11-16　检查井

井身材料可采用砖、石、混凝土、钢筋混凝土。我国目前多采用砖砌，以水泥砂浆抹

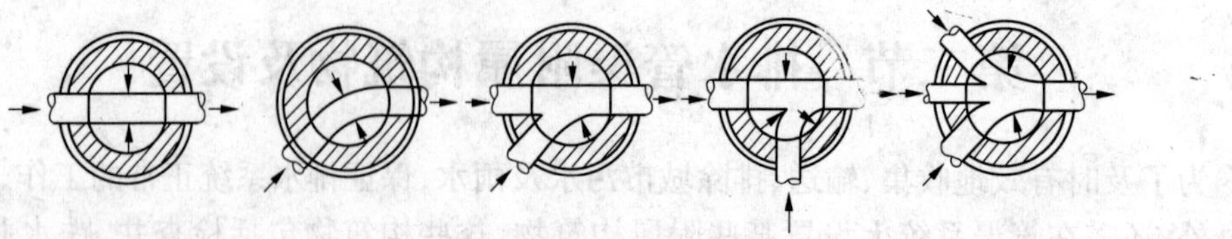

图 11-17　检查井底流槽的形式

面。井身一般为直壁圆筒形，但在大直径的管线上可做成方形、矩形等形状，为便于维护人员进出检查井，井壁应设置爬梯。

井口和井盖的直径采用 0.65～0.7 m，在车行道下的井盖宜采用铸铁盖，在人行道或绿化带内的可用钢筋混凝土盖。

二、跌水井

跌水井是当上下游管道的落差较大时，用来消除水流的能量而设的消能设施。跌水井具有检查井的功能，同时又具有消能功能。目前常用的跌水井有竖管式和溢流堰式两种。如图 11-18 所示。

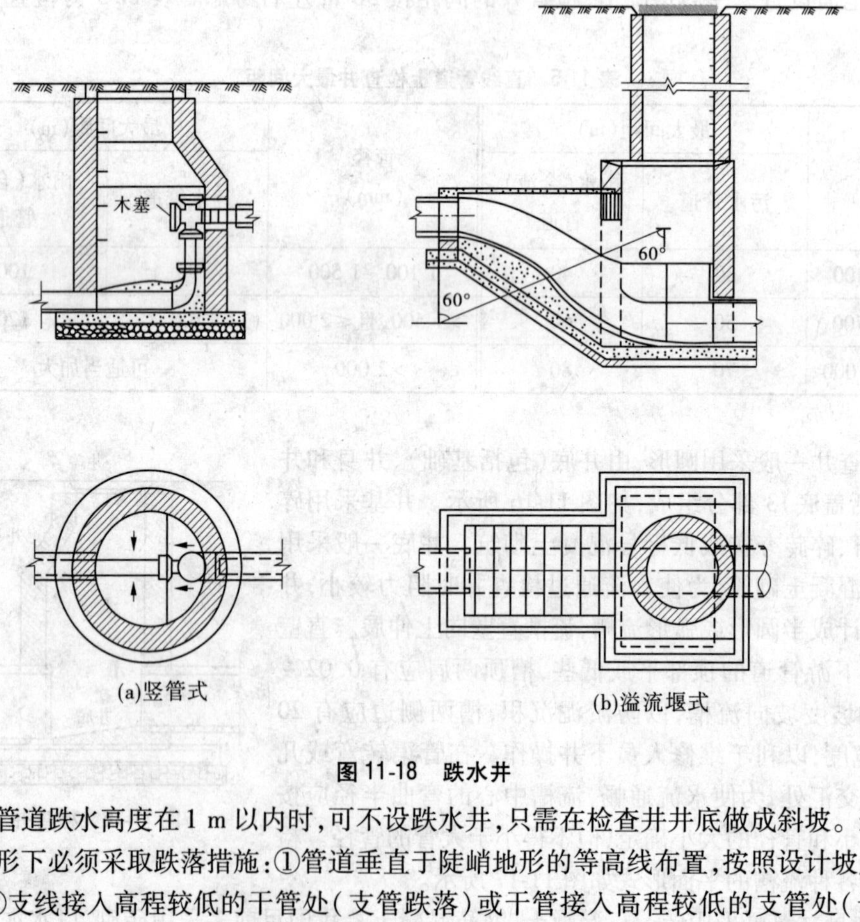

(a)竖管式　　(b)溢流堰式

图 11-18　跌水井

当管道跌水高度在 1 m 以内时，可不设跌水井，只需在检查井井底做成斜坡。通常在以下情形下必须采取跌落措施：①管道垂直于陡峭地形的等高线布置，按照设计坡度露出地面；②支线接入高程较低的干管处（支管跌落）或干管接入高程较低的支管处（干管跌落）。

此外，跌水井不宜设在管道的转弯处，污水管道和合流管道上的跌水井，宜设排气通风管。

三、水封井

水封井是一种能起到水封作用的检查井。当工业废水产生能引起爆炸或火灾的气体时，其排水管道系统中必须设水封井。水封井的位置应设在产生能引起爆炸或火灾废水的生产装置、贮罐区、原料贮运场地、成品仓库、容器洗涤车间等的废水排出口处以及适当距离的干管上。水封井不宜设在车行道和行人众多的地段，并应适当远离产生明火的场地。水封深度与管径、流量和废水中所含易燃易爆物质的浓度有关，一般采用 0.25 m。井上宜设通风管，井底宜设沉泥槽。如图 11-19 所示。

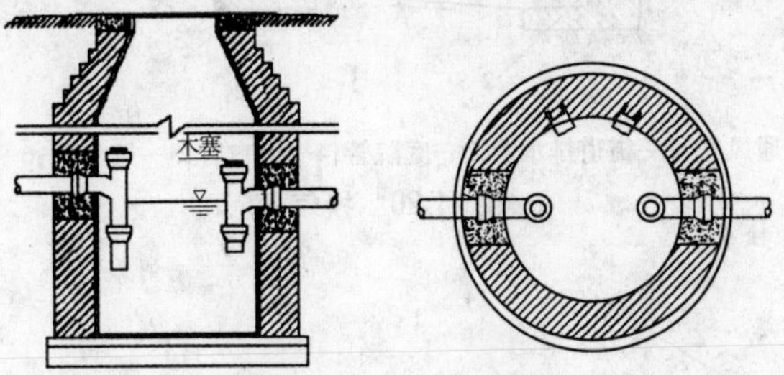

图 11-19　水封井

四、换气井

换气井是一种设有通风管的检查井。污水中的有机物常在管渠中沉积而厌氧发酵，发酵分解产生的甲烷、硫化氢、二氧化碳等气体，如与一定体积的空气混合，在点火条件下将产生爆炸，甚至引起火灾。为防止此类事故发生，同时也为了保证工作人员在检修排水管渠时的安全，有时在街道排水管的检查井上设置通风管，使此类有害气体在住宅竖管的抽风作用下，随同空气沿庭院管道、出户管及竖管排入大气中。如图 11-20 所示。

五、雨水口

雨水口是在雨水管渠或合流管渠上收集雨水的构筑物。地面上的雨水经过雨水口和连接管流入管道上的检查井后进入排水管道。

雨水口的构造包括进水箅、井筒和连接管 3 部分，如图 11-21 所示。进水箅如图 11-22 所示。

街道雨水口有 3 种形式：

(1) 边沟雨水口，进水箅稍低于道路边沟底水平放置；

(2) 边石雨水口，进水箅嵌入道路边石垂直放置；

(3) 联合式雨水口，在边沟和边石侧面都安置进水箅。

在选择雨水口形式时，应满足以下几个方面：

(1) 进水量大，进水效果好；

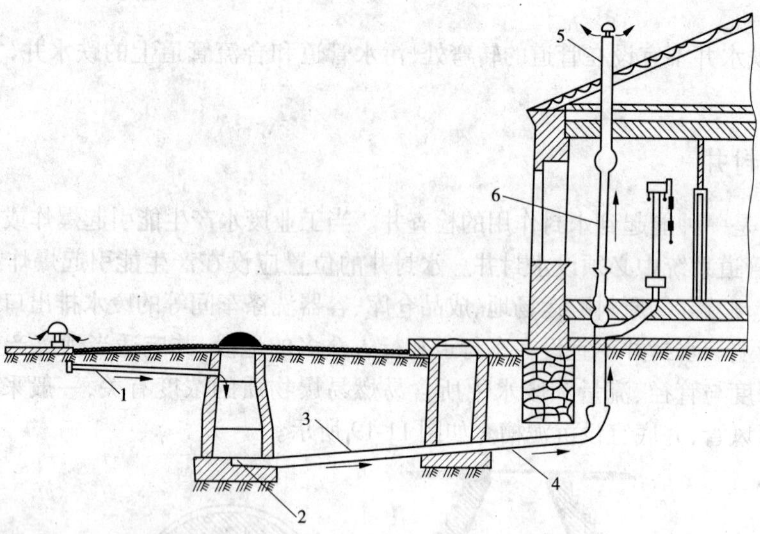

1—通风管;2—街道排水管;3—庭院管;4—出户管;5—透气管;6—竖管

图 11-20 换气井

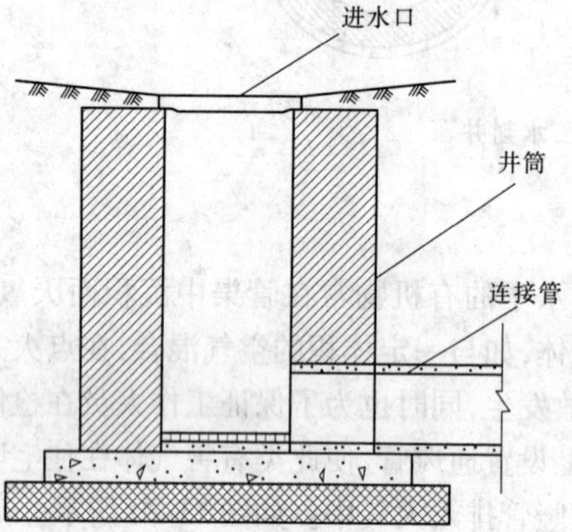

图 11-21 雨水口的构造

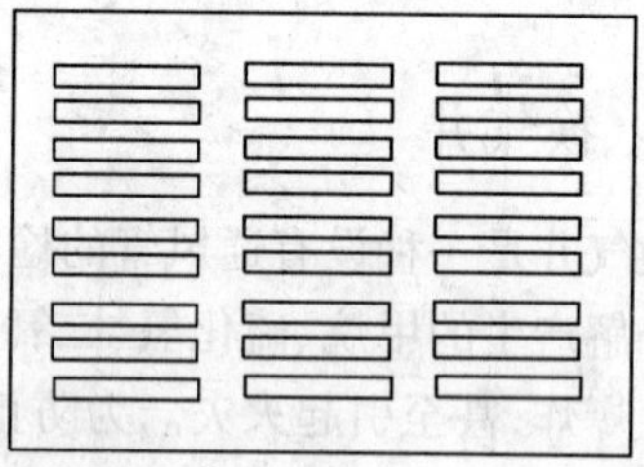

图 11-22 进水箅

(2)结构简单,易于施工、养护;

(3)安全、卫生。合流管道的雨水口宜加设防臭设施。

雨水口的设置位置,应能保证迅速有效地收集地面雨水。一般应在交叉路口、路侧边沟的一定距离处以及没有道路边石的低洼地方设置,以防止雨水漫过道路或造成道路及低洼地区积水而妨碍交通。雨水口的形式和数量,通常应按汇水面积所产生的径流量和雨水口的泄水能力确定。一般一个平箅雨水口可排 15 ~ 20 L/s 的地面径流量。在路侧边沟上及路边低洼地点,雨水口的设置间距还要考虑道路的纵坡和路边石的高度。道路上雨水口的间距一般为 25 ~ 50 m(视汇水面积大小而定),在低洼和易积水的地段,应根据需要适当增加雨水口的数量。

雨水口的进水箅可用铸铁或钢筋混凝土、石料制成。采用钢筋混凝土或石料进水箅可节约钢材,但其进水能力远不如铸铁进水箅,有些城市为加强钢筋混凝土或石料进水箅的进水能力,把雨水口处的边沟沟底下降数厘米,但给交通造成不便,甚至可能引起交通事故。

六、溢流井

在截流式合流制排水系统中,在合流管道与截流干管的交汇处应设置溢流井,其作用是将超过溢流井下游输水能力的那部分混合污水,通过溢流井溢流排出。

溢流井的形式有:截流槽式、溢流堰式和跳跃堰式 3 种。

图 11-23 所示的截流槽式溢流井是最简单的一种,在井中设置截流槽,槽顶与截流干管管顶相平,当上游来水量超过截流干管输水能力时,水从槽顶溢出,进入溢流管排入水体。

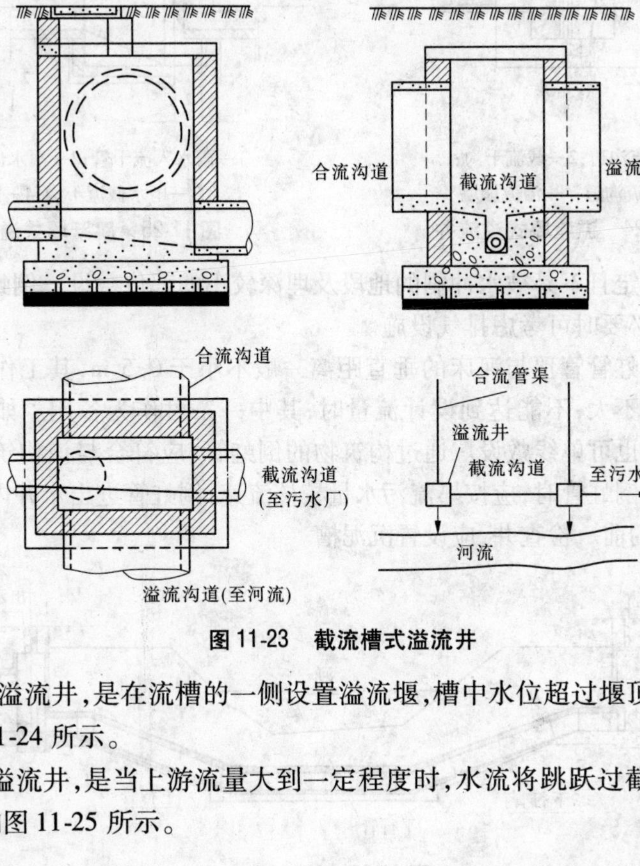

图 11-23　截流槽式溢流井

溢流堰式溢流井,是在流槽的一侧设置溢流堰,槽中水位超过堰顶时,超量的水即溢入水体,如图 11-24 所示。

跳跃堰式溢流井,是当上游流量大到一定程度时,水流将跳跃过截流干管,进入溢流管排入水体,如图 11-25 所示。

七、倒虹管

排水管渠遇到河流、山涧、洼地、地下构筑物或道路等障碍物时,不能按原有的坡度埋设,而是按下凹的折线方式从障碍物下通过,这种管道称为倒虹管。倒虹管由进水井、下行管、平行管、上行管和出水井等组成,如图 11-26 所示。倒虹管施工复杂,养护困难,造价高,应尽量避免采用。

确定倒虹管的路线时,应尽可能与障碍物正交通过,以缩短倒虹管的长度,并应选择

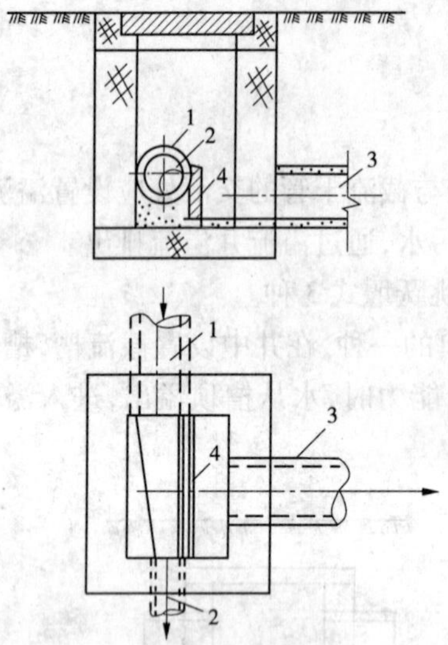

1—合流沟道;2—截流干沟;
3—溢流沟道;4—溢流堰墙

图 11-24　溢流堰式溢流井

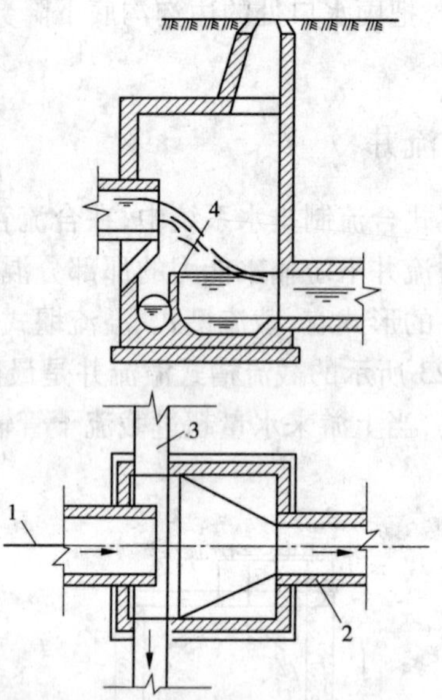

1—雨水入流干管;2—雨水出流干管;
3—雨水截流干沟;4—隔墙

图 11-25　跳跃堰式溢流井

在河床和河岸较稳定且不易被水冲刷的地段及埋深较小的部位敷设。倒虹管井应布置在不受洪水淹没处,必要时可考虑排气设施。

穿过河道的倒虹管管顶与河床的垂直距离一般不小于 0.5 m,其工作管线一般不少于两条。当排水量不大,不能达到设计流量时,其中一条可作为备用。如倒虹管穿过旱沟、小河和谷地时,也可单线敷设。通过构筑物的倒虹管,应符合与该构筑物相交的有关规定。合流管道设倒虹管时,应按旱流污水量校核流速;倒虹管进出水井内应设闸槽或闸门;倒虹管进水井的前一检查井,应设置沉泥槽。

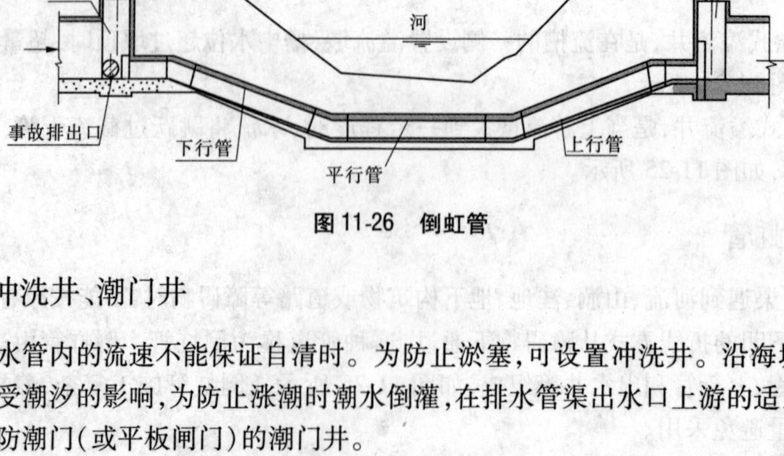

图 11-26　倒虹管

八、冲洗井、潮门井

当污水管内的流速不能保证自清时。为防止淤塞,可设置冲洗井。沿海城市的排水管渠往往受潮汐的影响,为防止涨潮时潮水倒灌,在排水管渠出水口上游的适当位置处应设置装有防潮门(或平板闸门)的潮门井。

九、出水口

出水口是设在排水系统终点的构筑物,污水由出水口向水体排放。出水口的位置、形式和出口流速,应根据排水水质、下游用水情况、水体的流量及水位变化幅度、稀释和自净能力、水流方向、波浪情况、地形变迁和主导风向等因素确定,并应征得当地卫生监督机关、环保部门和航运部门的同意。

出水口与水体岸边连接处应采取防冲、消能、加固等措施;当伸入河道时,应设置标志;一般用浆砌块石做护墙和铺底,在受冻胀影响的地区,出水口应考虑用耐冻胀材料砌筑,其基础必须设置在冰冻线以下。

污水排水管的出水口为使污水与水体中水能较好地混合,同时为避免污水沿滩流泻污染环境,宜采用淹没式,即出水口淹没在水体水面以下。雨水出水口主要采用非淹没式,即管底标高高于水体最高水位以上或高于常水位以上,以防止河水倒灌。当出水口标高比水体水面高很多时,应考虑设置单级或多级跌水设施消能。

小　结

1. 常用市政排水管材

(1)混凝土管、轻型钢筋混凝土管和重型钢筋混凝土管。它们是市政排水管的主角,适用于排除污水、雨水,不宜输送酸性及碱性较强的废水。

(2)陶土管(又称缸瓦管)。陶土管适用于排除酸性废水,或管外有浸蚀性地下水的污水管道。

(3)金属管。金属管有钢管和铸铁管,城市排水管网中很少使用。只有在外荷载很大或对渗漏要求特别高的场合下采用。

(4)大型排水管渠。当管渠设计断面大于1.5 m时,通常就在现场建造大型排水渠道。建造大型排水渠道常用的建筑材料有砖、石、陶土块、混凝土块、钢筋混凝土块和钢筋混凝土等。

2. 排水管道的接口形式

(1)按管口的形状有企口、平口、承插口等。

(2)根据接口的弹性,可分为柔性、刚性和半柔半刚性3种形式。

3. 常用的接口方法

(1)刚性接口:水泥砂浆抹带接口、钢丝网水泥砂浆抹带接口。

(2)柔性接口:石棉沥青卷材接口、橡胶圈接口。

(3)半柔半刚性接口:预制套环石棉水泥(或沥青砂)接口等。排水管道的接口形式和方法应根据管材、连接方式、排水性质、地下水位以及地质条件等因素确定。

4. 排水管基础与接口的选择

(1)岩土和多石地区可采用砂垫层基础,且厚度不易小于200 mm,接口处应做混凝土枕基。

(2)地基松软或不均匀沉降地带,管道基础和地基应采取相应的加固措施,管道接口应采用柔性接口。

(3)一般土层或各种潮湿土层以及车行道下敷设的管道,应根据具体情况,采用混凝土带形基础。

5. 排水管渠系统上的主要附属构筑物

(1)检查井。在管渠的交汇、转弯和管径、坡度及高程变化处应设置检查井,直线管路上每隔一定距离也需设置。一般情况下,检查井的间距按50 m左右考虑。

(2)跌水井。当上下游管道的落差较大时,用来消除水流的能量而设的消能设施。跌水井具有检查井的功能,同时又具有消能功能。

(3)水封井。水封井是一种能起到水封作用的检查井。当工业废水产生能引起爆炸或火灾的气体时,其排水管道系统中必须设水封井。

(4)雨水口。雨水口是在雨水管渠或合流管渠上收集雨水的构筑物。地面上的雨水经过雨水口和连接管流入管道上的检查井后进入排水(雨水)管道。

(5)溢流井。在截流式合流制排水系统中,在合流管道与截流干管的交汇处应设置溢流井,其作用是将超过溢流井下游输水能力的那部分混合污水,通过溢流井溢流排出。

其形式有:截流槽式、溢流堰式和跳跃堰式3种。

(6)交叉构筑物。当排水管道与各种道路、河流、沟谷等交叉时需修建交叉构筑物,如倒虹管、管桥等。

思考题

1. 对排水管渠的材料有何要求?常用的排水管渠有哪几种?各有哪些优缺点?

2. 排水管渠的断面形式,必须满足哪些要求?为何常用圆形断面?

3. 排水管渠中,为何要设置检查井?试说明其基本构造及设置位置。

4. 排水检查井的底部为何要做流槽?

5. 跌水井的作用是什么?常用的跌水井形式有哪些?

6. 雨水口由哪几部分组成?雨水口的类型及布置形式有哪些?试说明雨水口的位置设置。

7. 倒虹管由哪几部分组成?在什么情况下设置倒虹管?设计倒虹管时应注意哪些问题?

8. 溢流井的作用及常用形式各有哪些?

第十二章　城市排水工程实例

学习目标：通过本章实例的学习，全面回顾排水系统规划、布置及管渠计算方法。掌握排水系统规划方法和程序，熟悉管渠水利计算方法及步骤。

第一节　设计任务及设计资料

一、设计任务

根据某市总体规划图和设计资料进行某市排水工程设计，具体内容：①排水管渠系统设计；②污水处理构筑物设计；③污泥处理构筑物设计。

二、设计文件及设计资料

(一)上级主管部门批准的设计任务书

上级主管部门批准的设计任务书的内容有设计项目、设计范围及设计深度等。

(二)排水工程设计资料

(1)城市地理位置及自然条件。该市位于四川盆地中南部，A 江的中下游。城区分Ⅰ、Ⅱ两个行政区，江南为Ⅰ区，江北为Ⅱ区。

①气象条件。气候温和湿润。温度：年平均 17.9 ℃，最低 -3 ℃。年平均相对湿度 80%，年平均降雨量 1 044.2 mm。

暴雨强度公式为

$$q = \frac{9\ 355(1 + 0.494\ \lg P)}{t + 35} \quad (\mathrm{L/(m^2 \cdot hm^2)}) \tag{12-1}$$

平均气压 973.1 mbar(730 mmHg)。常年主导风向为北风和西北风。夏季主导风向为北风。夏季平均风速 1.6 m/s；冬季平均风速 1.4 m/s。

②水文资料：A 江自该市西北方进入市区，绕城向南流出，A 江在本市(大桥处)的历史最高洪水位 315.458 m，20 年一遇的洪水位 310.40 mm；95% 保证率的水位 301.75 m，常水位 306.42 m；95% 保证率的枯水期流量 60 m^3/s，最大流量 3 650 m^3/s，多年平均流量 400.6 m^3/s，平均流速 0.5 ~ 3.8 m/s，最大水面比降 1.8‰，平均水温 19.2 ℃。

③地质资料。城区地质条件良好，为亚砂土、亚黏土、砂卵石组成，厚度 4.5 ~ 11 m，地基承载能力为 1 kg/cm^2，地震烈度小于 6 度。

(2)排水工程现状。城区中有部分合流制管渠，但多为石砌暗沟，设在人行道下面，盖板裸露地面。由于断面较小，加之年久失修，有的已堵塞或断裂。新发展区域中建有一些分流制排水管道，但未真正分流。由于排水管道长度短，覆盖率低，城市中未形成排水管网，致使城区污水未经处理就排入水体，对 A 江造成严重污染。为了保护环境，防止 A

江水质的进一步恶化,促进该市经济的持续发展,需要建设排水管渠,对该市污水进行收集、处理,以适应市政建设发展的需要。

(3)城市总体规划概况。该市是地区党政机关所在地。根据城市规划,到2003年,Ⅰ区城市人口为11万人,Ⅱ区4.0万人。到2010年,Ⅰ区城市人口为13.0万人,Ⅱ区为7.0万人。

该市土地肥沃,气候温和湿润,盛产甘庶、棉花等经济作物,制糖、纺织等工业较发达,市区较大的工厂有锻压设备厂、棉纺织厂、制糖厂等。水陆交通方便,有两条铁路干线,3条公路与外界相连,A江可通航。该市是以发展制糖工业为主的轻工业城市。

规划城市道路分为主干道、次干道和支道三种,主干道红线宽度26~30 m(人行道6~7 m,车行道14~16 m),次干道红线宽度18.5~22 m(人行道3.5~5 m),支道红线宽12~16 m(人行道2.5~3.5 m,车行道7~9 m)。

城市综合生活污水排水定额近期按180 L/(人·d),远期按220 L/(人·d)计算。

(4)其他。电力可以保证供应,各种建筑材料该市均可供应。施工技术力量当地可以解决。

(5)国家有关法规:《中华人民共和国环境保护法》、《地面水环境质量标准》(GB 3838—88)、《污水综合排放标准》(GB 8978—96)、《室外排水设计规范》(GB 50014—2006)。

(6)图纸:该市1∶5 000总体规划图一份。

第二节　排水系统设计计算

一、排水系统体制的确定

考虑到该地区雨量较大,且该城市新建区面积较大,道路较宽,采用完全分流制排水系统。

二、工业废水的处理和排放

(1)如果各工业企业都将自身产生的污水处理后,水质达到《污水综合排放标准》(GB 8978—96)一级标准,排入城市下水道,势必造成重复建设。

(2)如果各企业都将污水处理后排入水体,将增加许多出水口,会给航运及河流沿岸整治利用带来不便。

(3)该市的工业企业,主要有棉纺印染厂、锻压设备厂、制糖厂和医疗器械厂。这些工业废水应经过局部处理,水质达到《污水综合排放标准》(GB 8978—96)三级标准,排入城市下水道,由污水厂统一处理、排放或局部处理后,达到一级排放标准的可直接排放水体。这种方案较为合理。

三、污水集中处理还是分散处理的选择

对该市的污水采用集中处理的方案,其原因如下:

(1)该城市用地布局集中,地形变化不大且比较有规律。地形都坡向江边,且沿江的上游至下游地面标高逐渐降低,较宜采用集中处理。

(2)如果采用分散处理的形式,在Ⅱ区找不到一块合适的空地,既能满足环境保护的要求,又可使污水由重力收集、排除。

四、污水厂厂址的选择

污水厂布置在该市的东南角,A 江的右侧,排水工程平面示意图见图 12-1,其依据是:

(1)该地区常年主导风向为北风和西北风,夏季主导风向为北风。厂址选在城市的东南角,可以减小污水厂所产生的臭气对城市环境的影响。

(2)污水厂建在河流的下游,这样可避免对城市取水水质的影响。

(3)污水厂布置在地势较低处,有利于管道内污水的自流,故设在河流下游的岸边。

(4)污水厂的位置靠近主要服务区,减少了管道的敷设长度,节省了管材。

五、污水管道设计

(一)污水管道的布置

(1)由于该地区坡度不是很大,在 7‰左右(< 15%),且地形变化不大,坡向河流。在 A 江边有一条主干道,因此该城市排水系统的形式可采用截流式,如图 12-1 所示。

(2)干管敷设在所服务排水区域的较低处,便于支管的污水自流接入。

(3)在地形较平坦处,可将干管敷在排水区域的中部,使得污水能以最短距离排入干管,从而使支管最短,由于支管的管径较小,保持最小流速所需坡度较大,所以减小支管长度能有效地减小整个管网的埋深。

(4)由于该街区地形有一定坡度,当街区面积不太大时,街区污水管网可采用集中出水方式。当街区面积比较大时,街区污水管网可采用两种以上的出水方式。街道支管敷设在服务街区低侧的街道下。

(二)Ⅰ、Ⅱ区的过江连接方案

Ⅰ、Ⅱ区为 A 江所隔,污水采用集中处理排放,所以Ⅱ区的污水需跨过 A 江与Ⅰ区污水管网合并,然后至污水厂处理。对Ⅱ区污水的跨江提出 3 个方案,并作技术经济比较,见表 12-1。

从表 12-1 可知,Ⅰ、Ⅱ区的过江连接最好方案是采用倒虹管连接的形式,这在经济和技术上都比较合理。

1. 倒虹管位置的选择

倒虹管的位置见图 12-1,选在此地的依据如下:

(1)江面较窄,只有 150 m 左右,其余地方江面都比较宽。

(2)江边的河漫滩较少,地质基础较好,河床比较稳定,不易被水冲刷。

(3)该地是Ⅱ区最低处,在此处设倒虹管,将Ⅱ区的污水引入Ⅰ区主干管,便于Ⅱ区污水的自流进入倒虹管。

(4)该地正好有一条公路直通至江边,为施工提供了方便的交通。

(5)位于河流的中下游,如果发生事故,污水直接排入水体,对城市取水及环境的危

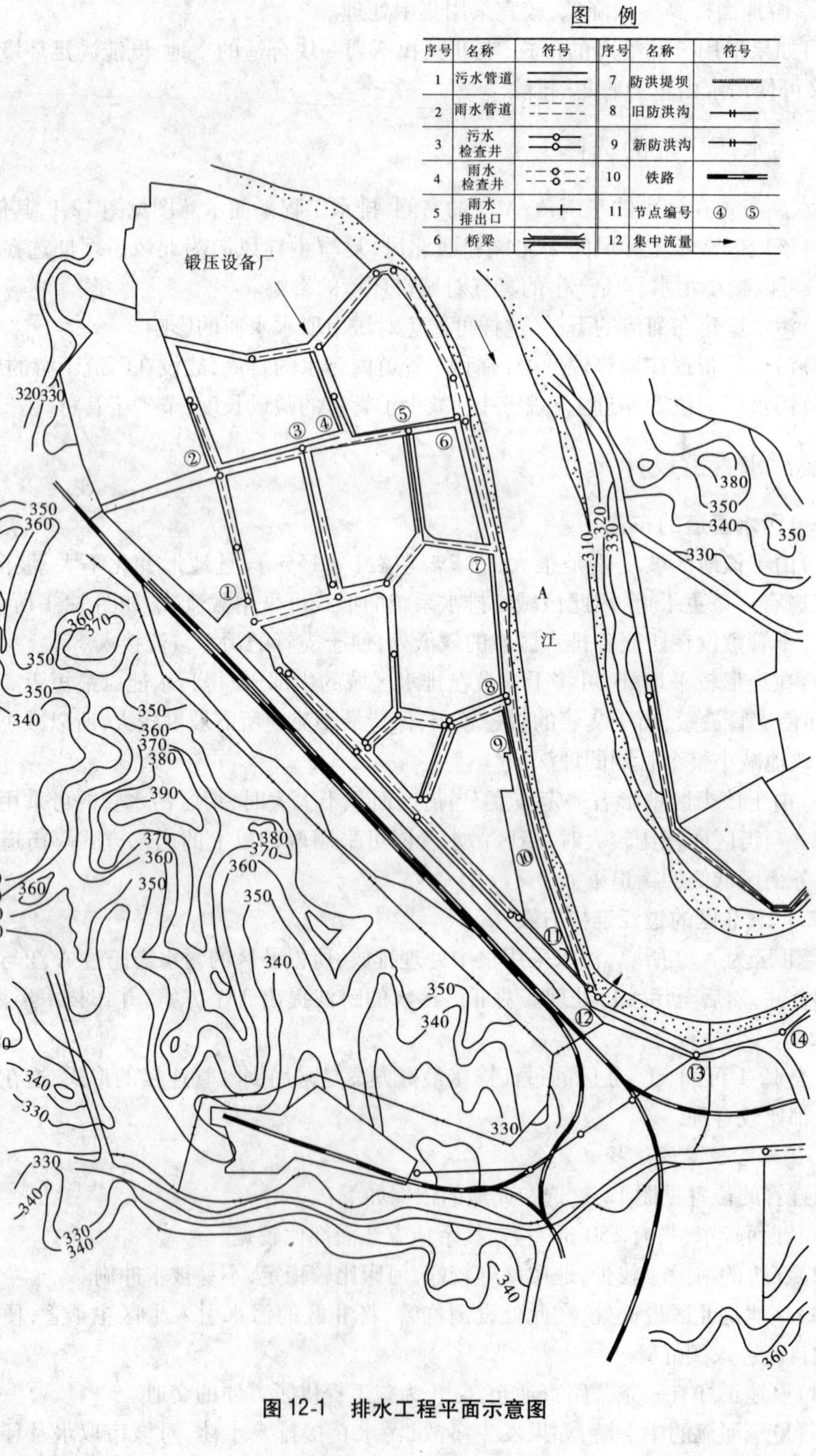

图 12-1　排水工程平面示意图

害比较小。

表 12-1 污水过 A 江方案比较

方案一 （通过现有桥梁过江）	方案二 （架管桥过江）	方案三 （设倒虹管过江）
（1）现有桥梁最初设计时没有考虑到污水管道的通过，没有预留管道通过的位置，如果管道从已有桥梁上通过势必增加桥梁的负荷，给桥梁带来诸多不稳定因素。 （2）桥梁所处的标高较高处为 322.00 m，远高出地面平均标高，所以排水管从桥梁上通过，经济和技术上难度都较大	（1）A 江较宽，最窄处有 150 多 m，水流较急，水位涨幅较大，架管桥技术难度较大，造价也较高。 （2）如果架管桥，为了保证通航，并考虑到夏季水位的涨高，管桥设计的标高较高，将不利于污水自流接入，如果要接入则要设提升泵站，造价将增加	（1）设倒虹管造价较低。 （2）倒虹管的设计、安装在技术上已经比较成熟。 （3）倒虹管可敷设在江底，有利于污水自流接入，不需建造污水泵站

（6）江的右边地面标高高于左边地面标高，即在此地，倒虹管的起端地坪标高高于出口端的地坪标高，将可降低施工难度，节约造价。

结合以上分析，倒虹管的位置较合理。

2. 倒虹管的设计

由于倒虹管为Ⅱ区污水并入Ⅰ区管网的唯一途径，其服务面积大，人口多，通过污水量大；倒虹管跨度又较大，一旦发生事故，上游（Ⅱ区）污水由事故排放口排入江中，对水质影响较大。故将倒虹管设计为 2 根，增加安全性。

倒虹管的设计流量：倒虹管的设计流量为远期Ⅱ区的污水量。

倒虹管的校核流量：由于倒虹管在小流量时容易发生淤积，需用最小流量校核倒虹管通过的流速是否满足不淤流速的要求。校核流量按近期Ⅱ区平均时污水量。

经计算：倒虹管长度为 281.74 m，倒虹管管径为 *DN*350，共 2 根。控制参数见表 12-2。

表 12-2 倒虹管设计控制参数

	Q(L/s)	L(m)	DN(mm)	i(‰)	V(m/s)	H(m)	备 注
最大流量设计	285.13	281.74	350×2	9.6	1.485	2.816	两根使用
最小流量校核	96.19	281.74	350	4.4	1.006		一根管子使用

注：由于倒虹管出口端处于 A 江Ⅰ区侧，河岸标高为 309.22 m 与 20 a 一遇洪水水位相近，所以宜在此地岸边修建防洪堤，倒虹管的出口宜建在防洪堤以内。

（三）污水管道设计

1. 污水管设计控制参数

（1）最大设计充满度，见表 12-3。

表 12-3　污水管道最大设计充满度

管径 D(mm)	最大设计充满度 h/D
200 ~ 300	0.55
350 ~ 450	0.65
500 ~ 900	0.70
≥1 000	0.75

(2)设计流速。污水管道的最小设计流速为 0.6 m/s,非金属管道的最大设计流速为 5 m/s。

(3)最小管径。在街区和厂区最小管径为 220 mm,在街道下为 300 mm。

(4)最小设计坡度。管径 200 mm 的最小设计坡度为 0.004;管径 300 mm 的最小设计坡度为 0.003。

(5)埋设深度。最小埋深:车行道下污水管最小覆土厚度不宜小于 0.7 m。最大埋深:在该市地质条件下,确定最大埋深不超过 7 ~ 8 m。

2. 污水管道设计计算结果

污水管道设计计算结果见表 12-4。该实例仅计算了一根干管和主干管。

表 12-4　污水干管水力计算

管段编号	管段长度 L(m)	设计流量 Q(L/s)	管径 D (mm)	坡度 i (‰)	流速 v (m/s)	充满度		降落量 iL(m)	标高(m)						埋设深度(m)	
						h/D	H(m)		地面		水面		管内底			
									上端	下端	上端	下端	上端	下端	上端	下端
1	2	3	4	5	6	7	8	9	10	11	12	13	14	15	16	17
1 - 2	300	11.85	300	3.5	0.6	0.32	0.096	1.05	331.8	333.8	330.80	329.75	330.79	329.65	1.10	4.15
2 - 3	210	28.92	300	3	0.72	0.55	0.165	0.63	333.8	332.71	329.75	329.12	329.59	328.96	4.21	3.76
3 - 4	100	39.08	350	2.8	0.74	0.53	0.186	0.28	332.71	332.2	329.09	328.81	328.91	328.63	3.81	3.58
4 - 5	140	82.47	450	2.2	0.84	0.60	0.27	0.31	332.2	330.9	328.80	328.48	328.53	328.22	3.68	2.68
5 - 30	省略															
30 - 31	260	814.88	1 200	0.89	1.05	0.65	0.78	0.23	309.84	310.10	306.37	306.14	305.59	305.36	4.25	4.48
31 - 32	240	869.08	1 200	0.89	1.05	0.69	0.828	0.20	310.10	310.10	306.14	305.93	305.31	305.11	4.75	4.99
32 - 33	20	936.22	1 200	0.89	1.05	0.87	1.044	0.01	310.10	310.10	305.93	305.92	305.06	305.04	5.04	
Ⅱ区污水干管水力计算																
33 - 34	320	9.00	300	4.3	1.05	0.08	0.024	1.37	329.47	326.47	327.95	325.38	327.87	325.29	1.6	1.18
34 - 35	290	16.84	300	3	0.6	0.12	0.036	0.87	326.47	323.60	325.38	322.51	325.26	322.39	1.21	1.22
35 - 50	省略															
50 - 51	280	41.54	400	2.55	0.75	0.47	0.188	0.16	312.24	312.46	311.3	310.6	311.12	310.4	1.13	2.06
51 - 52	倒虹管计算见有关部分															
52 - 53	45	285.13	800	1.17	0.90	0.61	0.488	0.488	309.22	309.22	307.67	307.62	307.18	307.13	1.93	1.99

3. 污水管道的连接方式

(1)管道在检查井内连接,采用管顶平接。

(2)不同管径也可采用设计水面平接。

(3)在任何情况下进水管底不得低于出水管底。

4. 污水干管的敷设方式

(1)管材。由于该地区地质条件良好,故采用钢筋混凝土圆管。

(2)接口。主干管、干管采用钢丝网水泥砂浆抹带接口,支管采用水泥砂浆抹带接口。该地区地质情况良好,可以采用刚性接口。

(3)基础。由于接口采用刚性接口,所以基础采用混凝土带形基础,管座型式分为90°、135°、180°。其中当覆土厚度在0.7~2.5 m时采用90°管座基础;当覆土厚度为2.6~4 m时采用135°管座基础;当覆土厚度在4.1~6 m时采用180°管座基础。

(4)基坑回填。该地区土质为亚砂土、砂卵石组成,在回填时拌入一些石灰即可成为稳固性很好的三合土。

5. 污水管道主要工程量表

污水干管、主干管的管材用量、检查井等一系列建设项目工程量见表12-5。该表中只列了主干管及干管的工程量。

表12-5 雨水干管水力计算

管段编号	管段长度 L (m)	汇水面积 F (hm^2)	管内雨水流行时间 (min)		单位面积径流量 q_0 (L/(s·hm^2))	流量 Q (L/s)	管径 D (mm)	坡度 i (‰)	流速 v (m/s)
			$\sum t_2 = \sum \frac{L}{v}$	$t_2 = \frac{L}{v}$					
A-B	120	3.45	0	1.00	163.18	562.97	600	8.5	2.0
B-C	180	6.33	1.00	1.50	158.65	1 004.2	800	5.8	2.0
C-D	225	9.90	2.50	1.57	152.31	1 507.8	900	7.0	2.4
D-E	190	18.06	4.07	1.22	136.69	2 468.6	1 100	6.4	2.6
E-F	140	19.77	5.29	0.86	130.35	2 577.0	1 100	7.0	2.7
F-H	…								
H-I	195	79.25	8.40	1.44	116.56	9 237.4	2 300	1.8	2.3
I-出	50	102.68	9.84	0.32	111.12	11 411	2 400	2.2	2.6

管段编号	管道输水能力 Q'(L/s)	坡降 $i \times L$ (m)	设计地面标高 (m)		设计管内底标高 (m)		埋深 (m)		备注
			起点	终点	起点	终点	起点	终点	
A-B	566.05	1.02	340.93	335.22	338.03	334.01	2.90	1.21	
B-C	1 007.31	1.04	335.22	326.65	332.21	325.17	3.01	1.48	跌水1.5×2
C-D	1 514.72	1.58	326.65	316.88	323.65	315.33	3.00	1.55	
D-E	2 472.76	1.22	316.88	315.50	314.88	313.66	2.00	1.84	跌水1.5×4
E-F	2 586.80	0.98	315.50	314.48	313.66	312.68	1.84	1.80	
F-H	…								跌水1.35×5
H-I	9 375.9	0.35	315.00	315.40	310.75	310.37	4.25	5.03	
I-出	11 611.3	0.11	315.40	312.56	310.27	310.16	5.13	2.40	

六、雨水管道设计

（一）雨水管道布置

雨水管道布置见图12-1。具体依据如下：

（1）由于该地区地势以一定坡度坡向河流，可采用正交式布置，即各排水流域的干管可以最短距离沿与水体垂直相交的方向布置。正交式布置的干管长度短、管径小，因而较经济，雨水排出较迅速。

（2）该市地貌属丘陵地区，地形坡度较大，雨水干管宜布置在地形低处或溪谷线上。

（3）由于A江为该地区较为重要的河流之一，为了方便A江以后的规划利用及航运，在岸边宜少建排水口。

（4）在城市的东部，尤其在Ⅰ区的东面，河岸地面标高与20年一遇洪水水位相近，出水口一般设在水下。当大洪水来时，雨水不能自流排出，该流域雨水出水口的造价较高，宜集中排放。

（5）城市的郊区，建筑密度较低，交通量较小的地方，可采用少量明渠。

（6）路面应尽可能采用道路边沟排水，在每条雨水干管的起端，通常可以利用道路边沟排除雨水，减少暗沟100～150 m。

（7）在城市的西部，有一些山岭，山脚下是火车站和机务段及铁路，为防止雨季洪水威胁铁路，需设防洪沟。

（8）在原规划图中有一条防洪沟穿过城市的中心，现决定将防洪沟改造为在机务段附近即排入江中，而将在闹市区的一段原有防洪沟废弃。

（二）雨水管渠的设计

1. 主要设计参数

（1）暴雨强度公式：

$$q = \frac{9\,355(1 + 0.494\ \lg P)}{t + 35} \tag{12-2}$$

$$t = t_1 + mt_2 \tag{12-3}$$

式中 P——设计重现期，取1.5 a，因为该地区地面坡度较大，一般都在10‰以上，部分地区超过50‰，地面坡度坡向水体，且该城市为地区级城市，比较重要，故设计重现期取值1.5 a；

t_1——地面汇流时间，考虑到街区面积较大，地面汇流距离较大，汇流时间应适当延长，但由于地面平均坡降较大，汇水时间又可适当减小，综合各种因素的影响，取汇水时间 $t_1 = 7$ min；

m——管道延缓系数，计算管段主要是暗管，当地面坡度较大时，m 取1.2，当地面坡度较小，地面较平坦处 m 取2，各管段 m 值的取值视该管段处的地面坡度而定；

t_2——管内流行时间，即

$$t_2 = \sum \frac{L}{v} \tag{12-4}$$

式中　L——计算管段长度；

v——雨水在管段内的流行速度，由水力计算求得。

(2)综合径流系数：整个汇水面积的平均径流系数 Ψ_{av} 值是按各类地面面积用加权平均法计算而得到，即

$$\Psi_{av} = \frac{\sum F_i \Psi_i}{F} \tag{12-5}$$

式中　F_i——降水面积上各类地面的面积；

Ψ_i——相应各类地面的径流系数；

F——全部汇水面积。

计算得综合径流系数Ⅰ区为0.674，Ⅱ区为0.603。

2. 雨水管渠的设计计算

雨水管渠的设计计算结果见表12-5。

3. 雨水干管的敷设方式

(1)管材及接口。由于该地区地质条件良好，采用钢筋混凝土圆管，可以采用刚性接口。支管采用水泥砂浆抹带接口；主干管、干管采用钢丝网水泥砂浆抹带接口。

(2)基础。基础采用混凝土带形基础。根据覆土厚度不同，采用90°、135°或180°管座形式。

(3)基坑回填。该地区土质为亚砂土、砂卵石组成，在回填时掺入一些石灰即可成为稳固性好的三合土。

4. 雨水干管主要工程量

雨水干管主要工程量见表12-6，在表中列出了两根设计的雨水干管的工程量。

表12-6　排水主干管工程量一览

序　号	名　称	规　格	材　料	长度(m)	备　注
1	污水管	D300	混凝土	1 120	
2	污水管	D350	混凝土	240	
3	污水管	D400	钢　混	641	
4	污水管	D450	钢　混	270	
5	污水管	D500	钢　混	1 250	
6	污水管	D600	钢　混	635	
7	污水管	D700	钢　混	870	
8	污水管	D800	钢　混	1 480	
9	污水管	D900	钢　混	1 090	
10	污水管	D1 000	钢　混	575	
11	污水管	D1 100	钢　混	1 225	
12	污水管	D1 200	钢　混	520	

续表 12-6

序 号	名 称	规 格	材 料	长度(m)	备 注
13	雨水管	D600	钢 混	350	
14	雨水管	D800	钢 混	180	
15	雨水管	D900	钢 混	415	
16	雨水管	D1 000	钢 混	95	
17	雨水管	D1 100	钢 混	330	
18	雨水管	D1 200	钢 混	270	
19	雨水管	D1 250	钢 混	185	
20	雨水管	D1 400	钢 混	385	
21	雨水管	D1 500	钢 混	210	
22	雨水管	D1 640	钢 混	35	
23	雨水管	D1 800	钢 混	305	
24	雨水管	D2 300	钢 混	195	
25	雨水管	D2 400	钢 混	50	
26	雨水跌水井	ϕ1 500 ~ 2 000	砖 混		竖槽式
27	污水跌水井	ϕ1 000 ~ 1 500	砖 混		竖槽式
28	雨水检查井	ϕ1 500 ~ 2 000	砖 混		
29	污水检查井	ϕ1 000 ~ 1 500	砖 混		
30	雨水出水口	ϕ2 000	砖 混	9	八字型

小 结

1. 污水管渠

(1)设计步骤:①确定排水区界,划分排水流域。对于地形平坦地区可按照面积大小划分;地形起伏较大地区按照等高线划分分水线。②管道定线和平面布置。管道定线一般按主干管、干管、支管顺序进行,定线时应尽可能在管线较短和埋深较小情况下,让最大区域的污水自流流出。③控制点的确定及泵站设置。为减少系统埋深,降低工程造价,可采用加强管道强度,填土提高地面高度,增设保温层,设置局部泵站等方法,减少控制点管道的埋深。④设计管段及设计流量的确定。⑤污水管道的衔接。⑥污水管道在街道上的位置。

(2)设计参数:按照规范进行。

2. 雨水管渠

(1)系统平面布置特点:①充分利用地形,就近排入水体。②根据城市规划布置雨水管道。③合理布置雨水口,保证路面水排除畅通。④雨水管道可以部分明渠和暗管结合。⑤有条件时设置排洪沟排除部分地区雨水径流。

(2)设计参数:按照规范进行。

(3)设计步骤:与污水管道设计相同。

思考题

1. 怎样划分排水流域?
2. 污水管道设计参数有哪些?如何取值?
3. 雨水管渠怎样布置?设计参数有哪些?

习 题

1. 如图 12-2 所示某城镇居住区街区平面图,人口密度 400 人/hm^2,居住区污水量标准为 100 L/(人·d)。街区Ⅱ中有一工厂,污水流量 150 L/s,街区Ⅴ中有一公共浴池,每天容纳 600 人洗浴,开放 12 h,污水量为 15 L/(人·次),变化系数为 1.0,该城镇污水管道最小埋深为 1.0 m。试进行该居住区污水管道设计计算。(图中数字为高程)

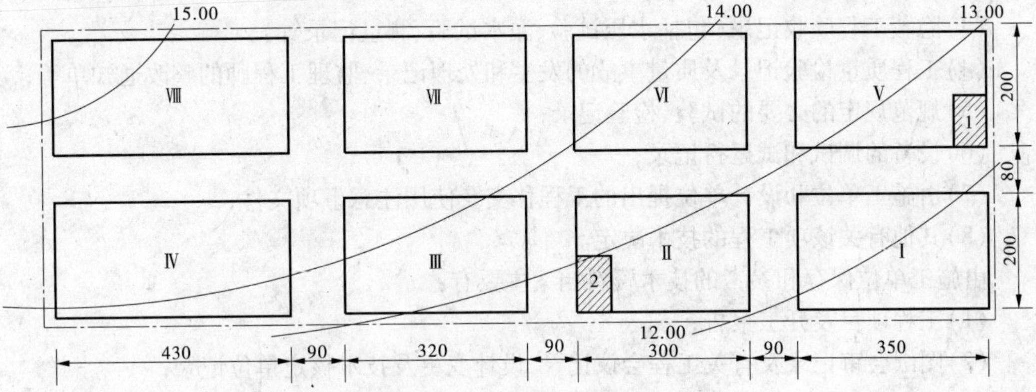

图 12-2 某城镇居住区街区平面图 (单位:m)

第十三章　给水排水管网技术管理

学习目标：通过本章学习，应重点掌握管网技术管理需要的资料种类，熟悉给水管网检测与维护的常用方法，熟悉排水管道清通方法。

第一节　管网技术管理资料

管网技术管理资料主要是工程技术档案，是为了系统地积累施工技术资料，总结经验，并为各项管道工程交工使用、维护管理和改建扩建提供依据。因此，施工单位应从工程准备开始，就建立工程技术档案，汇集整理有关资料，并贯穿于整个施工过程，直到交工验收后结束。

工程技术档案的主要内容因保存单位不同可分为几部分。

提供给建设单位保存的技术资料主要有：

(1)竣工工程项目一览表；

(2)图纸会审记录，设计变更通知书，技术核定书及竣工图等；

(3)隐蔽工程验收记录(包括水压试验、灌水试验、测量记录等)；

(4)工程质量检验记录及质量事故的发生和处理记录、监理工程师的整改通知单等；

(5)规范规定的必要的试验、检验记录；

(6)设备的调试和试运行记录；

(7)由施工单位和设计单位提出的工程移交及使用注意事项文件；

(8)其他有关该项工程的技术决定。

由施工单位保存和参考的技术资料档案主要有：

(1)工程项目及开工报告；

(2)图纸会审记录及有关工程会议记录，设计变更及技术核定单位记录；

(3)施工组织设计和施工经验总结；

(4)施工技术、质量、安全交底记录及雨季施工措施记录；

(5)分部分项及单位工程质量评定表及重大质量、安全事故情况分析及其补救措施和处理文件；

(6)隐蔽工程验收记录及交竣工证明书；

(7)设备及系统试压、调试和试运行记录；

(8)规范要求的各种检验、试验记录；

(9)施工日记；

(10)其他有关施工技术管理资料及经验总结。

由监理公司、档案馆保存的资料，就不详细介绍。

作为供水部门日常维护管理还需要下列资料：

(1)管网平面图。图中表明管线、泵站、阀门、消火栓等的位置和尺寸,可根据城市大小,一个区或一条街道绘制一张平面图。

(2)管线详图。注明干管、支管和接户管的位置、直径、埋深以及阀门等的具体布置。

(3)管线穿越铁路、公路和河流的构筑物详图。

(4)阀门和消火栓记录资料。包括型号、安装年月、地点、口径、检修记录等。

(5)管道检漏、防腐及清洗记录。

工程技术档案是永久性保存文件,应严加管理,不能遗失和损坏。人员调动,必须办理交接手续。

第二节　给水管网的日常维护与检测

一、管网的检漏

检漏工作是降低管线漏水量、节约用水量,降低成本的重要措施。漏水量的大小与给水管网的材料质量、施工质量、日常维护工作、管网运行年限、管网工作压力等因素有关。管网漏水不仅会提高运行成本,还会影响附近其他设施的安全。

水管漏水的原因很多,如管网质量差或使用过久而破损;施工不良、管道接口不牢、管基沉陷、支座(支墩)不当、埋深不够、防腐不规范等;意外事故造成管网的破坏;维修不及时;水压过高等都会导致管网漏水。

检漏的方法有很多,如听漏法、直接观察法、分区检漏法等。

(一)听漏法

听漏法是常用的检漏方法,它是根据管道漏水时产生的漏水声或由此产生的震荡,利用听漏棒、听漏器以及电子检漏器等仪器进行管道检漏的测定。

听漏工作为了避免其他杂音的干扰,应选择在夜间进行。使用听漏棒时,将其一端放在地面、阀门或消火栓上,可从棒的另一端听到漏水声。这种方法与操作人员的经验有很大的关系。

半导体检漏仪则是比较好的检漏工具。它是一种音频放大器,利用晶体探头将地下漏水的低频振动转化为电信号,放大后即可在耳机里听到漏水声,也可从输出电表的指针摆动看出漏水的情况。检漏器的灵敏度很高,但杂音亦会放大,故而有时判断起来也有困难。

(二)直接观察法

直接观察法是从地面上观察管道的漏水迹象。遇到下列情况之一,可作为查找漏水点的依据:地面上有“泉水”出露,甚至呈明显的管涌现象;铺设时间不长的管道,管沟回填土如局部下塌速度比别处快;局部地面潮湿;柏油路面发生沉陷现象;管道上有青草局部茂盛处等。此方法简单易行,但比较粗略。

(三)分区检测法

把整个给水管网分成若干小区,凡与其他小区相通的阀门全部关闭,小区内暂停用水,然后开启装有水表的进水管上的阀门,如小区内的管网漏水,水表指针将会转动,由此可读出漏水量。查明小区内管道漏水后,可按需要逐渐缩小检漏范围。

检漏的方法多种多样,在工程实践中我们可以根据不同的情况,采取相应的检漏措施。

二、管道水压和流量测定

管网运行过程中为了更好地了解管网中运行参数的变化,通常需要对某些管道进行水压和流量测定。

(一)压力测定

在水流呈直线的管道下方设置导压管,注意导压管应与水流方向垂直。在导压管上安装压力表即可测出该管段水压值的大小。

(二)流量的测定

流量测定的设备较多,在此简单介绍3种。

(1)差压流量计。差压流量计基于流体流动的节流原理,利用液体经节流装置时产生的压力差实现流量的测定。它由节流装置、压差引导管和压差计3部分组成,节流装置是差压式流量计的测量元件,它装在管道里造成液体的局部收缩。

(2)电磁流量计。电磁流量计测量原理是基于法拉第电磁感应定律。即导电液体在磁场中作切割磁力线运动时,导体中产生感生电动势。测量流量时,液体流过垂直于流动方向的磁场,导电性液体的流动感应出一个与平均流速成正比的电压,因此要求被测流动流体要有最低限度的导电率,其感生电压信号通过两个与液体直接接触的电极检出,并通过电缆传送至放大器,然后转换为统一输出的信号。这种测量方式具有如下优点:测量管内无阻流检测件,因而无附加压力损失;由于信号在整个充满磁场的空间中形成,它是管道截面上的平均值,因此从电极平面至传感器上游端平面间所需直管段相对较短,长度为5倍的管径;只有管道衬里和电极与被测液体接触,因此只要合理选择电极及衬里材料,即可达到耐腐蚀、耐磨损的要求;传感器信号是一个与平均流速成精确线性关系的电动势;测量结果与液体的压力、温度、密度、黏度、电导率(不小于最低电导率)等物理参数无关,所以测量精度高,工作可靠。

(3)超声波流量计。超声波流量计是利用超声波传播原理测量圆管内液体流量的仪器。探头(换能器)贴装在管壁外侧,不与液体直接接触,其测量过程对管路系统无任何影响,使用非常方便。

仪表分为探头和主机两部分。使用时将探头贴装在被测管路上,通过电缆与主机连接。使用键盘将管路及液体参数输入主机,仪表即可工作。PCL型超声波流量计采用先进的“时差”技术,高精度地完成电信号的测量,以独特的技术完成信号的全自动跟踪、雷诺数及温度自动补偿。电路设计上充分考虑了复杂的现场,从而保证了仪表的精度、准确、可靠性。

第三节　给水管道的防腐与修复

管道外部直接与大气和土壤接触,将产生化学和电化腐蚀。为了避免和减少这种腐蚀,与空气接触的管道外部可涂刷防腐涂料,对埋地管道可设置防腐绝缘层或进行电化保护。

一、管道防腐

(一)涂料防腐

涂料俗称“油漆”,是指以天然和植物油为主体所组成的混合液体,随着化学工业的不断发展,油漆中的油料部分或全部被合成树脂所取代,所以再叫油漆已不够准确,现称为有机涂料,简称涂料。

1. 管道表面的处理

管道表面往往有锈层、油类、旧漆膜、灰尘等,涂漆前对管道表面要进行很好地处理,否则就会影响漆膜的附着力,使新涂的漆膜很快脱落,达不到防腐的目的。

(1)手工处理。用刮刀、锉刀、钢丝刷或砂纸等将管道表面的锈层、氧化皮、铸砂等除掉。

(2)机械处理。采用机械设备处理管道表面或用压缩空气喷石英砂(喷砂法)吹打管道表面的锈层、氧化皮、铸砂等污物并将其除掉。喷砂法比手工操作和机械设备处理效果好,管道表面经喷打后呈粗糙状,能增强漆膜的附着力。

(3)化学处理。用酸洗法清除管道表面的锈层、氧化皮。采用浓度为10%~20%,温度为18~60 ℃的稀硫酸溶液,浸泡管道15~60 min。为了酸洗时不损害管道,在酸溶液中加入缓蚀剂。酸洗后要用清水洗涤,并用5%的碳酸钠溶液进行中和,然后用热水冲洗。

(4)旧漆膜的处理。在旧漆膜上重新涂漆时,可视旧漆膜的附着情况,确定是否全部清除或部分清除。如旧漆膜附着很好,刮不掉,可不必清除;如旧漆膜附着不好,必须全部清除重新涂刷。

2. 涂料施工

涂料施工的程序:第一层底漆或防锈漆,直接涂在管道的表面上与管道表面紧密结合,是整个涂层的基础,它起到防锈、防腐、防水、层间结合的作用;第二层面漆(调合漆或磁漆),是直接暴露在大气表面的防护层,施工应精细,使管道获得所需要的彩色;第三层罩光清漆,有时为了增强涂层的光泽和耐腐蚀能力等,常在面漆上面再涂一层或几层罩光漆。

涂漆方法应根据施工的要求、涂料的性能、施工条件、设备情况进行选择。涂漆方法的选择将影响漆膜的色彩、光亮度、使用寿命。常用的涂漆方法有手工涂刷、空气喷涂等。目前,涂漆的方法是以机械化、自动化逐步代替手工操作,特别是涂料工业正朝着有机高分子合成材料方向发展。涂漆方式及设备也必须朝着节约涂料,提高劳动生产率,改善操作条件,清除操作人员职业病的方向努力革新。

(二)埋地管道的防腐

目前,我国埋地管道的防腐,主要是采用沥青绝缘防腐,埋地管道沥青绝缘防腐层结构见表13-1。对一些腐蚀性高的地区或重要的管线也可采用电化保护防腐措施。埋地管道在穿越铁路、公路、河流、盐碱沼泽地、山洞等地段时一般采用加强防腐,穿越电气铁路的管道需采用特加强防腐。

表 13-1　埋地管道沥青绝缘防腐层结构

防腐措施	防腐层结构	每层沥青厚度（mm）	总厚度不小于（mm）
普通防腐	沥青底漆—沥青 3 层、中间夹玻璃布 2 层—塑料布	2	6
加强防腐	沥青底漆—沥青 4 层、中间夹玻璃布 3 层—塑料布	2	8
特加强防腐	沥青底漆—沥青 5 层或 6 层、中间夹玻璃布 4 层或 5 层—塑料布	2	10 或 12

沥青底漆(冷底子油):为增强沥青和管道表面的黏结力,在涂沥青绝缘层前需先刷一层沥青底漆。它是用和沥青绝缘层同类的沥青及不含铅的车用汽油或工业溶剂汽油按 1:(2.5 ~3.0)(体积比)的比例调配而成,其比重为 0.8 ~0.82。

沥青:管道绝缘防腐用沥青一般是石油建筑沥青或专用石油沥青,都属于低蜡沥青,含蜡在 3% 以下。为了提高沥青的强度也可采用矿物填料(石灰石粉、高岭土、滑石粉等)的办法,沥青绝缘层应具有热稳定性、足够的强度和耐寒性。

玻璃布:为沥青绝缘层中间加强包扎材料,可提高绝缘层强度和稳定性。用于管道绝缘防腐的玻璃布,有无纺布、定长纤维布,目前多采用连续长纤维布,要求玻璃布含碱量为 12% 左右(中碱性)。

塑料布:为沥青绝缘层的外包材料,可增强绝缘层的强度、热稳定性、耐寒性,防止绝缘层机械损伤和日晒变形。目前均采用聚氯乙烯工业或农业用薄膜。为了适应冬季施工的需要,可采用地下管道绝缘防腐专用聚氯乙烯薄膜。

施工步骤与方法:

(1)管道表面除锈和去污。

(2)将管道架起,将调配好的冷底子油在 20 ~30 ℃时,用漆刷涂刷在除锈后的管道表面上。涂层要均匀,厚度为 0.1 ~0.15 mm。

(3)将调配好的沥青玛瑺脂,在 60 ℃以上时用专用设备向管道表面浇洒,同时管子以一定的速度旋转,浇洒设备沿管线移动,在管子表面均匀浇上一层沥青玛瑺脂。

(4)若浇洒沥青玛瑺脂设备能起吊、旋转,宜在水平浇洒沥青玛瑺脂后,再用漆刷平摊开来;如不能,则只能用漆刷涂刷沥青玛瑺脂。

(5)最内层的沥青玛瑺脂,采用人工或半机械化涂刷时,应分两层,每层厚度 1.5 ~2.0 mm,涂层应均匀、光滑。

(6)用矿棉纸油毡或浸有冷底子油的玻璃丝布制成的防水卷材,应呈螺旋形缠绕在热沥青玛瑺脂层上,相互搭接的压头宽度不小于 50 mm,卷材纵向搭接长度为 80 ~100 mm,并用热沥青玛瑺脂将接头黏合。

(7)缠包牛皮纸或缠包没有涂冷底子油的玻璃丝布时,每圈之间应有 15 ~20 mm 的搭边,前后搭接长度不得小于 100 mm,接头处用冷底子油或热沥青玛琋脂黏合。

(8)当管道外壁做特加强防腐层时,两道防水卷材宜反向缠绕。

(9)涂抹热沥青玛琋脂时,其温度应保持在 160 ~ 180 ℃,当施工环境温度高于 30 ℃时,其温度可降至 150 ℃。

(10)普通、加强和特加强防腐层的最小进取厚度分别为 3、6 mm 和 9 mm,其厚度偏差分别为 -0.3、-0.5 mm 和 -0.5 mm。

二、刮管涂料

输水管如事先没有做内衬,运行一定时间后管道内壁就会产生锈蚀并结垢,有时甚至可使管径缩小 1/2 以上,极大地影响了送输水的能力且造成水有铁锈味或出现黑水,使水质变坏,严重时不能饮用。为恢复其输水能力,改善水质,就需根据结垢情况进行管线清垢工作。

(一)人工清管器

对小口径(*DN*50 mm 以下)水管内的结垢清除,如结垢松软,一般用较大压力的水对管道进行冲洗。如管道管径稍大(*DN*75 ~ 400 mm)、结垢为坚硬沉淀物时,就需要用由拉耙、盆形钢丝轮、钢丝刷等组成的清管器,用 0.5 t 的卷扬机和钢丝绳在管道内将其来回拖动,把结垢铲除,再用清水冲洗干净,最后放入钝化液,使管壁形成钝化膜,这样既达到除垢目的又延长了管道的使用寿命。

(二)电动刮管机

对于口径在 *DN*500 mm 以上的管道可用电动刮管机。刮管机主要由密封防水电机、齿轮减速装置、链条、榔头及行走动力机构组成。它通过旋转的链条带动榔头锤击管壁,把垢体击碎下来。

整个刮管涂料的工序包括刮管、除垢、冲洗、排水喷涂等 5 道工序,通常由配套的刮管机、除垢机、冲洗机、喷浆机以及其他的辅助设备来完成。

施工时,要求管道在相距 200 ~ 400 mm 直管处开挖工作坑,作为机械进出口。涂料采用水泥砂浆,只要管壁无泥巴、无积垢、管内无大片积水区,即可进行。

以上刮管加衬方法,特点是不用大面积挖沟就能分段把水管清理干净,大大地恢复输水能力,减小了水头阻力。砂浆层呈环状附着在管壁上,有相当的耐压力,当管外壁已锈蚀有微小穿孔时,砂浆层仍完好无损,可照常输送 0.3 MPa 的有压水。

(三)聚氨酯和橡皮刮管器

一种用聚氨酯做成的刮管器,外形像一枚炸弹,在其表面镶嵌有若干个钢制钉头,它不用钢丝绳拖拉,用发射器送入管中仅靠刮管器前后压差就可推动刮管器前进,同时表面的铁钉将结垢除下来;还有一种用铁骨架外包环状硬橡皮轮,也是用发射器将其送入管内,自己往前走把垢清除掉,它的特点是刮管器内装有警报信息装置,它在管内走到哪里在地面上用接收器即可知道,即使卡在管中也很容易探测到方位,以便采取相应的措施进行处理。

凡结垢清理完毕的管道必须做衬里,否则其锈蚀速度比原来发展更快。对小口径的地下管道,如果想在地下涂水泥砂浆比较困难,而用聚氨酯或其他无毒塑料制成的软管做成衬里则可以一劳永逸。其方法是:将软管送入清洗完的管道中,平拉铺直,然后利用原来的管道上的出水口,例如接用户卡子或者消火栓等作为排气口。此时要设法向软管内冲水,同时把卡子或消火栓打开排出管壁与软管之间的空气,注意向软管灌水与打开消火栓等排气要同时进行,这时软管就会撑起,很好地贴在管壁上,这样原来的管道就相当于外壁是钢或铸铁内镶塑料的复合管道。

三、水质管理

给水管道的水质管理是整个给水系统管理的重要内容,因为它直接关系到人民的身体健康和工业产品的质量。符合饮用水标准的水进入管网要经过长距离输送到达用户,如果管网本身管理不善,造成二次污染,将难以满足用户对水质的要求,甚至可能导致饮用者患病乃至死亡、产品不合格等重大事故。所以,加强给水管道管理,是保证水质的重要措施。

(一)影响给水管道水质变化的主要因素

给水管道系统中的化学和生物的反应给水质带来不同程度的影响,导致管道内水质二次污染的主要因素有水源水质、给水管道的渗漏、管道的腐蚀和管壁上金属的腐蚀、储水设备中残留或产生的污染物质、消毒剂与有机物和无机物质间的化学反应产生的消毒副产物、细菌的再生长和病原体的寄生、由悬浮物导致的混浊度等。另一方面水在管道中停留的时间过长也是影响水质的又一主要原因。在管道中,可以从不同的水源通过不同的时间和管线路径将水输送给用户,而水的输送时间与管道内水质的变化有着密切的关系。

给水管道系统内的水受外界的影响产生的二次污染也不能忽视。由于管道漏水、排水管或排气阀损坏,当管道降压或失压时,水池废水、受污染的地下水等外部污水均有可能倒流入管道,待管道升压后就送到用户;用户蓄水的屋顶水箱或其他地下水池未定期清洗,特别是人孔未盖严致使其他污物进入水箱或水池;管道与生产供水管道连接不合理;管道错接等原因可引起局部或短期水质恶化或严重恶化。

在卫生部颁发的《生活饮用水水质卫生规范》和《生活饮用水配水设备及防护材料卫生安全评价规范》中,规定供水单位必须负责检验水源水、净化构筑物出水、出厂水和管网水的水质,应在水源、出厂水和居民经常用水点采样。城市供水管网的水质检验采样点数,一般应按每两万供水人口设一个采样点计算。供水人口超过100万时,按上述比例计算出的采样点数可酌量减少。人口在20万以下时,应酌量增加。在全部采样点中应有一定的点数,选在水质易受污染的地点和管网系统陈旧部分供水区域。在每一采样点上每月采样检验应不少于两次,细菌学指标、浑浊度和肉眼可见物为必检项目。其他指标可根据当地水质情况和需要选项。对水源水、出厂水和部分有代表性的管网末端水,至少应每半年进行一次常规检验项目全分析。当检测指标连续超标时,应查明原因,采取有效措施,防止对人体健康造成危害。凡与饮用水接触的输配水设备、水处理材料和防护材料,均不得污染水质,出水水质必须符合《生活饮用水水质卫生规范》的要求。

水在加氯消毒后,氯与管材发生反应,特别是在老化和没有保护层的铸铁管和钢管中,由于铁的腐蚀或者生物膜上的有机质氧化,会消耗大量的氯气,管道中的氯量会产生一定的损失。此类反应的速率一般很高，氯的半衰期会减少到几小时，并且它随着管道的使用年数增长和材料的腐蚀而不断加剧。

氯化物的衰减速度比自由氯要慢一些，但同样也会产生少量的氯化副产生物。但是，在一定的 pH 值和氯氨存在的条件下，氯氨的分解会生成氮，可能会导致水的富营养化。目前已经有方法来处理管道系统中氯损失率过大的问题。首先，可以使用一种更加稳定的化合型消毒物质，例如氯化物；其次，可以更换管道材料和冲洗管道；第三，通过运行调度减少水在管道系统中的滞留时间，消除管道中的严重滞留管段；第四，降低处理后水中有机化合物的含量。

管道腐蚀会带来水的金属味、帮助病原微生物的滞留、降低管道的输水能力，并最终导致管道泄漏或堵塞。管道腐蚀的种类主要有：衡腐蚀、凹点腐蚀、结节腐蚀、生物腐蚀等。

许多物理、化学和生物因素都会影响到腐蚀的发生和腐蚀速率。在铁质管道中，水在停滞状态下会促使结节腐蚀和凹点腐蚀的产生和加剧。一般来说，所有的化学反应，腐蚀速率都会随着温度的提高而加快。但是，在较高的温度下，钙会在管壁上形成一层保护膜。pH 值较低时会促进腐蚀，当水中 $pH<5$ 时，铜和铁的腐蚀都相当快。当 $pH>9$ 时，这两种金属通常都不会被腐蚀。当 $pH=5\sim9$ 时，如果在管壁上没有防腐保护层，腐蚀就会发生。碳酸盐和重碳酸盐碱度为水中 pH 值的变化提供了缓冲空间，它同样也会在管壁上形成一层碳酸盐保护层，并防止水泥管中钙的溶解。溶解氧和可溶解的含铁化合物发生反应形成可溶性的含铁氢氧化物。这种状态的铁就会导致结节的形成及铁锈水的出现。所有可溶性固体在水中表现为离子的聚合体，它会提高导电性及电子的转移，因此会促进电化腐蚀。硬水一般比软水的腐蚀性低，因为会在管壁上形成一层碳酸钙保护层。氧化铁细菌会产生可溶性的含铁氢氧化物。

一般有 3 种方法可以控制腐蚀：调整水质、涂衬保护层和更换管道材料。调整 pH 值是控制腐蚀最直接的形式，因为它直接影响到电化腐蚀和碳酸钙的溶解，也会直接影响混凝土管道中钙的溶解。

（二）给水管道的水质控制

保证给水管道的水质也是给水管网调度和管理工作的重要任务之一。随着人们对水污染以及污染水对人体的危害认识的逐步提高，人们希望从管网中得到优质的用水。近年来，用户对给水水质的投拆也越来越多，促使供水企业对给水管道水质的管理逐步加强。为保护给水管道正常的水量或水质，除了对出厂水质严格把关外，目前主要采取以下措施进行控制：

（1）通过给水栓、消火栓和放水管，定期冲排管道中停滞时间过长的“死水”；

（2）及时检漏、堵漏，避免管道在负压状态下受到污染；

（3）对离水厂较远的管线，若余氯不能保证，应在管网中途加氯，以提高管网边缘地区的余氯浓度，防止细菌繁殖；

（4）长期未用的管线或管线末端，在恢复使用时必须冲洗干净；

（5）定期对金属管道清垢、刮管和衬涂内壁，以保证管网输水能力和水质洁净；

（6）无论在新敷管线竣工后还是旧管线检修后均应冲洗消毒。消毒之前先用高速水流冲洗水管，然后用20~30 mg/L的漂白粉溶液浸泡24 h以上，再用清水冲洗，同时连续测定排出水的浊度和细菌，直到合格为止；

(7)长期维护与定期清洗水塔、水池以及屋顶高位水箱，并检验其贮水水质；

(8)用户自备水源与城市管网联合供水时，一定要有可靠的隔离措施；

(9)在管网的运行调度中，重视管道内的水质检测，发现问题及时采取有效措施予以解决。

第四节 排水管渠清淤及维护

排水管渠在建成通水后，为保证其正常工作，必须经常进行养护和管理。排水管渠内常见的故障有：污物淤塞管道；过重的外荷载、地基不均匀沉陷或污水的浸蚀作用，使管渠损坏、裂缝或腐蚀等。

管理养护的任务是：①验收排水管道；②监督排水管渠使用规则的执行；③经常检查、冲洗或清通排水管渠，以维持其通水能力；④修理管渠及其构筑物，并处理意外事故等。

排水管渠系统的管理养护工作，一般由城市建设机关专设部门(如养护工程管理处)领导，按行政区划设养护管理所，下设若干养护工程队(班)，分片负责。整个城市排水系统的管理养护组织一般可分为管渠系统、排水泵站和污水厂3部分。工厂内的排水系统，一般由工厂自行负责管理和养护。在实际工作中，管渠系统的管理养护应实行岗位责任制，分片包干，以充分发挥养护人员的积极性。同时，可根据管渠中污物沉积可能性的大小，划分成若干养护等级，以便对其中水力条件较差，排入管渠的脏物较多，易于淤塞的管渠段，给予重点养护。实践证明，这样可大大提高养护工作的效率，是保证排水管渠系统全线正常工作的行之有效的办法。

一、排水管渠的清通

管渠系统管理养护经常性的和大量的工作是清通排水管渠。在排水管渠中，往往由于水量不足，坡度较小，污水中污物较多或施工质量不良等原因而发生沉淀、淤积。淤积过多将影响管渠的通水能力，甚至使管渠堵塞。因此，必须定期清通。清通的方法主要有水力方法和机械方法两种。

(一)水力清通

水力清通方法是用水对管道进行冲洗。可以利用管道内的污水自冲，也可利用自来水或河水冲洗。用管道内的污水自冲时，管道本身必须具有一定的流量，同时管内淤泥不宜过多(20%左右)。用自来水冲洗时，通常从消防龙头或街道集中给水栓取水，或用水车将水送到冲洗现场，一般在街区内的污水支管，每冲洗一次需水2~3 m^3。

图13-1所示为水力清通方法操作示意图。首先用一个一端由钢丝绳系在绞车上的橡胶气塞或木桶橡胶刷堵住检查井下游管段的进口，使检查井上游管段充水。待上游管中水充满并在检查井中水位抬高至1 m左右以后，突然放走气塞中部分空气，使气塞缩小，气塞便在水流的推动下往下游浮动而刮走污泥，同时水流在上游较大水压作用下，以较大的流速从气塞底部冲向下游管段。这样，沉积在管底的淤泥便在气塞和水流的冲刷

作用下排向下游检查井,管道本身则得到清洗。

污泥排入下游检查井后,可用吸泥车抽吸运走。吸泥车的形式有:装有隔膜泵的吸泥车、装有真空泵的真空吸泥车和装有射流泵的射流泵式吸泥车。有些城市采用水力冲洗车进行管道的清通。这种冲洗车由半拖挂式的大型水罐、机动卷管器、消防水泵、高压胶管、射水喷头和冲洗工具箱等部分组成。

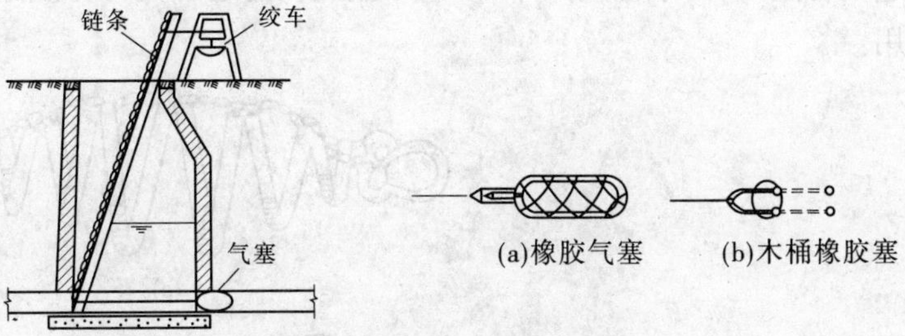

图 13-1　水力清通示意图

目前,生产中使用的水力冲洗车的水罐容量为 $1.2 \sim 8.0\ m^3$,高压胶管直径为 25 ~ 32 mm,喷头喷嘴有 1.5 ~ 8.0 mm 等多种规格,射水方向与喷头前进方向相反,喷射角为 15°、30°或 35°;消耗的喷射水量为 200 ~ 500 L/min。

水力清通方法操作简便,工效较高,工作人员操作条件较好,目前已得到广泛采用。根据我国一些城市的经验,水力清通不仅能清除下游管道 250 m 以内的淤泥,而且在 150 m 左右上游管道中的淤泥也能得到相当程度的刷清。当检查井的水位升高到 1.20 m 时,突然松塞放水,不仅可清除污泥,而且可冲刷出沉在管道中的碎砖石。但在管渠系统脉脉相通的地方,当一处用上了气塞后,此处的管渠被堵塞了,由于上游的污水可以流向别的管段,无法在该管渠中积存,气塞也就无法向下游移动,此时只能采用水力冲洗车或从别的地方运水来冲洗,消耗的水量较大。

(二)机械清通

当管渠淤塞严重,淤泥已黏结密实,水力清通的效果不好时,需要采用机械清通方法。图 13-2 所示为机械清通的操作情况。首先用竹片穿过需要清通的管渠段,竹片一端系上钢丝绳,绳上系住清通工具的一端。在清通管渠段两端检查井上各设一架绞车,当竹片穿过管渠段后将钢丝绳系在一架绞车上,清通工具的另一端通过钢丝绳系在另一架绞车上。然后利用绞车往复绞动钢丝绳,带动清通工具将淤泥刮至下游检查井内,使管渠得以清

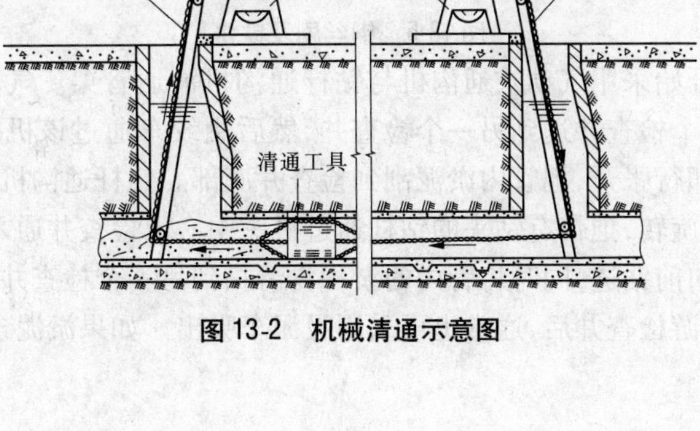

图 13-2　机械清通示意图

通。绞车的动力可以是手动，也可以是机动，例如以汽车引擎为动力。

机械清通工具的种类繁多，按其作用分有耙松淤泥的骨骼形松土器（见图 13-3）；有清除树根及织物等沉淀物的弹簧刀和锚式清通器（见图 13- 4）和有利于刮泥的清通工具，如胶皮刷、铁畚箕、钢丝刷及铁牛（见图 13-5）等。清通工具的大小应与管道管径相适应，当淤泥数量较多时，可先用小号清通工具，待淤泥清除到一定程度后再用与管径相适应的清通工具。清通大管道时，由于检查井井口尺寸的限制，清通工具可分成数块，在检查井内拼合后再使用。

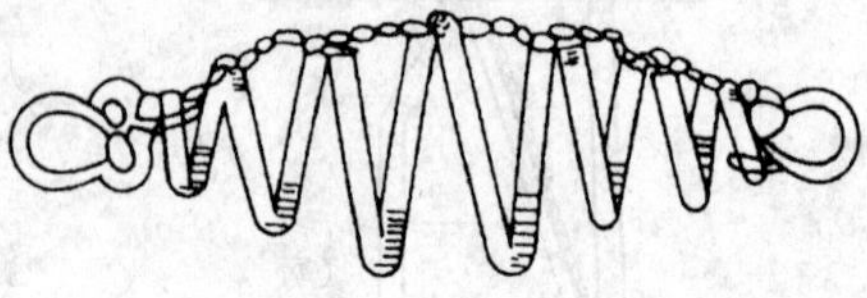

(a)

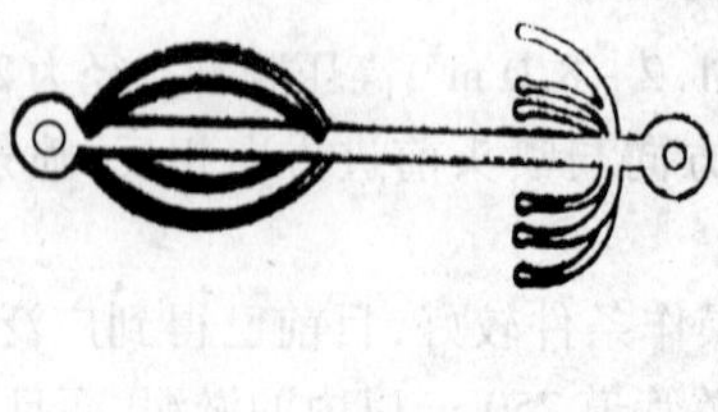

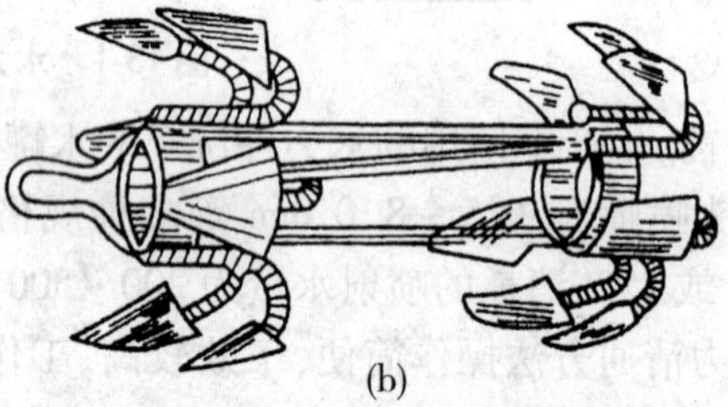

(b)

图 13-3　骨骼形松土器　　图 13-4　弹簧刀及锚式清通器

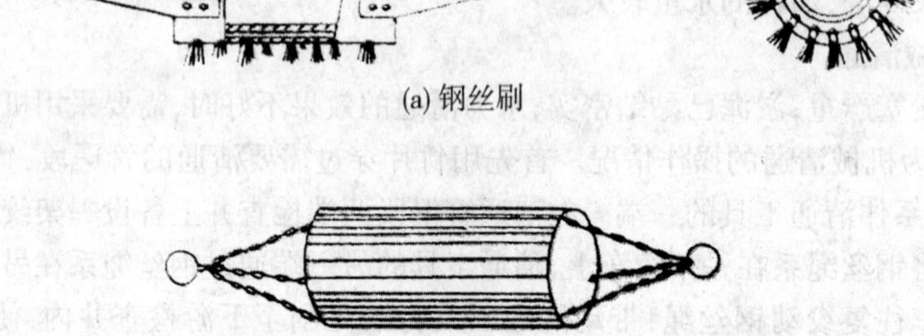

(a) 钢丝刷

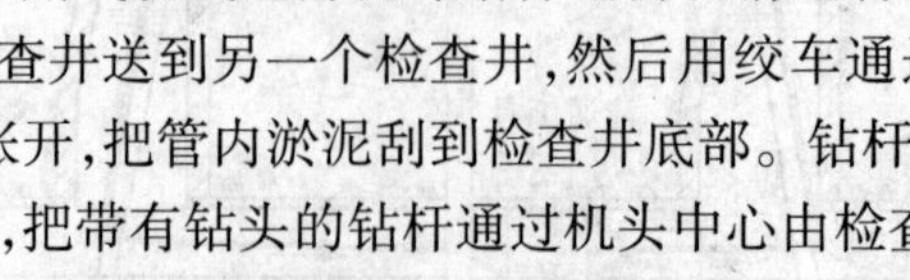

(b) 铁牛

图 13-5　钢丝刷及铁牛

近年来，国外开始采用气动式通沟机与钻杆通沟机清通管渠。气动式通沟机借压缩空气把清泥器从一个检查井送到另一个检查井，然后用绞车通过该机尾部的钢丝绳向后拉，清泥器的翼片即行张开，把管内淤泥刮到检查井底部。钻杆通沟机是通过汽油机或汽车引擎带动一机头旋转，把带有钻头的钻杆通过机头中心由检查井通入管道内，机头带动钻杆转动，使钻头向前钻进，同时将管内的淤积物清扫到另一个检查井中。

淤泥被刮到下游检查井后，通常也可采用吸泥车吸出。如果淤泥含水率低，可采用抓泥车挖出，然后由汽车运走。

排水管渠的养护工作必须注意安全。管渠中的污水通常能析出硫化氢、甲烷、二氧化碳等气体，某些生产污水能析出石油、汽油或苯等气体，这些气体与空气混合能形成爆炸性气体。煤气管道失修、渗漏也能导致煤气逸入管渠中造成危险。如果养护人员下井，除应有必要的劳保用具外，下井前必须先将安全灯放入井内，如有有害气体，由于缺氧，灯将熄灭。如有爆炸性气体，灯在熄灭前会发出闪光。在发现管渠中存在有害气体时，必须采取有效措施排除，例如将相邻两检查井的井盖打开一段时间，或者用抽风机吸出气体。排气后要进行复查。即使确认有害气体已被排除，养护人员下井时也应有适当的预防措施，例如在井内不得携带有明火的灯，不得点火或抽烟，必要时可戴上附有气袋的防毒面具，穿上系有绳子的防护腰带，井上留人，以备随时给予井下人员以必要的援助。

二、排水管渠的修理

系统地检查管渠的淤塞及损坏情况，有计划地安排管渠的修理，是养护工作的重要内容之一。当发现管渠系统有损坏时，应及时修理，以防损坏处扩大而造成事故。管渠的修理有大修与小修之分，应根据各地的经济条件来划分。修理内容包括检查井、雨水口顶盖等的修理与更换；检查井内踏步的更换，砖块脱落后的修理；局部管渠损坏后的修补；由于出户管的增加需要添建的检查井及管渠；或由于管渠本身损坏严重、淤塞严重，无法清通时所需的整段开挖翻修。

当进行检查井的改建、新建或整段管渠翻修，需要切断污水的流通时，应采取措施，如安装临时水泵将污水从上游检查井抽送到下游检查井，或者临时将污水引入雨水管渠中。修理项目应尽可能在短时间内完成，如能在夜间进行更好。在需时较长时，应与有关交通部门取得联系，设置路障，夜间应挂红灯。

三、排水管道渗漏检测

排水管道的渗漏主要用闭水试验来检测，闭水试验的方法是先将两排水检查井间的管道封闭，封闭的方法可用砖砌水泥砂浆或用木制堵板加止水垫圈。封闭管道后，从管道低的一端充水，目的是便于排除管道中的空气，直到排气管排水；关闭排气阀，再充水使水位达到水筒内所要求的高度，记录时间和计算水筒内的降水量，则可根据规范的要求判断管道的渗水量。

非金属污水管道闭水试验应符合下列规定：

(1)在潮湿土壤中，检查地下水渗入管中的水量，可根据地下水的水平线而定。地下水位超过管顶 2 ~4 m，渗入管中的水量不超过表 13-2 的规定；地下水超过管顶 4 m 以上，则每增加水头 1 m，允许多渗入水量 10%。

(2)在干燥土壤中，检查管道的渗出水量，其充水高度高出上游检查井内管顶高度 4 m，渗水不应大于表 13-2 中的规定。

(3)非金属污水管道的渗水试验时间不应小于 30 min。

表 13-2　1 000 m 长管道在一昼夜内允许渗入或渗出水量　（单位：m^3）

管径(mm)	<150	200	250	300	350	400	450	500	600
钢筋混凝土管、混凝土管或石棉水泥管	7.0	20	24	28	30	32	34	36	40
缸瓦管	7.0	12	15	18	20	21	22	23	23

小　结

1. 管网技术管理资料

管网技术管理资料主要是技术档案管理，工程技术档案是永久性保存文件，应严加管理，不能遗失和损坏。人员调动，必须办理交接手续。

2. 给水管网日常维护

主要是检漏、水质维护、管道防腐维修等内容。

3. 排水管网日常维护

排水管渠维护主要是清通、维修等内容。

思考题

1. 管道涂料防腐的施工步骤是什么？
2. 给水管道有哪些检漏方法？
3. 为避免管道内水质变坏，应采取哪些措施？
4. 排水管渠系统管理和维护的任务是什么？
5. 排水管道的清通方法有哪些？

附录

附录1　钢筋混凝土圆管(不满流 $n=0.014$)水力计算图

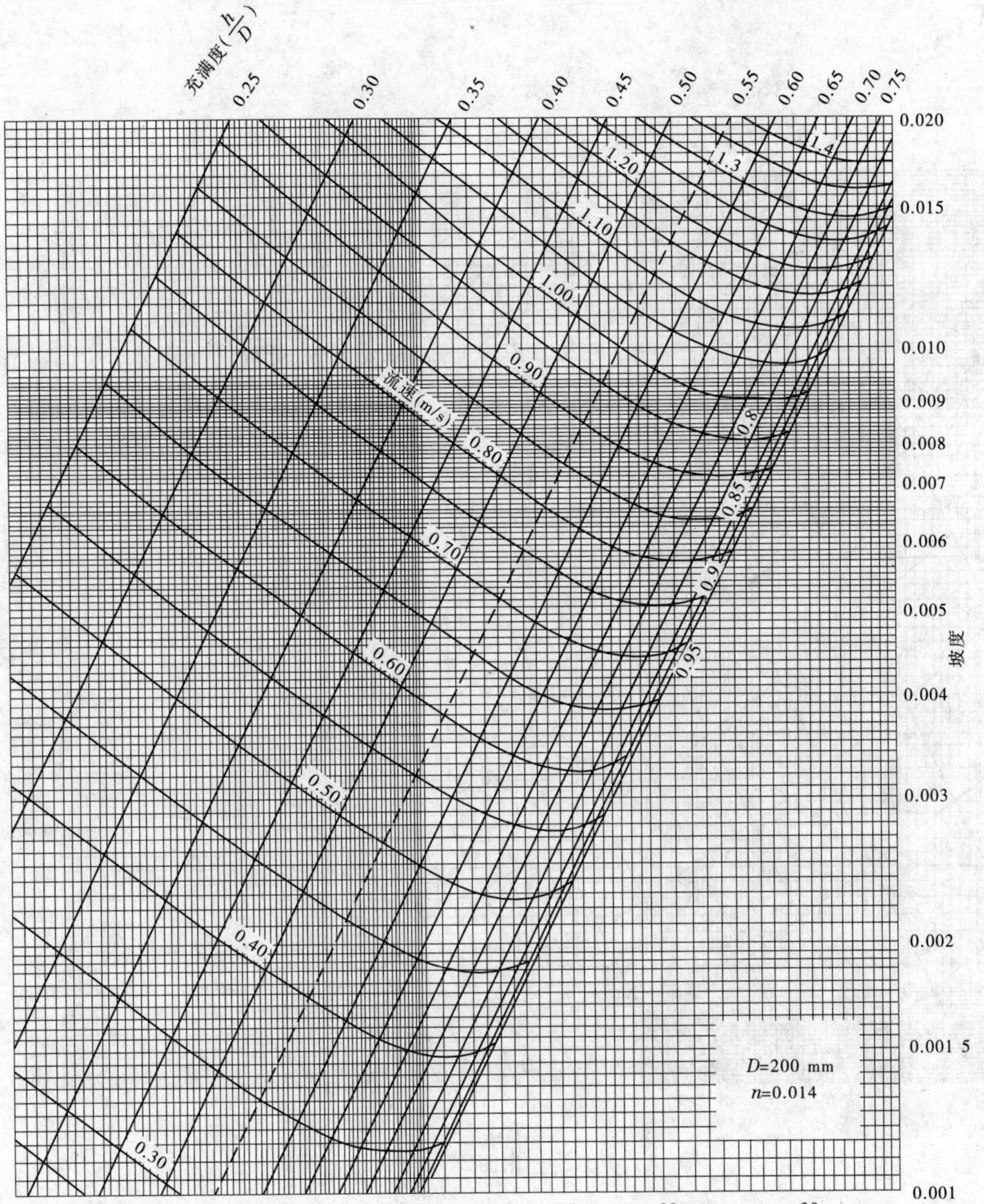

附图1

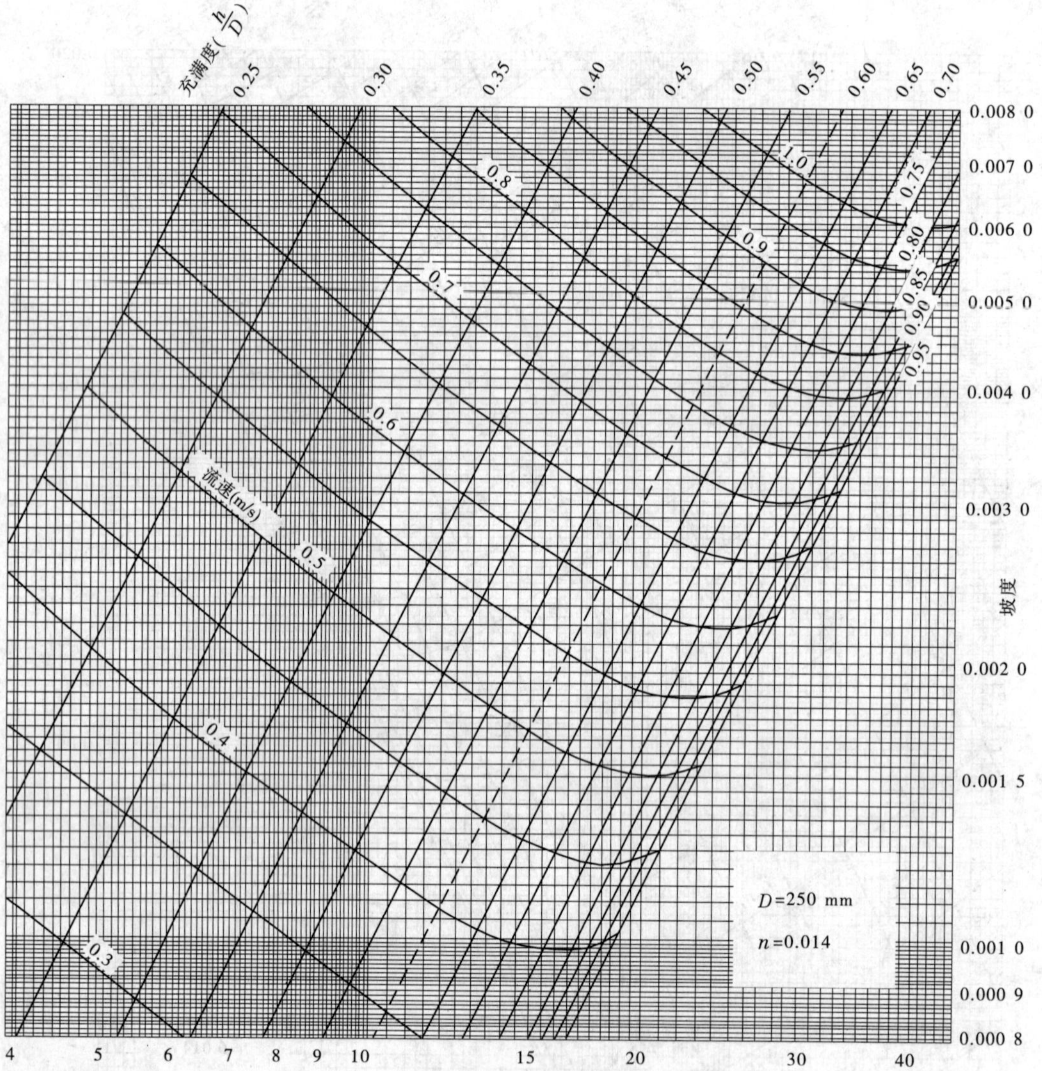
充满度($\frac{h}{D}$)
0.25
0.30
0.35
0.40
0.45
0.50
0.55
0.60
0.65
0.70
0.75
0.80
0.85
0.90
0.95
流速(m/s)
0.3
0.4
0.5
0.6
0.7
0.8
0.9
1.0
D=250 mm
n=0.014
坡度
0.008 0
0.007 0
0.006 0
0.005 0
0.004 0
0.003 0
0.002 0
0.001 5
0.001 0
0.000 9
0.000 8
4
5
6
7
8
9
10
15
20
30
40
流量(L/s)

附图 2

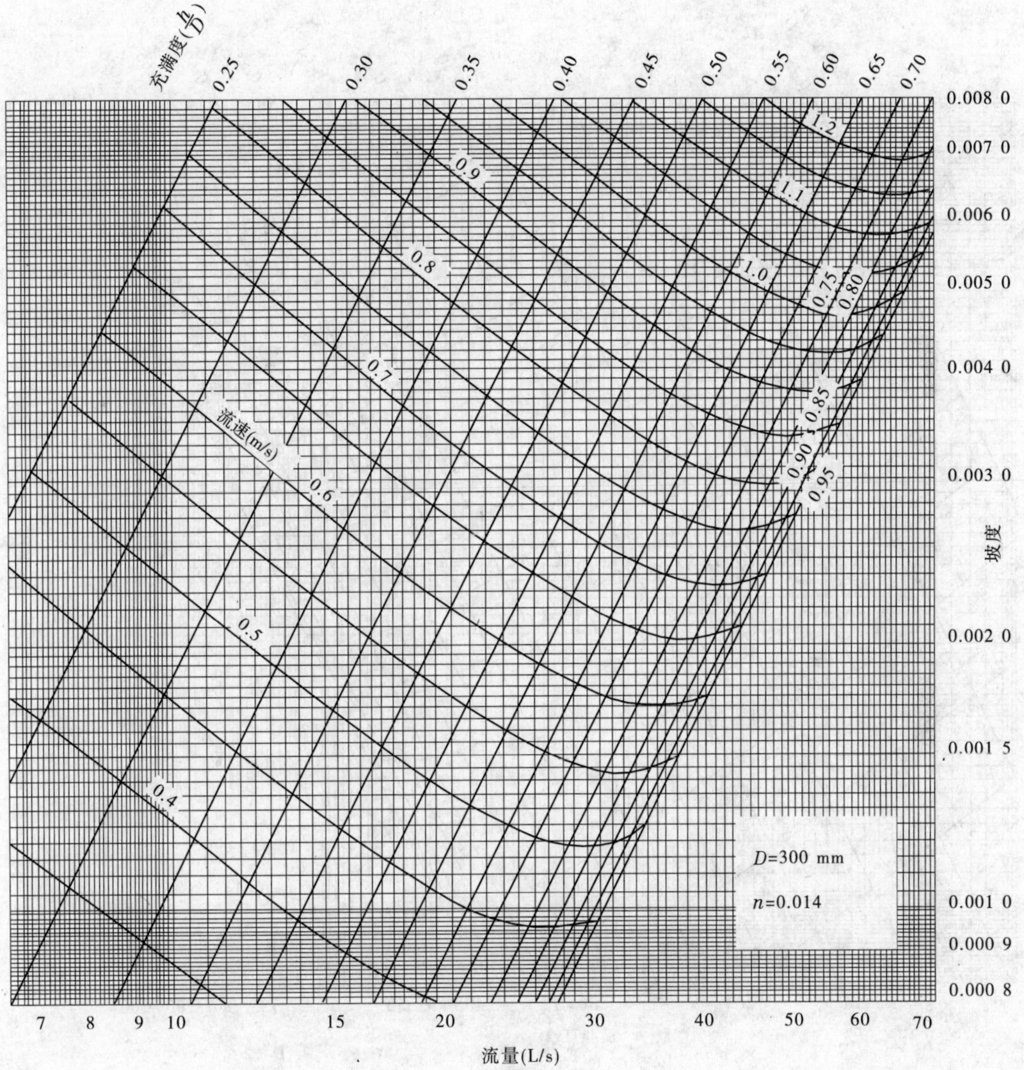
充满度(h/D)
0.25
0.30
0.35
0.40
0.45
0.50
0.55
0.60
0.65
0.70
0.75
0.80
0.85
0.90
0.95
流速(m/s)
0.4
0.5
0.6
0.7
0.8
0.9
1.0
1.1
1.2
0.008 0
0.007 0
0.006 0
0.005 0
0.004 0
0.003 0
0.002 0
0.001 5
0.001 0
0.000 9
0.000 8
坡度
7
8
9
10
15
20
30
40
50
60
70
流量(L/s)
D=300 mm
n=0.014

附图 3

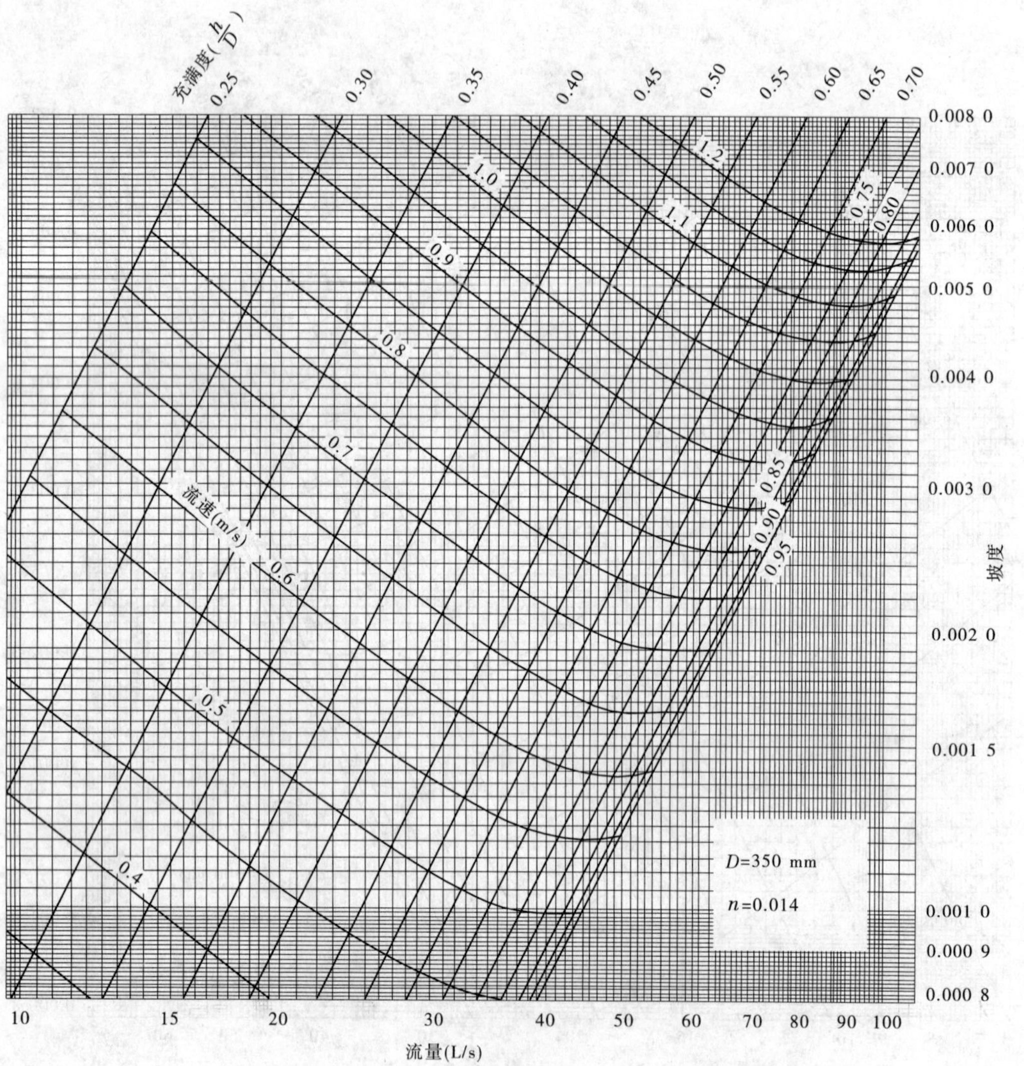

充满度($\frac{h}{D}$)
0.25
0.30
0.35
0.40
0.45
0.50
0.55
0.60
0.65
0.70
0.75
0.80
0.85
0.90
0.95
流速(m/s)
0.4
0.5
0.6
0.7
0.8
0.9
1.0
1.1
1.2
0.008 0
0.007 0
0.006 0
0.005 0
0.004 0
0.003 0
0.002 0
0.001 5
0.001 0
0.000 9
0.000 8
坡度
10
15
20
30
40
50
60
70
80
90
100
流量(L/s)
D=350 mm
n=0.014

附图 4

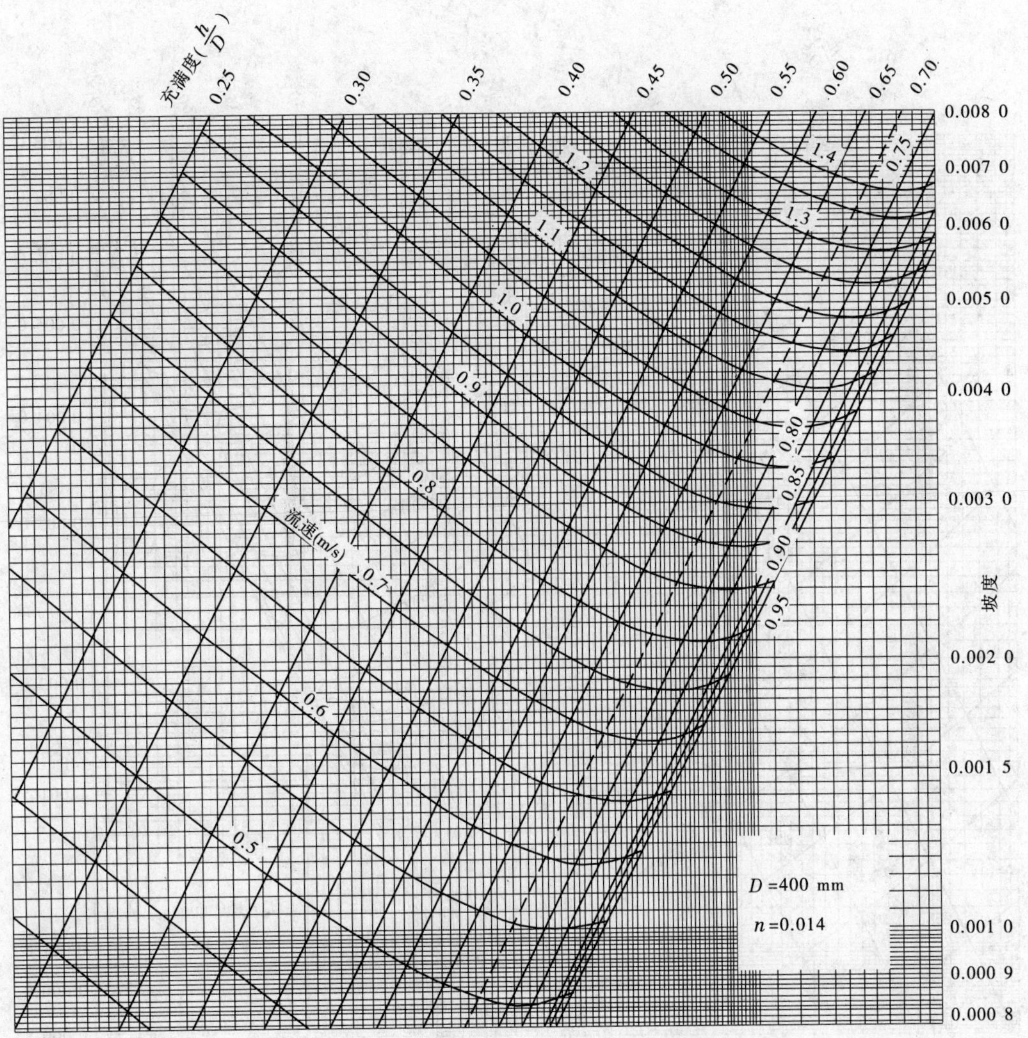
充满度($\frac{h}{D}$)
0.25
0.30
0.35
0.40
0.45
0.50
0.55
0.60
0.65
0.70
0.75
0.80
0.85
0.90
0.95
流速(m/s)
0.5
0.6
0.7
0.8
0.9
1.0
1.1
1.2
1.3
1.4
0.008 0
0.007 0
0.006 0
0.005 0
0.004 0
0.003 0
0.002 0
0.001 5
0.001 0
0.000 9
0.000 8
坡度
D =400 mm
n =0.014
15
20
30
40
50
60
70
80
90
100
150
流量(L/s)

附图5

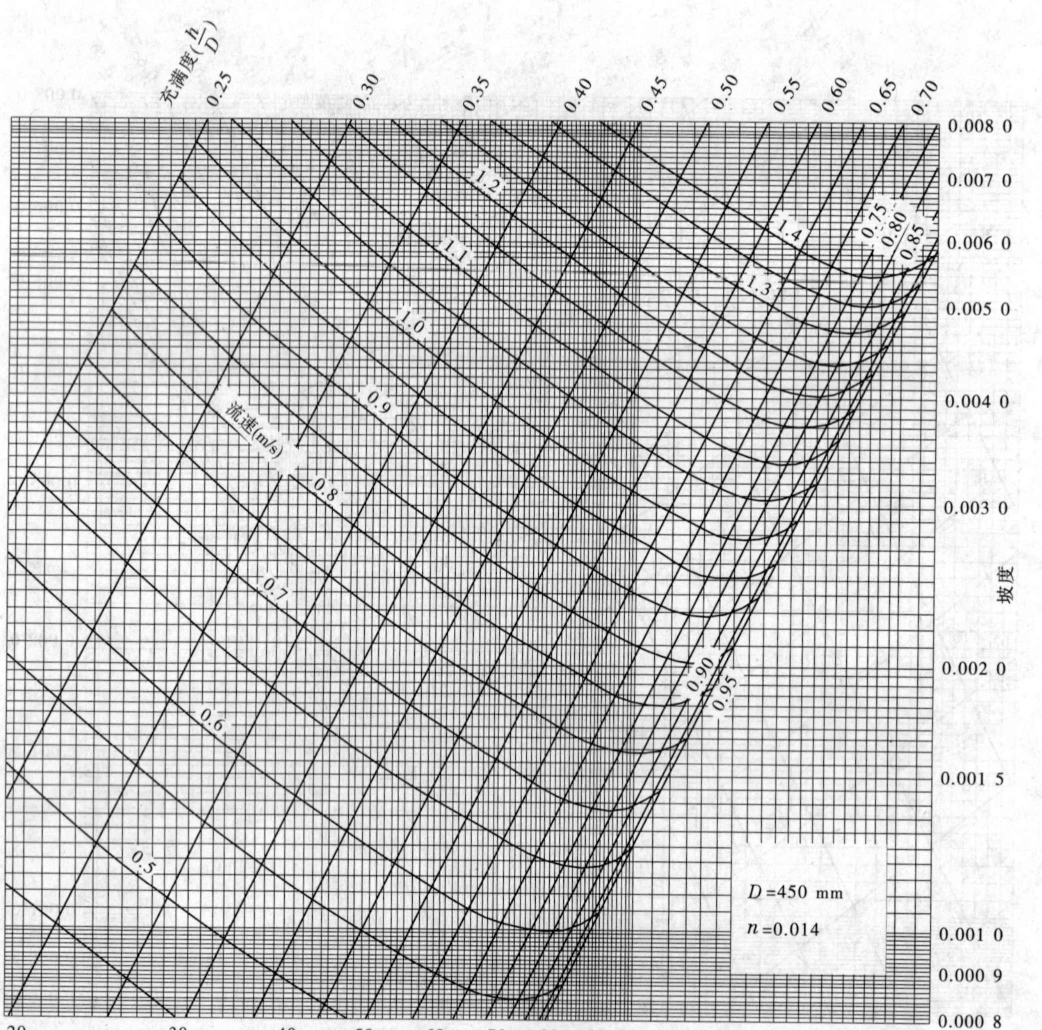

充满度($\frac{h}{D}$)
0.25
0.30
0.35
0.40
0.45
0.50
0.55
0.60
0.65
0.70
0.75
0.80
0.85
0.90
0.95
流速(m/s)
1.4
1.3
1.2
1.1
1.0
0.9
0.8
0.7
0.6
0.5
0.008 0
0.007 0
0.006 0
0.005 0
0.004 0
0.003 0
0.002 0
0.001 5
0.001 0
0.000 9
0.000 8
坡度
20
30
40
50
60
70
80
90
100
150
200
流量(L/s)
D=450 mm
n=0.014

附图 6

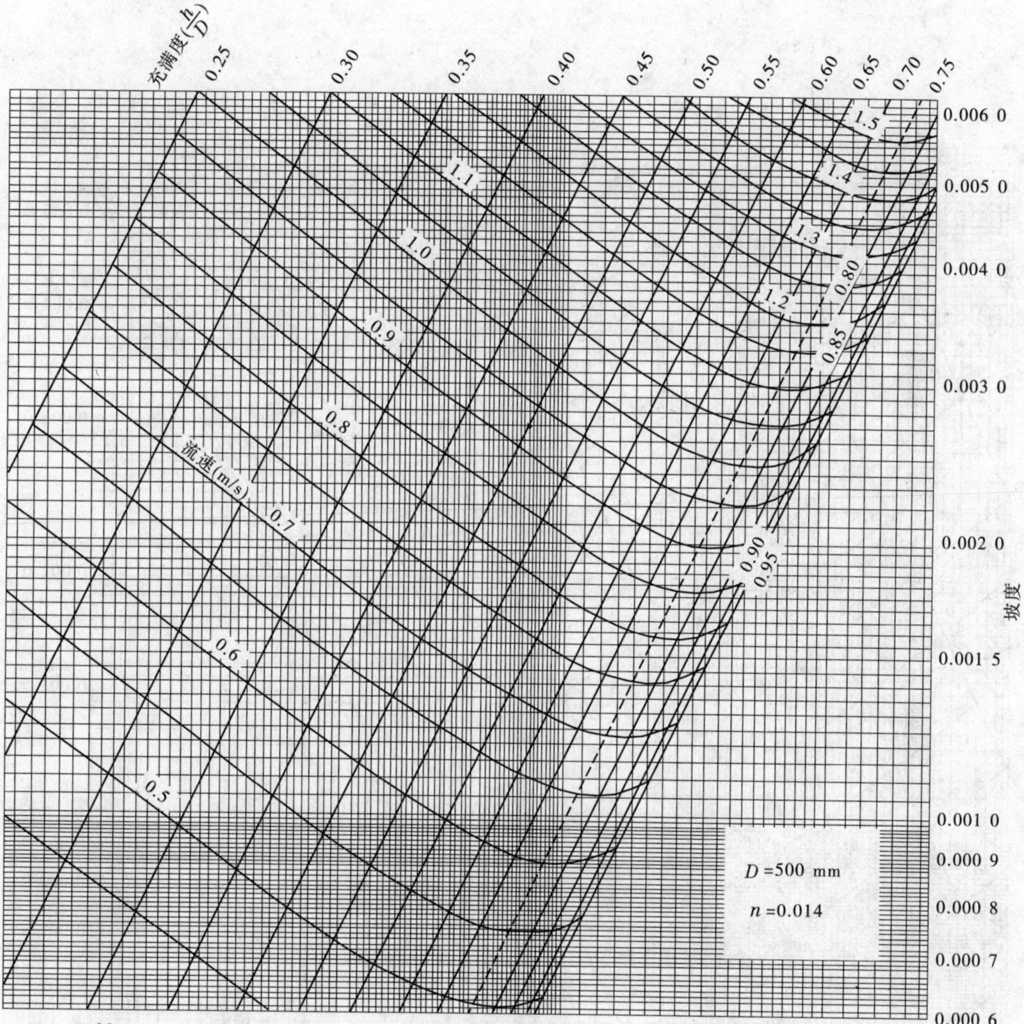
充满度($\frac{h}{D}$)
0.25
0.30
0.35
0.40
0.45
0.50
0.55
0.60
0.65
0.70
0.75
0.80
0.85
0.90
0.95
流速(m/s)
0.5
0.6
0.7
0.8
0.9
1.0
1.1
1.2
1.3
1.4
1.5
0.006 0
0.005 0
0.004 0
0.003 0
0.002 0
0.001 5
0.001 0
0.000 9
0.000 8
0.000 7
0.000 6
坡度
30
40
50
60
70
80
90
100
150
200
流量(L/s)
D =500 mm
n =0.014

附图 7

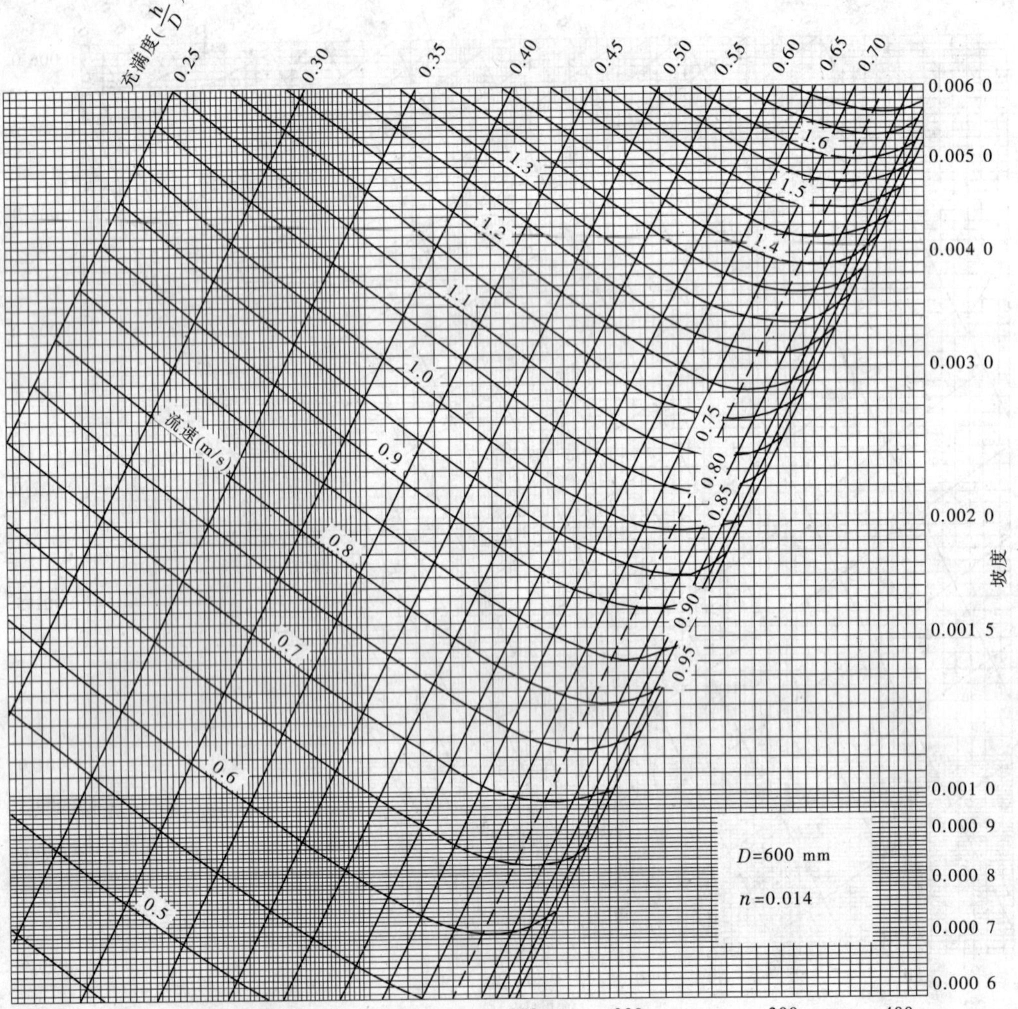

充满度($\frac{h}{D}$)
0.25
0.30
0.35
0.40
0.45
0.50
0.55
0.60
0.65
0.70
0.75
0.80
0.85
0.90
0.95
流速(m/s)
1.6
1.5
1.4
1.3
1.2
1.1
1.0
0.9
0.8
0.7
0.6
0.5
0.006 0
0.005 0
0.004 0
0.003 0
0.002 0
0.001 5
0.001 0
0.000 9
0.000 8
0.000 7
0.000 6
坡度
D=600 mm
n=0.014
40
50
60
70
80
90
100
150
200
300
400
流量(L/s)

附图 8

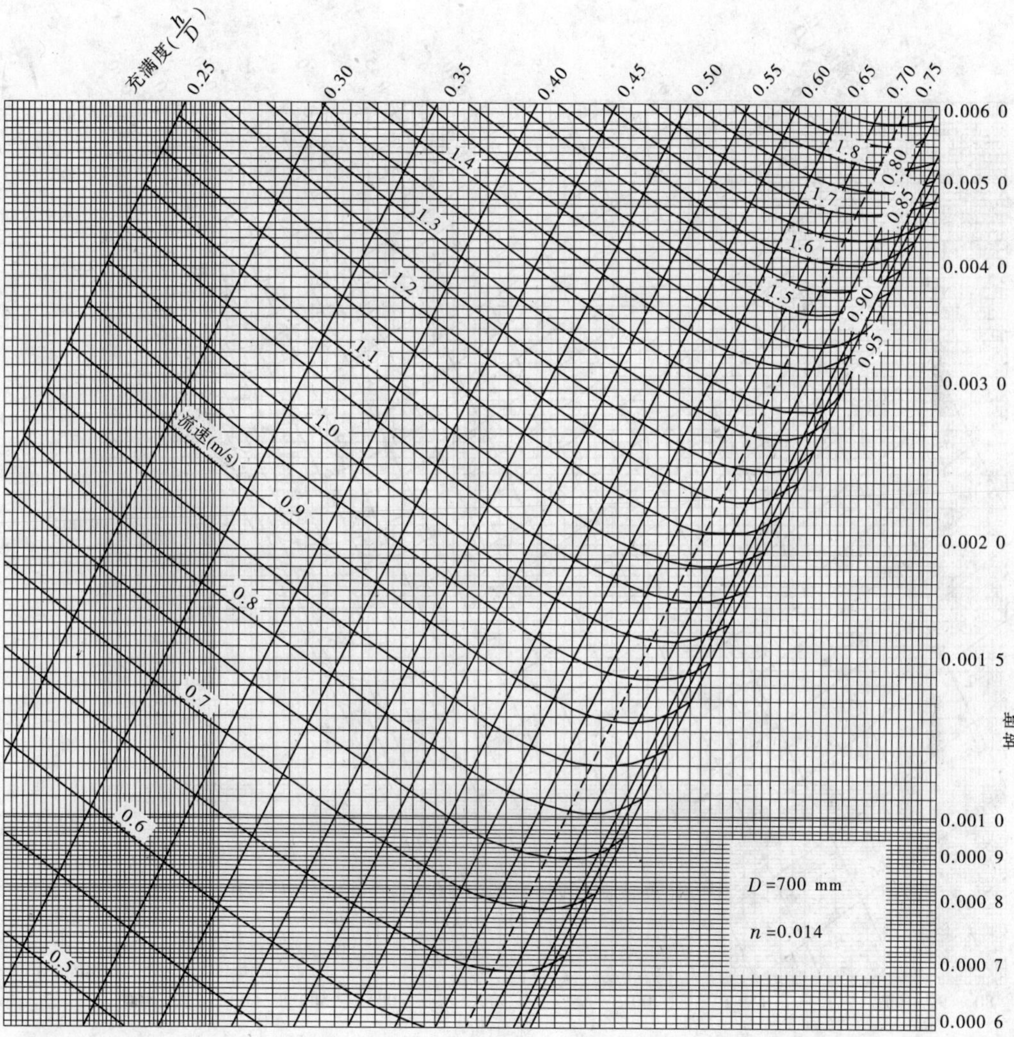
充满度(h/D)
0.25
0.30
0.35
0.40
0.45
0.50
0.55
0.60
0.65
0.70
0.75
0.80
0.85
0.90
0.95
流速(m/s)
0.5
0.6
0.7
0.8
0.9
1.0
1.1
1.2
1.3
1.4
1.5
1.6
1.7
1.8
0.006 0
0.005 0
0.004 0
0.003 0
0.002 0
0.001 5
0.001 0
0.000 9
0.000 8
0.000 7
0.000 6
坡度
60
70
80
90
100
150
200
300
400
500
600
流量(L/s)
D =700 mm
n =0.014

附图 9

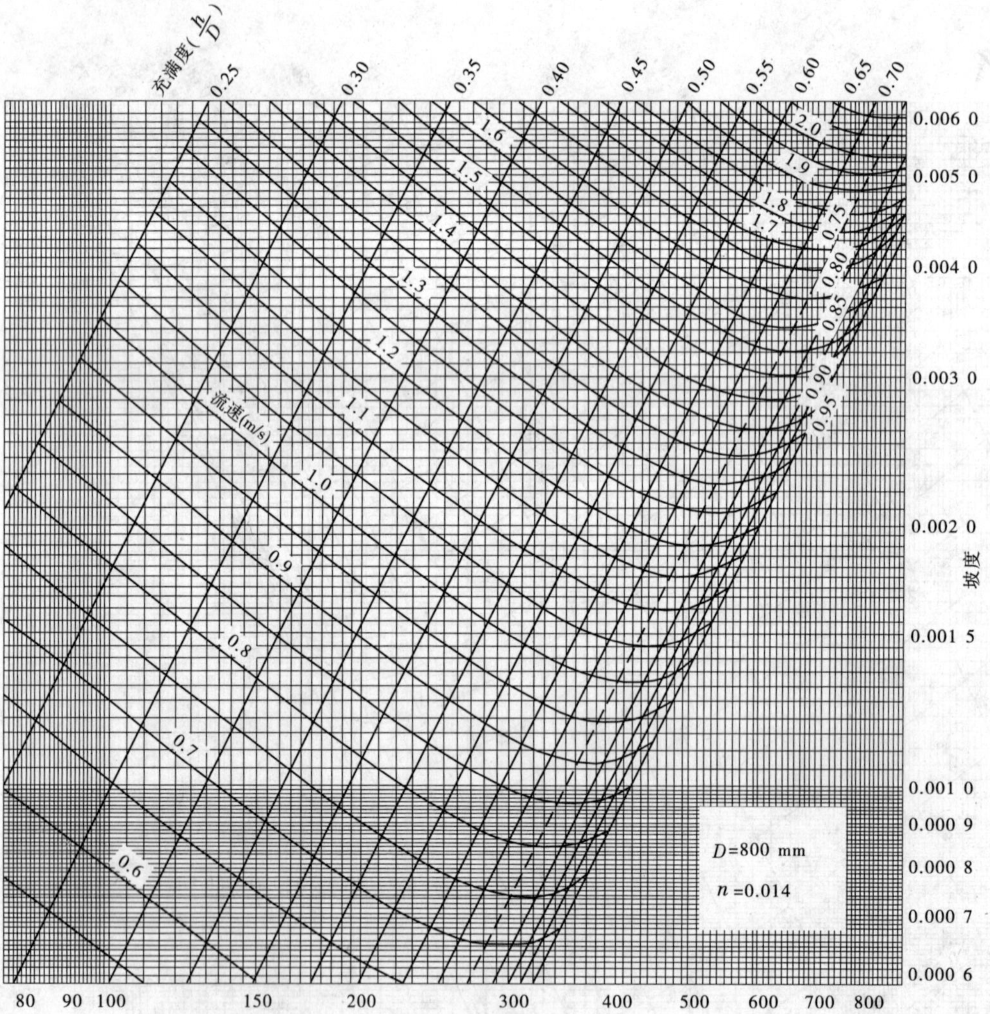
充满度(h/D)
0.25
0.30
0.35
0.40
0.45
0.50
0.55
0.60
0.65
0.70
0.75
0.80
0.85
0.90
0.95
流速(m/s)
0.6
0.7
0.8
0.9
1.0
1.1
1.2
1.3
1.4
1.5
1.6
1.7
1.8
1.9
2.0
0.006 0
0.005 0
0.004 0
0.003 0
0.002 0
0.001 5
0.001 0
0.000 9
0.000 8
0.000 7
0.000 6
坡度
80
90
100
150
200
300
400
500
600
700
800
流量(L/s)
D=800 mm
n=0.014

附图10

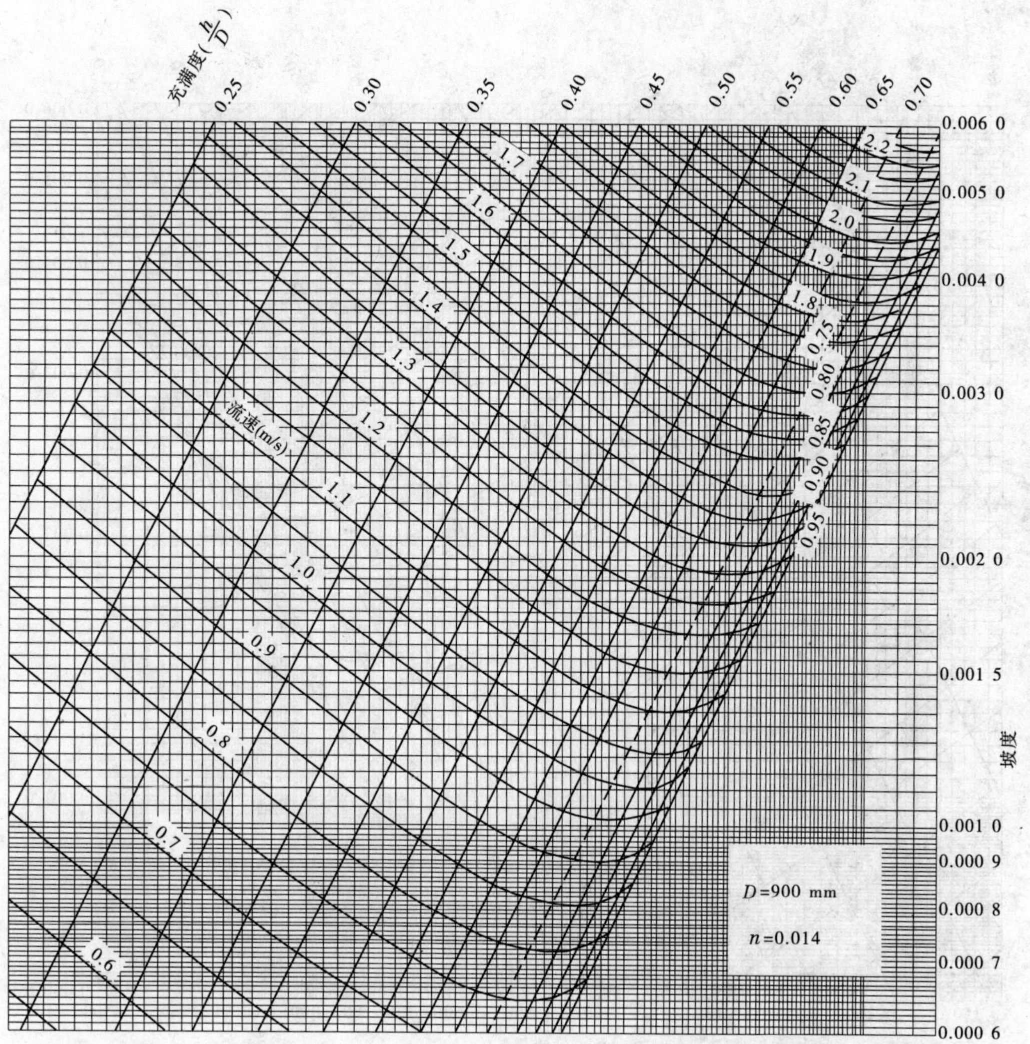

充满度($\frac{h}{D}$)
0.25
0.30
0.35
0.40
0.45
0.50
0.55
0.60
0.65
0.70
0.75
0.80
0.85
0.90
0.95
流速(m/s)
0.6
0.7
0.8
0.9
1.0
1.1
1.2
1.3
1.4
1.5
1.6
1.7
1.8
1.9
2.0
2.1
2.2
0.006 0
0.005 0
0.004 0
0.003 0
0.002 0
0.001 5
0.001 0
0.000 9
0.000 8
0.000 7
0.000 6
坡度
150
200
300
400
500
600
700
800
900
1 000
流量(L/s)
D=900 mm
n=0.014

附图 11

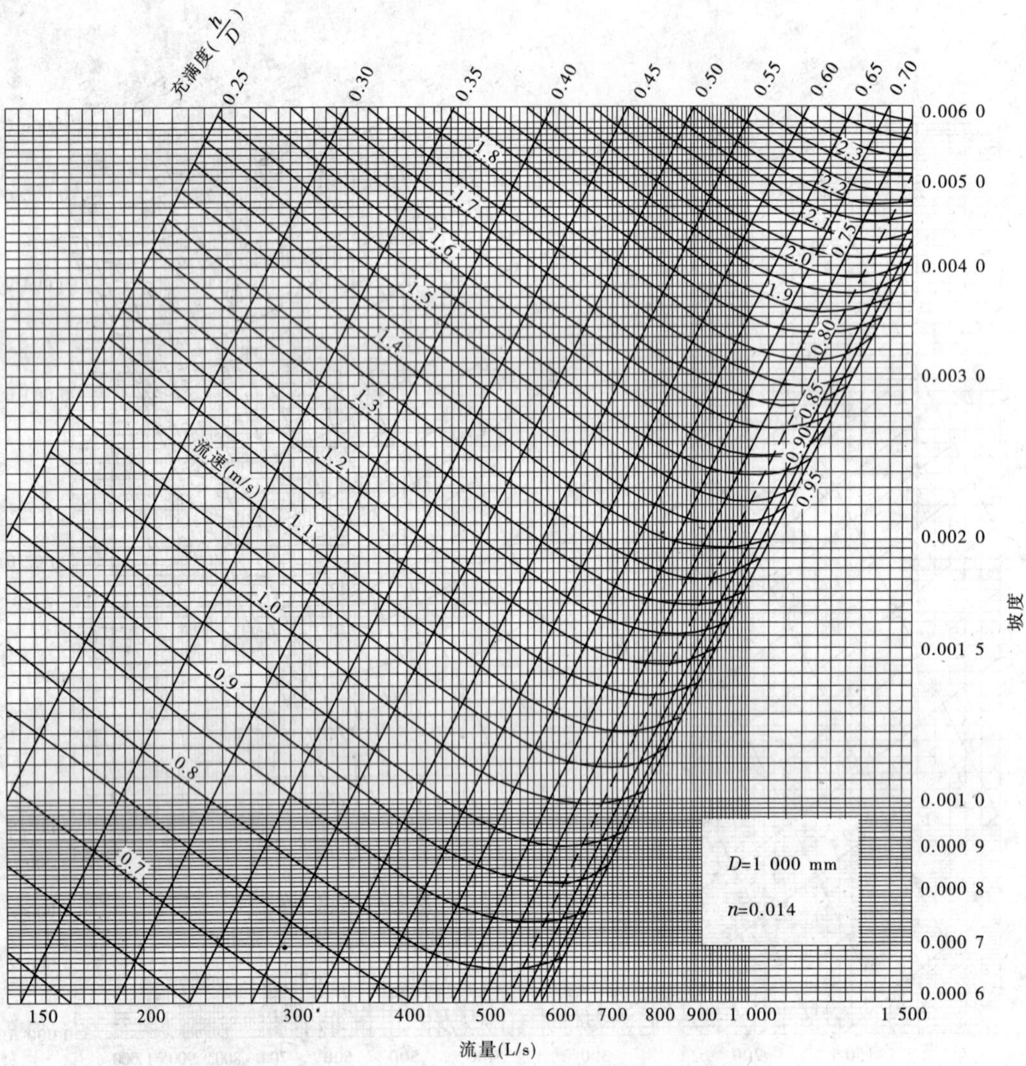
充满度($\frac{h}{D}$)
0.25
0.30
0.35
0.40
0.45
0.50
0.55
0.60
0.65
0.70
0.75
0.80
0.85
0.90
0.95
流速(m/s)
0.7
0.8
0.9
1.0
1.1
1.2
1.3
1.4
1.5
1.6
1.7
1.8
1.9
2.0
2.1
2.2
2.3
0.006 0
0.005 0
0.004 0
0.003 0
0.002 0
0.001 5
0.001 0
0.000 9
0.000 8
0.000 7
0.000 6
坡度
150
200
300
400
500
600
700
800
900
1 000
1 500
流量(L/s)
D=1 000 mm
n=0.014

附图 12

附录2 钢筋混凝土圆管(满流 $n=0.013$)水力计算图

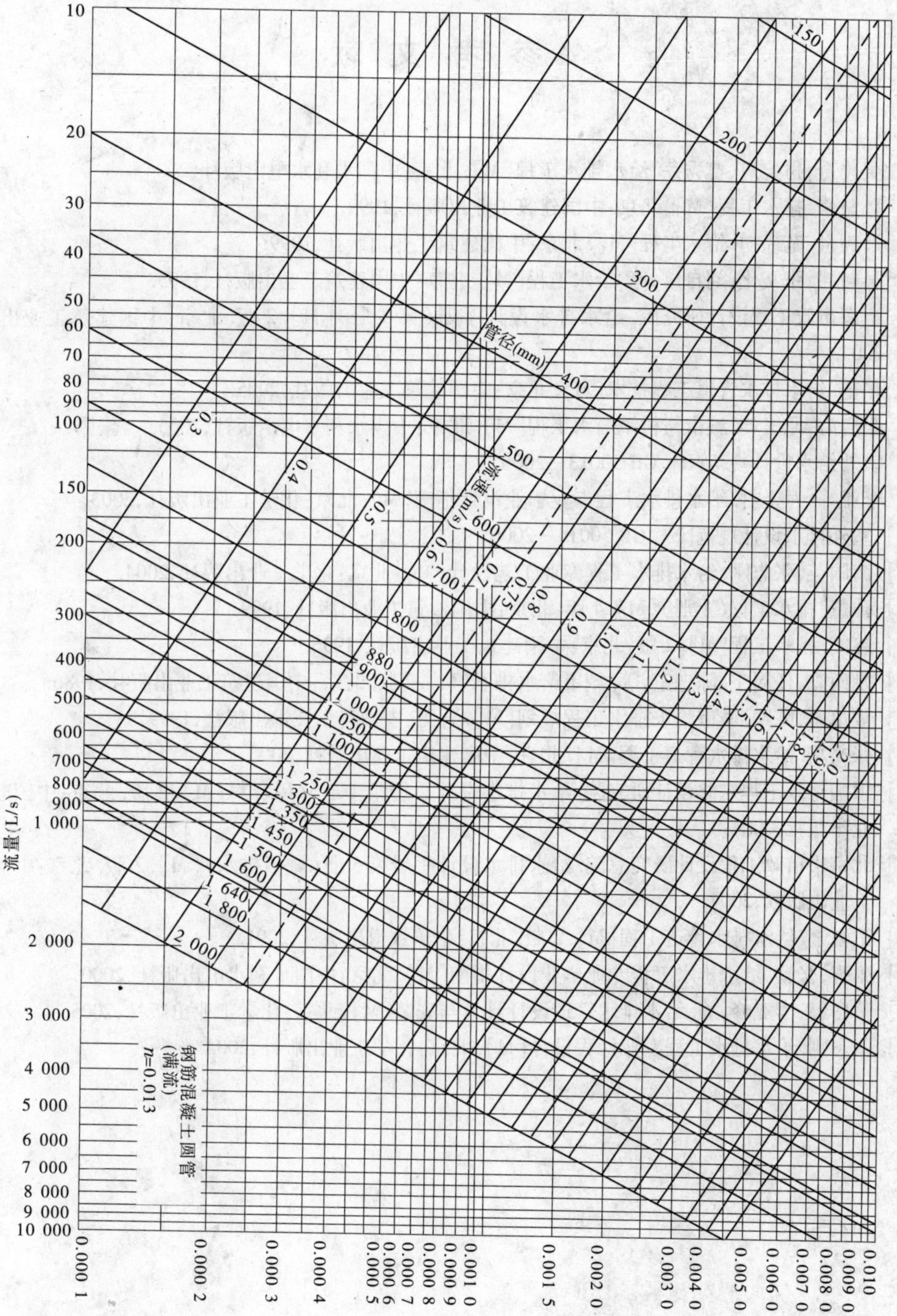

参 考 文 献

[1] 吴俊奇,付婉霞,曹秀芹.给水排水工程[M].北京:中国水利水电出版社,2004.

[2] 孙慧修.排水工程[M].北京:中国建筑工业出版社,1999.

[3] 严煦世,范瑾初.给水工程[M].北京:中国建筑工业出版社,1999.

[4] 吴赳赳,张文化,刘自放,等.给水工程[M].北京:中国建筑工业出版社,1995.

[5] 上海市政工程设计研究院.给水排水设计手册(第3册)[M].2版.北京:中国建筑工业出版社,2004.

[6] 张奎.给水排水管道工程技术[M].北京:中国建筑工业出版社,2005.

[7] 张启海,原玉英.城市与村镇给水工程[M].北京:中国水利水电出版社,2005.

[8] 室外给水设计规范[S].GB 50013—2006.

[9] 李亚峰,尹土君.给水排水工程专业毕业设计指南[M].北京:化学工业出版社,2003.

[10] 室外排水设计规范[S].GB 50014—2006.

[11] 南国英,张志刚.给水排水工程专业工艺设计[M].北京:化学工业出版社,2004.

[12] 孙慧.排水工程(上册)[M].4版.北京:中国建筑工业出版社,1999.

[13] 谷霞.排水工程[M].2版.北京:中国建筑工业出版社,1996.

[14] 姚雨霖,任周宇,陈忠正,等.城市给水排水[M].2版.北京:中国建筑工业出版社,1986.

[15] 戴慎志,陈践.城市给水排水工程规划[M].合肥:安徽科学技术出版社,1999.

[16] 张文华.给水排水管道工程[M].北京:中国建筑工业出版社,2000.

[17] 中国市政工程东北设计研究院.给水排水设计手册第1册常用资料[M].2版.北京:中国建筑工业出版社,2004.

[18] 北京市市政工程设计研究总院.给水排水设计手册第5册(城镇排水)[M].2版.北京:中国建筑工业出版社,2004.

[19] 王全金.给水排水管道工程[M].2版.北京:中国铁道出版社,2001.

[20] 张智,张勤.给水排水工程专业毕业设计指南[M].北京:中国水利水电出版社,2000.

[21] 蒋白懿,李亚峰,等.给水排水管道设计计算与安装[M].北京:化学工业出版社,2005.

[22] 张志刚.给水排水工程专业课程设计[M].北京:化学工业出版社,2004.